本书受重庆市社会科学规划项目《创新驱动发展战略下专利激励机制研究》（2015BS045）及西南政法大学2018年校级科研项目资助

公共利益视角下高校专利问题研究

王淑君 著

GONGGONG LIYI SHIJIAO XIA
GAOXIAO ZHUANLI WENTI YANJIU

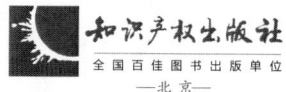

知识产权出版社
全国百佳图书出版单位
—北京—

图书在版编目（CIP）数据

公共利益视角下高校专利问题研究/王淑君著．—北京：知识产权出版社，2020.5
ISBN 978-7-5130-6931-1

Ⅰ.①公… Ⅱ.①王… Ⅲ.①高等学校—专利技术—研究—中国 Ⅳ.①G306.72

中国版本图书馆 CIP 数据核字（2020）第 086711 号

内容提要

本书主要从大学理念与专利制度的冲突与契合、高校专利权的正当性、高校专利权的限制、高校专利对公共利益的背离、公共利益视角下高校专利制度的完善等角度深入剖析当下高校专利制度问题，并给出对策与建议，为高校专利转化提供重要理论依据。

责任编辑：李　婧　　　　　　　责任印制：孙婷婷

公共利益视角下高校专利问题研究
王淑君　著

出版发行：知识产权出版社有限责任公司	网　　址：http://www.ipph.cn
电　　话：010-82004826	http://www.laichushu.com
社　　址：北京市海淀区气象路 50 号院	邮　　编：100081
责编电话：010-82000860 转 8594	责编邮箱：laichushu@cnipr.com
发行电话：010-82000860 转 8101	发行传真：010-82000893
印　　刷：北京中献拓方科技发展有限公司	经　　销：各大网上书店、新华书店及相关专业书店
开　　本：720mm×1000mm　1/16	印　　张：13.25
版　　次：2020 年 5 月第 1 版	印　　次：2020 年 5 月第 1 次印刷
字　　数：220 千字	定　　价：62.00 元
ISBN 978-7-5130-6931-1	

出版权专有　侵权必究
如有印装质量问题，本社负责调换。

目录 CONTENTS

- 引 言 …………………………………………………………… 001

- 第一章 大学理念与专利制度的冲突与契合 …………………… 017
  - 第一节 传统理性主义大学理念与专利制度的对立 / 018
  - 第二节 "学术资本主义"大学理念与专利制度的耦合 / 025

- 第二章 高校专利权的正当性 …………………………………… 044
  - 第一节 产权的必要性 / 045
  - 第二节 国家专利权的质疑 / 056
  - 第三节 高校专利权的理论依据 / 061

- 第三章 高校专利权的限制：以公共利益为核心 ……………… 081
  - 第一节 专利法上公共利益的一般界定 / 081
  - 第二节 公共利益限制高校专利权的理由 / 094
  - 第三节 高校维护公共利益的实现路径 / 097

- 第四章 高校专利对公共利益的背离 …………………………… 106
  - 第一节 高校专利申请与公共利益的冲突 / 106

第二节　高校专利实施与公共利益的矛盾 / 134
第三节　高校专利诉讼对公共利益的背离 / 147

● **第五章　公共利益视角下高校专利制度的完善** ……………… 163
第一节　以《专利法》为核心的高校专利硬法治理 / 163
第二节　以大学章程为核心的高校专利软法治理 / 174

● **结　论** …………………………………………………………… 190

● **参考文献** ………………………………………………………… 193

● **后　记** …………………………………………………………… 210

引　言

一、选题来源及意义

（一）选题来源

传统大学理念旨在尊德性、道学问，彰显的是一种"博学""厚德""求是""创新"的精神气质与育人理念。❶ 在这种理性主义大学理念支配下，大学科学研究主要受"普遍性、公有性、无私利性及有组织的怀疑性"的传统科学规范调整❷，鼓励尽快对研究成果进行学术公开与发表，促进知识传播与共享。此时，大学视阈下的绝大多数发明创造都纳入公有领域。然而，"随着人类向知识经济时代的纵深发展，新知识的创造和应用已成为创造物质财富的最新形式"❸。这样，以知识、技术、信息等人类智力资源为核心要素的知识经济作为一种新的生产方式，必然引起社会结构、社会关系和社会发展模式等的深刻变革。❹

大学作为知识的主要"生产基地"，大学理念与使命必然会随市场经济资源组合的变化而发生改变。因此，大学开始不断调整自己与市场相结合，越

---

❶ 本书所指的"大学"泛指提供教学和研究条件并授权颁发学位的所有高等教育机构，包括综合性大学、学院及高职高专等，与"高校"并不进行细致区分。在具体论证中，会根据措辞习惯对二者加以具体适用。

❷ 罗伯特·金·莫顿. 科学社会学（上册）[M]. 鲁旭东，林聚任，译. 北京：商务印书馆，2003：365.

❸ 詹姆斯·杜德斯达. 21世纪的大学[M]. 刘彤，等，译. 北京：北京大学出版社，2005：12.

❹ 吕明瑜. 知识产权垄断呼唤反垄断法制度创新——知识经济视角下的分析[J]. 中国法学，2009（4）：16.

来越多的高校及教学科研人员开始利用其学术资本参与市场化或者具有市场特点的活动，进而形成了"学术资本主义"的新生环境。❶ 金耀基在《大学之理念》中表示："由于知识的爆炸及社会各业发展对知识之依赖与需要，大学已成为'知识工业'之重地。学术与市场的结合，大学已自觉不自觉地成为社会的'服务站'。"❷ 申请专利、商业化、高科技培养器、产业合作，这些都已经成为当前大学较为普遍的活动。大学的人文精神、科学精神逐渐式微，而工具化、功利化、商业化理念正在加强❸，大学更多地选择将其学术研究成果纳入专利保护范围，专利申请、专利许可及专利诉讼活动日益频繁。

尤其是 1980 年美国《拜杜法案》的颁布，鼓励非营利性机构如高校对联邦资助发明申请专利并保留专利所有权，促进高校发明创造的商业化发展。❹《拜杜法案》的出台，极大地促进了美国高校专利申请、专利许可及创业活动。例如，有学者研究发现，1969—1979 年，美国高校专利申请量增加了 40%，而在法案颁布后的 1984—1994 年，美国高校专利申请量激增了 223%。❺ 随着《拜杜法案》成效的不断显现，亚欧国家纷纷加以效仿。例如，中华人民共和国科学技术部先后于 2001 年、2002 年颁布《关于加强与科技有关的知识产权保护和管理工作的若干意见》及《关于国家科研计划项目研究成果知识产权管理的若干规定》，明确国家科研计划项目研究成果知识产权归属于项目承担者。最重要的是，2007 年我国首次以法律形式明确了国家科研计划项目研究成果知识产权归于项目承担者。❻ 该部法律被认为是中国版的

---

❶ 希拉·斯劳特，拉里·莱斯利. 学术资本主义：政治、政策和创业型大学 [M]. 梁骁，黎丽，译. 北京：北京大学出版社，2008：8.

❷ 金耀基. 大学之理念 [M]. 北京：生活·读书·新知三联书店 2001：8.

❸ 王卓君. 现代大学理念的反思与大学使命 [J]. 学术界，2011 (7)：135.

❹《拜杜法案》颁布的动机主要受到第二次世界大战的影响，美国政府旨在通过重新分配联邦基金项目发明归属的方式，鼓励高校快速研发并商业化尖端技术，进而达到战时防御的目的。参见 Jennifer L. Owens. "Not Quite Dead Yet"：the Near Fatal Wounding of the Experimental Use Exception and its Impact on Public Universities [J]. Journal on Telecommunications & High Technology Law，2005 (3)：453.

❺ David C. Mowery et al.. The Growth of Patenting and Licensing by U. S. Universities：An Assessment of the Effects of the Bayh-Dole Act of 1980 [J]. Research Policy，2001 (30)：99-102.

❻《中华人民共和国科学技术进步法》第 20 条规定："利用财政性资金设立的科学技术基金项目或者科学技术计划项目所形成的发明专利权、计算机软件著作权、集成电路布图设计专有权和植物新品种权，除涉及国家安全、国家利益和重大社会公共利益的外，授权项目承担者依法取得。"

《拜杜法案》，与先前政府出台的"放权让利"政策一道，极大地调动了高校申请专利、与企业合作的积极性。依据高校 1985—2018 年专利申请情况统计数据可知，1985—2001 年，我国高校专利申请量年平均增长率为 4.4%，而 2002—2018 年，我国高校专利申请量年平均增长率为 127.26%。❶

囿于国家创新政策的激励及高校为自身正常运行而积极寻求经费收入的现实需要，当下高校专利申请、专利许可及专利诉讼活动日渐频繁。虽然高校专利活动在某种程度上有利于促进科研成果商业化，从封闭的实验室走向市场，但是高校作为传统意义上的非营利性机构，超越了一定底线势必对其公共服务使命造成不利影响。例如，布雷特·弗里施曼教授对当前高校专利活动的强劲增长势头深表忧虑。他认为，"高校投身专利活动对高校基础设施资源分配、内部结构及使命等均会产生重要影响。一方面，高校专利活动的增加会抑制公众对其基础研究资源的接触与使用，更有甚者，会侵蚀那些本应该纳入公有领域范畴的科研成果的公开与共享，故会阻碍科技进步；另一方面，高校出于经济利益考量，很可能会以产生长期溢价效应的基础研究为代价，将研究方向转移至短期获益的商业化应用研究领域。更为严重的是，高校对专利申请及专利许可活动的热衷有可能从根本上扭曲大学服务公共利益的使命。"❷

最近发生在美国的"美国分子病理学协会诉利亚德遗传公司"案❸（又被称为"Myriad"案）以及"卡内基梅隆大学诉美满公司案"更是成了学者们批判高校专利行为严重背离公共利益使命的靶子。在"Myriad"案中，美国犹他大学研究员马克·斯科尼克在 20 世纪 90 年代领导一个团队对 BRCA1 和 BRCA2 进行测序，并发现了这两个基因的确切位置与核酸序列。因为这两个基因与乳腺癌与卵巢癌疾病相关，其突变会增加患癌的风险，而发病基因位置及典型核酸序列的确定可以帮助病患科学检测其患癌的概率，进而可以

---

❶ 关于高校 1985—2010 年各年份的专利申请量，参见教育部科技发展中心. 中国高校知识产权报告（2010）[M]. 北京：清华大学出版社，2012：3-6. 2011—2018 年数据来源于国家统计局高等学校科技活动情况年度数据指标，http://data.stats.gov.cn/easyquery.htm?cn=C01.

❷ Brett M. Frischmann. An Economic Theory of Infrastructure and Commons Management [J]. Minnesota Law Review, 2005 (89)：917, 956.

❸ Association for Molecular Pathology v. Myriad Genetics, Inc. 569 U.S. (2013).

尽早进行治疗。此后不久，犹他大学和利亚德公司对这些基因申请并获得了多项专利。不仅如此，利亚德公司严格限制医疗人员未经许可利用 BRCA1 和 BRCA2 基因检测病人疾病。此行为引发了很多人的谴责与不满。虽然美国最高法院最终基于"自然产物"原则认定 Myriad 专利无效，但其已经成为当代大学专利申请过度的典型。越来越多的上游基础研究成果被高校申请专利并授予专利权，势必会造成财产在空间上和法律属性上的分割，引发经济上的低效率。❶ 海勒教授于1998年在《哈佛法律评论》上提出著名的"反公地悲剧"理论，认为如果一种稀缺资源上的权利束太多，很多人都被赋予了排他性权利，则容易引发资源使用不足的问题。❷ 随后，海勒教授与艾森伯格教授又将"反公地悲剧"理论引入生物医学研究领域，进一步探讨上游专利对下游创新的影响，认为对上游或基础性研究成果赋予太多的知识产权，会显著增加后续研究者及商业化者的交易成本，进而抑制下游研究及商业化发展。❸ 高校作为以基础研究为主的公共服务机构，尤其要避免其专利申请行为产生不利于社会公共利益的效果。

而在"卡内基梅隆大学诉美满公司案"中，卡内基梅隆大学起诉美满公司侵犯了其两项专利权，并最终获得了15.35亿美元的侵权损害赔偿金。涉案专利涉及的是创新性芯片技术，通常适用于高密度磁记录设备的序列检测，依托该技术能够极大提高存储在硬盘驱动器上的数据检测精确性。虽然当时美满公司的被控使用范围在很大程度上仍处于争议中，但是卡内基梅隆大学认为美满公司对专利技术的使用贯穿其整个"销售周期"，包括计算机程序的测试与芯片生产。如果测试获得成功，美满公司必然会依据专利方法大规模制造芯片进行销售。因此，卡内基梅隆大学指控美满公司在设计与测试阶段均构成侵权，并要求对整个侵权过程获得合理赔偿。经过为期4周的审判，联邦地方法院依法认定美满公司构成故意侵权，同时应向卡内基梅隆大学支付11.69亿美元的损

---

❶ Robert L. Scharff. A Common Tragedy: Condemnation and the Anticommons [J]. Natural Resources Journal, 2007 (47): 165-168.

❷ Michael A. Heller. The Tragedy of the Anticommons: Property in the Transition from Marx to Markets [J]. Harvard Law Review, 1998 (111): 621-624, 678.

❸ Michael A. Heller, Rebecca S. Eisenberg. Can Patents Deter Innovation? The Anticommons in Biomedical Research [J]. Science, 1998 (280): 698.

害赔偿额。裁判作出后,卡内基梅隆大学又基于故意侵权的判决,向地方法院提出三倍惩罚性损害赔偿及禁止销售侵权产品的禁令动议。法院否决了卡内基梅隆大学禁令动议,但是将损害赔偿金提高了2.87亿美元。再加上判决后的利息及损害赔偿金,美满公司共需要向卡内基梅隆大学支付15.35亿美元的损害赔偿金。❶ 对于大学通过参与专利侵权诉讼获取财产收益的行为,学者们纷纷提出批评。例如,马戈·巴格利教授认为,高校过于热衷诉讼行为不仅违背促进技术发展与服务社会的公共使命,且将遏制而非促进其专利技术的商业化发展。❷ 同样,基于当前很多高校"伙同"独占性被许可人一同起诉生产性企业的现状,马克·莱姆利教授甚至提出了高校是否为"专利蟑螂"的疑问。❸ 虽然马克·莱姆利教授最终作出了否定的回答,但是不可否认,一些大学对专利诉讼的狂热已经超过了社会的容忍限度。

"高校的人才培养、教育、科学研究及其他所有活动,是通过国家授权,从而达到对公共利益的维护和分配的目的。高校本身就是为公共利益而存在的。"❹ 因此,高校所有专利活动包括专利申请、专利实施及专利保护均应该以促进公共利益为旨归。加州大学戴维斯法学院前任院长雷克斯·佩尔思巴切教授提出,"高校必须不断检验与反省自身行为是否符合公共利益,以及应如何更好定位与调整公共利益范围与内容"❺。一方面,在当前"学术资本化"的新生环境中,高校究竟是否应当及应当在何种程度上参与专利活动已经成为当前高校面临的迫切问题;另一方面,在高校科学研究与专利制度的协同进化过程中,应如何协调传统科学规范与专利制度之间的关系,促进知识共享、科技进步与经济发展,成为当下专利制度改革无法回避的话题。

---

❶ Carnegie Mellon. University v. Marvell Technology Group, Ltd., et al., 986 F. Supp. 2d 574 (W. D. Pa. 2013).

❷ Margo A. Bagley. Academic Discourse and Proprietary Rights: Putting Patents in Their Proper Place [J]. Boston College Law Review, 2006 (47): 217-219.

❸ Mark A. Lemley. Are Universities Patent Trolls? [J]. Fordham Intellectual Property, Media & Entertainment Law Journal, 2008 (18): 611-618.

❹ 申素平. 论我国公立高等学校的公法人地位 [J]. 中国教育法制评论(第2辑), 2003 (00): 20-23.

❺ Rex R. Perschbacher. The Public Responsibilities of a Public Law School [J]. University of Toledo Law Review, 2000 (31): 694-697.

(二) 研究意义

高校作为国家创新体系的重要主体与中坚力量,其发明创造已然成为技术进步的重要推动力量。在知识经济时代,高校发明创造专利化、商业化与学术公开和知识共享行为一样,在某种程度上都有利于实现社会的公共利益。从这个意义上说,高校适当的专利申请、专利许可及诉讼活动都是允许的,并不能过分指责或禁止所有的专利行为。关键是,高校如何既抓住商业发展机会,又能恪守并履行维护公共利益的使命。杰佛瑞·哈里森教授认为,应对知识信息的正外部性,需要遵守两条规则:第一,内在化的社会成本不能超过社会从创新活动中获得的利益。换句话说,对于创新活动产生的外部性,如果权利人内在化的社会成本超过了社会的公共利益,则不应该获得保护。第二,对创新活动的保护应该是以尽可能最低的社会成本为代价。对此,哈里森教授认为,法律的核心目的并不是实现创新主体收益的最大化,而是通过补偿其投资成本,激励创新,并最终实现社会净收益的最大化。如果社会净收益是负的,这种创新活动就不应该受到保护。此处的社会成本,应包括制度管理成本,如解决法律纠纷及维护制度稳定的公共成本、增加的私人交易成本及排他性社会成本三方面内容。❶ 从这个意义上说,高校哪些发明创造可以申请专利及在授予专利权后应如何具体行使,都必须以公共利益为基准。

总的来看,高校学术研究与专利制度之间出现了"内在化"与"例外化"两种趋势。一方面,高校作为发明创造的重要创新主体,专利申请量与专利授权量占国家专利总量的很大比例,越来越多的高校发明创造被纳入专利保护范围。应该说,高校活动愈发具有商业实体特性,其发明创造已经完全内在化于专利制度中。"在某种程度上,学术资本主义削弱了社会特殊对待大学与教学科研人员的理由,增加了这样一种可能性,即:人们对待大学的态度将更像对待其他组织,对待专业人员将更像对待其他知识工人。"❷ 另一方面,高校与企业在价值追求、研究领域等方面存在本质差异,无法从根本

---

❶ Jeffrey L. Harrison. a Positive Externalities Approach to Copyright Law: Theory and Application [J]. Journal of Intellectual Property Law, 2005 (13): 11-15.

❷ 希拉·斯劳特,拉里·莱斯利. 学术资本主义:政治、政策和创业型大学 [M]. 梁骁,黎丽,译. 北京:北京大学出版社,2008:210.

上抹杀二者的异质性。高校发明创造主要集中于基础研究领域,再加上高校本身固有的非营利属性与公共服务职能,又要求专利制度将高校与其他商业性创新实体区别对待。因此,从理论上说,对高校科学研究与专利制度进行综合考量,有利于弥补我国在该理论研究上的不足,能够有效平衡传统科学规范与专利制度、原始创新与后续创新之间的利益关系。此外,实践中,随着可专利性主题范围的不断扩张,高校发明创造变得更加具有侵略性与冒犯性。不但越来越多的基础研究成果被高校纳入专利申请之列,其专利许可及专利保护活动更是呈现出经济利益最大化之势。更为严重的是,当前高校专利技术转化率非常低,陷入了"专利沉睡"困境,有违授予高校专利权的初衷。从这个意义上说,对当前高校专利活动背离公共利益使命的现状进行检省与矫正具有重要意义。

二、国内外研究现状

(一) 国内研究现状

从我国研究现状来看,学者对学术资本化与高校专利活动的研究尚处于平行研究阶段,基本上各自为营。教育学的学者们更多注意到了大学理念的异化及其对学术使命本身的影响。从内容上看,主要包括以下几方面:第一,大学理念的变迁与重构。大学理念从传统经典理性主义转向了学术资本主义,大学褪去传统"象牙塔"的光环,开始参与创业活动。对于现代大学的学术资本主义活动,多数学者持否定态度,呼唤传统大学理念与使命的回归。同时,也不乏学者对大学的学术资本主义活动持肯定态度,认为学术资本主义是知识经济与全球化发展的必然趋势,当代大学的唯一选择就是将传统的洪堡思想与学术资本主义相结合,建立学术导向的创业型大学。[1] 第二,当下学

---

❶ 代表性学者和著作参见眭依凡. 大学的使命及其守护 [J]. 教育研究, 2011 (1): 68; 周谷平、张雁. 我国创新型大学理念的指引——兼论经典大学理念与现代大学理念间的张力 [J]. 教育研究, 2006 (11): 29; 高晓清、薛天翔. 自由、大学理念的回归与重构 [J]. 高等教育研究, 2006 (5): 11; 谢卫东等. 现代大学精神的反思与重构 [J]. 江苏大学学报(高等教育版), 2005 (4): 6; 叶辉、吴洪涛. 论学术资本主义与大学使命的冲突——知识论的视角 [J]. 高教探索, 2012 (2): 25; 刘叶. 学术资本主义浪潮中的西方大学变革路径——基于传统使命与现实诉求的理性选择 [J]. 高教探索, 2011 (2): 79; 刘叶. 建立学术导向的创业型大学——兼论洪堡理想与学术资本主义融合的途径 [J]. 高等工程教育研究, 2011 (1): 73.

术资本主义理念对大学科研的影响。学术资本主义作为一种市场导向的知识生产与转化方式，对大学科研的发展格局、科研活动的组织与管理、大学社区内成员的人际关系及学术科研人员的身份定位等都产生了重要的影响。❶ 第三，学术资本主义对大学治理结构的影响。❷

与教育学学者研究视角不同，知识产权学者、科技管理学者主要关注高校专利申请数量与质量❸、技术转化与管理❹、高校发明创造权利归属❺及高校专利保护❻等问题。整体来看，无论是教育学学者、管理学学者还是知识产权学者，很少有人以公共利益为视角，对高校科学研究与专利制度的协同共进历程进行全面的综合分析。

(二) 国外研究现状

面对学术劳动性质的不断变化，西方国家最先提出了"学术资本主义"的概念，并对其成因及影响等作出了深入研究，其中包括国家知识产权政策的影响。❼以美国为例，其学术资本主义趋势深受美国1980年所颁布的《史蒂文森——魏德

---

❶ 代表性学者和著作参见唐晓玲，王正青. 学术资本主义的兴起及其对大学科研的影响 [J]. 高教探索，2009 (6): 49; 孙冬梅，梅红娟. 从"学者"到"创业者"——论学术资本主义背景下高校教师角色的转变 [J]. 江苏高教，2010 (2): 77; 温正胞，谢芳芳. 学术资本主义：创业型大学的组织特性 [J]. 教育发展研究，2009 (5): 28; 钱志刚. 论学术资本主义对大学教师的影响 [J]. 教育发展研究，2013 (Z1): 93.

❷ 代表性学者和著作参见丁亚金. 学术资本主义视域下的大学治理变革研究 [J]. 高等农业教育，2012 (11): 15; 谢艳娟. 学术资本主义与大学治理结构变革 [J]. 现代教育管理，2014 (6): 59.

❸ 参见吴杰等. 高校知识创新效率研究——以专利申请为例 [J]. 研究与发展管理，2008 (6); 张藤予. 高校专利申请质量影响因素 [J]. 知识产权，2014 (80): 80.

❹ 参见周凤华，朱雪忠. 资源因素与大学技术转移绩效研究 [J]. 研究与发展管理，2007 (5): 87; 张炜达，肖周录. 我国高校专利技术成果转化——兼评《科技进步法》第20条对美国经验的借鉴 [J]. 电子知识产权，2008 (8): 93; 孙大龙等. 协同创新对高校专利转化的影响 [J]. 知识产权，2014 (2); 何炼红，陈吉灿. 中国版："拜杜法案"的失灵与高校知识产权转化的出路 [J]. 知识产权，2013 (3): 84; 程德里. 高等学校专利技术运营机制研究 [J]. 知识产权，2014 (7): 74.

❺ 参见胡朝阳. 国家资助项目职务发明权利配置的法经济探析 [J]. 法学杂志，2012 (2); 李恒. 产学研结合创新中的知识产权归属制度研究 [J]. 中国科技论坛，2010 (4): 53.

❻ 我国《专利法》第69条第4项规定，专为科学研究和实验而使用有关专利的，不视为侵犯专利权的行为。囿于此，我国知识产权学者对大学专利保护主要从"实验使用例外制度"加以分析。参见周慧菁，曲三强. 研究工具专利的前景探析——兼评专利权实验例外制度 [J]. 知识产权，2011 (6): 9; 范晓波，孟凡星. 专利实验使用侵权例外研究 [J]. 知识产权，2011 (2): 106.

❼ 希拉·斯劳特，拉里·莱斯利. 学术资本主义：政治、政策和创业型大学 [M]. 梁骁，黎丽，译. 北京：北京大学出版社，2008: 54.

勒技术创新法案》及《拜杜法案》的影响,政府鼓励高校对联邦资助研究成果申请专利并保留专利所有权,以促进发明成果的商业化发展。

与我国学者各自为营的研究视角不同,域外学者从多个角度对高校科学研究与专利制度之间的关系进行了较为细致的分析。从研究内容看,主要包括以下几个方面:第一,高校的发明创造是否应该被赋予专利权❶;第二,专利制度与高校学术使命之间的相互作用与协调❷;第三,高校专利申请与专利许可存在问题及对策❸;第四,高校参与专利诉讼的趋势及影响等❹。相比而言,我国学者并没有深入探讨高校被授予专利权的正当性、专利制度与传统科学规范之间的冲突与协调及高校专利权界限等根本问题。此外,对高校专利活动更多只是从如何提高技术转化率角度加以探讨,很少提及高校专利申请过度、独占许可模式及参与专利诉讼对高校公共利益使命的影响。虽然当下我国高校参与专利侵权诉讼的案件并不多见,但是随着"专利蟑螂"这种新型经营模式的发展壮大,尤其是"高智发明"公司与我国高校的合作,高校很可能大范围卷入专利侵权诉讼中。因此,有必要在借鉴域外经验的基础上,加强对我国高校专利相关问题与对策的深入研究。

---

❶ See Rochelle Cooper Dreyfuss. Does IP Need IP? Accommodating Intellectual Production outside the Intellectual Property Paradigm [J]. Cardozo Law Review, 2010 (30): 1437; Kenneth W. Dam. Intellectual Property and Academic Enterprise [Z]. John M. Olin Law & Economics Working Paper No. 68, available at http://papers.ssrn.com/paper.taf?abstract_id=166542; Sean M. O'Connor. Historical Context of U.S. Bayh-Dole Act: Implications for Indian Governmental Funded Research Patent Policy [Z]. Soc'y Tech. Mgmt. Newsl., 2008. available at http://ssrn.com/abstract=1265343.

❷ See Peter lee. Patent and the University [J]. Duke Law Journal, 2013 (63); Margo A. Bagley. Academic Discourse and Proprietary Rights: Putting Patents in Their Proper Place [J]. Boston College Law Review, 2006 (47).

❸ See Mark A. Lemley. Patenting Nanotechnology [J]. Stanford Law Review, 2005 (58): 1-85; Jacob H. Rooksby. When Tigers Bare Teeth: A Qualitative Study of University Patent Enforcement [J]. Akron Law Review, 2013 (46); Diana Rhoten & Walter W. Powell. the Frontiers of Intellectual Property: Expanded Protection versus New Models of Open Science [J]. Annual Review of Law & Social Science, 2007 (3): 345-373; Jacob H. Rooksby. Myriad Choices: University Patents Under the Sun [J]. Journal of Law & Education, 2013 (42): 313.

❹ See Jacob H. Rooksby. University Initiation of Patent Infringement Litigation [J]. The John Marshall Law School Review of Intellectual Property Law, 2011 (10); Mark A. Lemley. Are Universities Patent Trolls? [J]. Fordham Intellectual Property, Media & Entertainment Law Journal, 2008 (18): 611.

三、研究内容

(一) 高校学术研究成果是否应当被授予专利权

对于科技进步与创新来说,信息与数据是基础性因素。在知识经济时代,高校被认为是知识创新与技术进步的关键性力量。那么,高校的知识生产行为是否需要知识产权的制度激励?

传统学术研究领域恪守的是"开放创新模式"。在"开放创新模式"下,知识生产的动力是内在的,如为了满足自身的好奇心或娱乐目的,他们乐于与他人分享自己的知识,希望他人能够对自己的研究结论进行验证并以此为基础进行进一步的研究。❶ 开放创新模式可以显著降低交易成本,激励自由创造,且不必担心侵权等问题,但是容易造成商业化生产不足的问题。基于此,有学者认为知识产生并不一定需要知识财产权的激励,否定对高校授予专利权。例如,罗谢尔·德莱弗斯(Rochelle Dreyfuss)教授认为,没有知识产权的强保护,很多创新性产业仍呈现蓬勃发展之势。学术研究一直是在知识共享模式下运行,即使在当前学术资本化趋势下,传统的科学共享规则在学术实践中仍然发挥着重要的影响力。而且,知识产权于知识之上强加了一种排他性权利,而这种知识本可以进入公有领域供人们自由获得。从这个意义上说,排他性既提高了后续创新成本,也增加了享受创新利益的成本。❷

与之相对,在"知识产权模式"下,知识生产的动力更多是外在的,依赖排他性权利的激励。知识产权保护论者认为,赋予排他性权利对于防止他人搭便车、激励知识生产是必要的。学术研究成果作为信息资源的一种,具有公共物品属性与外部效应。❸ 依据经济学家萨缪尔森的观点,公共物品具有消费上的非排他性与非竞争性,即某人对物品的消费并不会减损其他人对该物品消费的境遇。公共物品的生产成本及排他性成本很高,而使用成本非常

---

❶ Katherine J. Strandburg. Curiosity-Driven Research and University Technology Transfer [J/OL]. Gary D. Libecap ed. Advances in the Study of Entrepreneurship, Innovation and Economic Growth. Elsevier Science/JAL Press, 2005. http://works.bepress.com/katherine_strandburg/1.

❷ Rochelle Cooper Dreyfuss. Does IP Need IP? Accommodating Intellectual Production outside the Intellectual Property Paradigm [J]. Cardozo Law Review, 2010 (31): 1437.

❸ 马费成,等. 信息资源管理 [M]. 武汉: 武汉大学出版社, 2001: 91.

低甚至为零。正因为如此,公共物品容易引发无功却受禄的"搭便车"问题,物品生产成本远远高于所获收益,进而造成此类物品的市场供给不足。公共物品的正外部效应进一步加剧了该问题。张五常教授认为,政府授予私人供给者一种专利权必然能够解决公共物品的"搭便车"问题。❶ 在高校研究语境下,专利权具有相同的效果。一方面,高校的知识生产活动同样需要投入高额的研发成本,包括人力资本、管理资本、实物资本、知识资本及财政资本等。另一方面,高校作为一个非营利性机构,其所研发出来的成果通常是具有潜在正外部效应的公共物品,对社会整体有益。❷ 然而,高校研究成果的公共物品属性又不可避免地面临"搭便车"问题。此外,高校通常只进行研究工作,并不从事商业化生产活动,其注意力自然也就集中于基础研究领域。如果高校的这些研究成果不能获得专利,而又不太可能从应用研究中直接获利,很难回收研发成本。❸ 这样,高校在进行资源配置时,对科研的投入很可能会降低,容易造成发明创造供给不足的问题。因此,为了激励高校科研投入与发明创造,有必要授予高校对其发明创造的专利权。

值得注意的是,当高校科研经费受政府资助时,授予高校专利权的经济正当性是否仍然存在?否定论者认为,既然政府已经对高校的研究成果进行买单,激励高校进行私人科研投资的正当性已经不存在,因此没有必要再授予高校对政府资助研究成果的专利权。例如,艾森伯格教授认为,对政府资助发明授予私有化产权,将导致公众对同一发明进行两次付酬,第一次是通过纳税方式支持发明项目的研究,第二次是以垄断性商品价格的方式再次对商业化的发明产品支付报酬。而且,专利激励论的一般原理是事前发明激励,而高校专利权是一种事后发明激励,与传统认知不符。❹ 的确,赋予高校对政府资助研究成果私人产权在某种程度上会产生一定的社会成本,但是其所带来

---

❶ 张五常. 新卖桔者言 [M]. 北京:中信出版社,2010:65.
❷ Brett Frischmann. Commercializing University Research Systems in Economic Perspectives: A View from the Demand Side [J/OL]. Advances in the Study of Entrepreneurship, Innovation, and Economic Growth, Volume, 2005 (16). available at http://papers.ssrn.com/sol3/papers.cfm?abstract_id=682561.
❸ 威廉·M. 兰德斯,查理德·A. 波斯纳. 知识产权法的经济结构 [M]. 金海军,译. 北京:北京大学出版社,2005:402.
❹ Rebecca S. Eisenberg. Public Research and Private Development: Patents and Technology Transfer in Government-Sponsored Research [J]. Virginia Law Review, 1996 (82): 1663.

的社会收益要远远高于这些增加的社会成本。以往，对于受政府资助的学术研究成果，要么进入公有领域中，要么由国家享有专利权。这种制度安排会造成政府资助研究成果的供给不足及利用不足问题，不仅不利于社会的科技进步与创新，公众也很难享受到发明成果所带来的真正实惠。因此，授予高校对政府资助研究成果专利权，除发挥专利权传统意义上的鼓励事前投资与发明创造的激励作用外，更是鼓励将政府资助的研究成果进行后续的商业化开发，以真正地转化为现实生产力，促进人们物质生活水平的提高与经济社会的发展。

虽然国家专利制度允许高校对政府资助研究成果保留专利权，鼓励学术研究成果的商业化活动。但是，是否真的申请专利及在何种程度上参与商业化、创业活动的主动权仍在高校手中。

(二) 应如何行使高校专利权

囿于知识的累积性，专利权在促进知识产出的同时，也会产生一些阻碍知识进步的不良后果。具体来说有以下三个方面。

第一，在专利申请方面，如果高校对基础研究成果申请太多专利，可能引发"反公地悲剧"和"专利丛林"问题，为他人的技术使用行为设置严重障碍，不利于后续创新与发展。1968年，哈丁教授在《科学》杂志上发表有关"公地悲剧"的文章，认为如果所有人都对公共资源具有使用权且都无权排除他人使用，则会造成公共资源过度滥用的问题。与之相对，海勒教授于1998年在《哈佛法学评论》上提出"反公地悲剧"理论，认为财产权过度分割同样会引发悲剧。海勒认为，如果一种稀缺资源上的权利约束太多，很多人都被赋予了排他性权利，则容易引发资源使用不足的问题。[1] 随后，海勒教授与艾森伯格教授又将"反公地悲剧"理论引入生物医学研究领域，进一步探讨上游专利对下游创新的影响。他们认为，对上游的基础性研究成果赋予太多的知识产权，会显著增加后续研究者及商业化者的交易成本，进而抑制下游研究及商业化发展。而且，当交易成本数额超过了研究的预期收益时，

---

[1] Michael A. Heller. The Tragedy of the Anticommons: Property in the Transition from Marx to Markets [J]. Harvard Law Review, 1998 (111): 621, 678.

会导致商业开发不足,造成发明资源的浪费,因此会形成"反公地悲剧"。❶虽然至今"公地悲剧"与"反公地悲剧"的理论假设尚未被有效的实证数据所证实,但深刻地反映出一个事实:财产的绝对公有与财产的过度分割均会导致"悲剧"的发生。从这个意义上来说,虽然国家允许高校申请专利,但高校对是否申请专利始终享有自由决定权。高校作为一个非营利性公共服务机构,在申请专利时应保留一个最低的底线,避开对那些进入公有领域范畴更能发挥出有益社会功效的研究成果进行专利申请,同时应兼顾文化传播及学术共享传统。

第二,在专利许可方面,如果高校技术许可办公室为了财政利益最大化而一味地以独占许可方式向私营企业进行转移技术,也会增加下游交易成本,形成创新障碍。囿于高校发明成果主要集中于上游技术或研究工具领域,因此对于这些发明专利而言,其适用的领域及后续改进空间非常大。如果仅将这些发明专利独占许可给某个企业使用,将不利于技术的改进,因为企业基于独占使用的优势没有动力继续完善发明专利,相反为了维护其竞争优势甚至会抑制该技术的后续改进行为。高校作为一个公共服务机构,与纯粹的逐利性私营企业不同,还承担着促进知识发展与传播并对知识进行有益利用的社会责任。因此,高校技术转移活动应以最大化社会公共福利为己任,而非仅仅最大化高校自身的私人许可费收入。❷以公共利益为导向,高校在进行技术转移时,应坚持以下原则:首先,消除高校技术转移中心或许可办公室与高校其他机构之间关系的隔离现状,不能仅仅将高校技术转移中心或许可办公室作为一种财政收入工具,而是应该与高校其他机构一道,服务于高校的公共利益使命。高校应将自己作为一个整体考虑在社会中的角色或地位,发展更为开明的高校专利政策。其次,针对不同技术类型灵活适用不同的许可方式。当某项专利技术需要投入大量时间及资源时,可以赋予企业独占性许可的使用方式,但务必在许可合同中约定被许可使用人勤勉开发义务,防止其仅利用专利权获取金钱利益,而非进行商业化开发;而对于不需要显著投资的专利技术,如适于广泛利用的优化技术或研究工具等,宜采用宽泛的、

---

❶ Michael A. Heller, Rebecca S. Eisenberg. Can Patents Deter Innovations? The Anticommons in Biomedical Research [J]. Science, 1998 (280): 698-701.

❷ Mark A. Lemley. Are Universities Patent Trolls? [J]. Fordham Intellectual Property, Media & Entertainment Law Journal, 2008 (18): 611.

非独占性许可方式允许各行业的不同企业进行使用,以最大化地实现这些技术所带来的社会利益并能够促进技术不断向纵深领域发展。其中,对于研究工具而言,采用特定领域独占许可及非独占许可融合的使用方式,既可以满足独占性被许可人的商业使用需求又不至于显著损害社会公共利益。对于这种独占性许可合同,在草拟许可协议时应明确独占许可针对的只是专利产品或服务的销售,而非使用,从而确保高校可以自由地将专利技术以非独占性方式许可给其他使用者,使他们既可以从独占性被许可人处购买专利产品也可以自己制造专利产品。最后,在许可合同中纳入人道主义条款,对不发达国家或地区关乎人类基本健康的医疗、诊断及农业改进技术给予特殊的关注。

第三,在专利诉讼方面,如果高校过于热衷诉讼行为,将违背其促进技术发展与服务社会的公共使命,影响社会对高校的整体评价,降低高校声誉。❶ 莱姆利教授甚至提出了高校是否为"专利蟑螂"的疑问。❷ 虽然莱姆利教授最终作出了否定的回答,但是不可否认,一些高校对专利诉讼的狂热已经超过了社会的容忍限度。对此,杰伊·克森(Jay Kesan)教授建议高校在寻求专利诉讼保护时应谨慎,防止其诉讼行为被冠以"专利蟑螂"的恶名。❸ 的确,高校作为传统意义上的非营利性公共服务机构,当其提起侵权诉讼排除他人的技术使用行为时,应牢记其基本使命是利用专利促进有益社会的技术发展,提高公共福利。从这个意义上来说,高校可以基于下列原因决定提起诉讼:一是,基于合同或道德义务,保护现有被许可人利益;二是,侵权人公然无视高校的合法专利权,并拒绝进行许可谈判或以合理许可条件使用高校专利;❹ 三是,侵权者无视科学或专业标准,对高校专利技术进行滥

---

❶ Margo A. Bagley. Academic Discourse and Proprietary Rights:Putting Patents in Their Proper Place [J]. Boston College Law Review, 2006 (47):217-219.

❷ Mark A. Lemley. Are Universities Patent Trolls? [J]. Fordham Intellectual Property, Media & Entertainment Law Journal, 2008 (18):615-618.

❸ Jay P. Kesan. Transferring Innovation [J]. Fordham Law Review, 2009 (77):2169, 2193.

❹ Leland Stanford Univ. In the Public Interest:Nine Points to Consider in Licensing University Technology, Stanford University [Z/OL]. available at www-leland.stanford.edu/group/OTL/documents/whitepaper-10.pdf.

用。❶ 由此，只有当高校专利诉讼的提起是为了公共服务使命，而非高校本身的财政使命时，才具有合理性。因此，高校是否提起侵权诉讼，需要认真考虑本机构资源及对声誉的影响。

(三) 应如何构建专利制度及高校专利政策

在知识经济时代，高校学术研究成果专利化、商业化与学术公开和学术共享行为一样，在某种程度上都有利于实现社会的公共利益。从这个意义上说，高校适当的专利申请、专利许可及诉讼活动都是允许的，并不能过分指责或禁止所有的专利行为。关键是，高校如何既抓住商业发展机会，又能恪守并履行自己的公共服务职能。第一，专利制度的硬法之治；第二，以大学章程为核心的软法治理；第三，发挥研究基金的财政杠杆作用。从美国《拜杜法案》赋予高校专利权的意旨来看，主要目的在于促进高校专利的商业化水平，加强高校与企业之间的合作。因此，在硬法规制方面，为了从根本上促进专利商业化水平的提高，更要从专利制度激励机制本身着手，以改善当前专利制度中普遍存在的"申请量高、授权量高，但商业转化率低"的问题。在软法规制方面，应充分发挥以高校章程为核心的自我约束机制，高校使命的定位及以高校使命为导向的高校专利政策的构建，能够对高校社区及学术共同体的专利活动起到有益社会的积极引导作用。此外，囿于高校经费主要来自国家资助，因此还可以充分利用这种财政杠杆作用，鼓励专利权人作出更多有益社会的专利申请和专利许可决定。

三、研究方法

在研究方法上，主要采用跨学科分析法、历史分析法对高校科学研究与专利制度之间的关系演进加以纵向梳理，厘清高校科学研究与专利制度不同行为准则与价值理念背后的冲突与契合过程。同时，采用横向比较分析法，考察美国、欧盟各国、日本及其他国家相关法律对高校专利的具体规定，并结合具体

---

❶ National Research Council of the National Academies, Managing University Intellectual Property in the Public Interest, National Academies Press (Stephen A. Merrill & Anne-Marie Mazza, editors), 2010. 转引自 Jacob H. Rooksby. When Tigers Bare Teeth: a Qualitative Study of University Patent Enforcement [J]. Akron Law Review, 2013 (46): 171-181.

数据对高校专利活动现状进行实证分析，指出高校专利背离公共利益的问题与弊端。为保证论证的充分，本书在整个论证过程中，始终贯穿着案例分析法和归纳分析法。例如，"斯坦福大学案"凸显了高科技环境下，高校发明创造归属问题的复杂性。❶ "Myriad 案"已经成为当代很多高校专利申请行为过度的典型。❷ 而"卡内基梅隆大学诉美满公司案"背后 15.35 亿美元的天价损害赔偿金则深刻表明了高校专利诉讼背离公共利益使命的逐利性一面。❸

---

❶ Trustees of Leland Stanford Junior University v. Roche Molecular Systems, Inc., 487 F. Supp. 2d 1099, 1119 (N. D. Cal. 2007); 583 F. 3d 832, 837 (Fed. Cir. 2009); 131 S. Ct. 2188 (2011).

❷ Association for Molecular Pathology v. Myriad Genetics, Inc. 569 U. S. (2013).

❸ Carnegie Mellon. University v. Marvell Technology Group, Ltd., et al., 986 F. Supp. 2d 574 (W. D. Pa. 2013).

第一章

大学理念与专利制度的冲突与契合

> 进步与发展是人类真正的法律。一种文明或理念停止前进,就要成为抑制社会前进的障碍。
>
> ——锡姆斯

《大学》首章云:"大学之道,在明明德,在亲民,在止于至善。"❶ 传统大学理念旨在尊德性、道学问,彰显的是一种"博学""厚德""求是""创新"的精神气质。大学作为"知识的共同体、学术的共同体、思想的共同体、文化的共同体、道德的共同体"❷,其科学研究成果与专利制度之间本是相互排斥的,因为二者奉行截然不同的价值标准。传统科学研究奉行"普遍性、公有性、无私利性及有组织的怀疑性"的科学规范❸,强调科研成果的原创性,鼓励尽快对研究成果进行学术公开或发表,促进知识传播及共享;而专利制度以功利主义为基础,旨在通过赋予发明人一定期限的排他性垄断权,

---

❶ 古代"大学"与现代大学在内涵上是有差异的。在古代,大学是相对于小学而言的。对此,宋代朱熹指出,大学即大人之学也。"人生八岁,则自王宫以下至于庶人之子弟,皆入小学,教之以洒扫、应对、进退之节,礼乐、射御、书数之文。及其十有五年,则自天子之元子、众子、以至公卿、大夫、元士之适子,与凡民之俊秀,皆入大学,而教之以穷理、正心、修己、治人之道。"参见朱熹. 大学章句集注 [M]. 上海:世界书局,1936:1.

❷ 徐显明. 大学理念论纲 [J]. 中国社会科学,2010 (6):38.

❸ 罗伯特·金·莫顿. 科学社会学(上册)[M]. 鲁旭东,林聚任,译. 北京:商务印书馆,2003:365.

促使发明人回收投资成本,进而激励发明创造。传统大学与营利性、追求利润最大化的商业性实体在行为准则、价值观念上存在根本差异,因此未纳入专利制度保护范畴。然而,随着经济社会的发展尤其是知识经济时代的到来,大学功能开始发生改变,大学在市场经济中所发挥的作用日益突出,呈现出明显的"学术资本主义"色彩。尤其是最近几十年,大学的科学研究成果已经打上了资本化、货币化的烙印。以往的科学研究主要是受好奇心的驱使,纯粹是为了研究而研究。在这种学术价值理念指引下,大学研究人员很少甚至耻于对其发明创造寻求排他性财产权的保护。然而,当前学术环境已经发生改变,大学科学研究更趋向于一种商业活动,大学更多地选择将其科技成果纳入专利保护范围,专利申请、专利许可及专利诉讼活动日益频繁。

第一节 传统理性主义大学理念与专利制度的对立

一、理性主义大学理念与科学规范

(一) 传统理性主义大学理念

传统大学理念奉行的是以纽曼和洪堡为代表的经典理性主义大学理念。"以理性主义为基础的高等教育理念,把大学视为理性的产物和理性的工具,认为大学是在纯粹理性驱动下探索高深学问和普遍真理的场所,与利益无涉。"❶ 纽曼在其《大学的理想》一书中表示,大学是一个传授普遍知识的地方,大学应以传授知识、培养理性为己任,"知识本身即为目的"。在纽曼看来,大学功能在于传授知识,而非发展知识。大学只是一个"教学"场所,而非"科研"场所。❷ 19世纪末,洪堡提出了"教学与科研"并重的大学理念。洪堡认为,大学作为一个纯粹的学术机构,是为了探索真理、创造知识,

---

❶ 刘宝存. 理性主义与功利主义大学理念的冲突与融合 [J]. 北京师范大学学报(社会科学版), 2006 (3): 29.

❷ 约翰·亨利·纽曼. 大学的理想 [M]. 徐辉, 等, 译. 杭州: 浙江教育出版社, 2001: 2-3.

致力于学术自由与完人品格的修养，应独立于社会经济生活。❶ 而且洪堡重视学术自由，认为学者必须具有自由从事研究、自由选择研究课题及自由发表研究成果的基本权利。❷ 学术自由作为思想自由的一种特殊形式，只受制于那些依据理性方式产生的纯学术行规与权威，除此之外的任何其他规制或权威均无从干涉。❸ 学术自由不是教师的特权，而是其探索真理所必需的一种条件，终极目的是社会的福祉。"士之读书治学，盖将一脱心志于俗谛之桎梏，真理因得以发扬。惟独立之精神，自由之思想，历千万祀，与天壤而同久，共三光而久光。"❹ 可以说，没有学术自由，就没有学术研究，更没有真理的诞生。此时，大学理念在于追求真理与自我完善，研究动机纯粹出于好奇心与求知欲，没有直接的功利目的。

(二) 科学规范

与理性主义的大学理念相对应，学术共同体在传统科学研究中显现出"普遍性、公有性、无私性及有组织的怀疑性"❺ 的科学精神气质。虽然学术文化的内容大多源自科学，但学术文化并不等于科学❻，大学在传授知识与科学研究时，必须恪守大学独特的文化价值与规范伦理。科学社会学之父罗伯特·莫顿认为，"知识就是经验上被证实的和逻辑上一致的对规律的陈述，而科学的制度性目标就是扩展被证实了的知识"❼。具体来看，罗伯特·莫顿认为："普遍主义即关于真相的断言，无论其来源如何，都必须服从于先定的非个人性的标准，要与观察和以前被证实的知识相一致。"❽ 对于"公有性"，罗伯特·莫顿认为，"科学上的重大发现都是社会协作的产物，因此它们属于

---

❶ 陈洪捷. 德国古典大学观及其对中国大学的影响 [M]. 北京：北京大学出版社，2002：39.

❷ 孙周兴. 威廉姆·洪堡的大学理念 [J]. 同济大学学报（社会科学版），2007（2）：11.

❸ Sidney hook, *Academic Freedom and Academic Integrity*, in his *Political Power and Freedom*, New York: Colliers Books, 1962, pp. 349-364. 转引自金耀基. 大学之理念 [M]. 北京：三联书店，2001：173.

❹ 此句话是陈寅恪在清华大学王观堂纪念碑铭中提出的学术精神。参见刘桂生，张步洲. 陈寅恪学术文化随笔 [M]. 北京：中国青年出版社，1996：8-9.

❺ 罗伯特·金·莫顿. 科学社会学（上册）[M]. 鲁旭东，林聚任，译. 北京：商务印书馆，2003：365.

❻ 奥尔特加·加塞特. 大学的使命 [M]. 徐小洲，陈军，译. 杭州：浙江教育出版社，2001：85.

❼ 同❹.

❽ 同❹366.

社会所有。它们构成了共同的遗产,发现者个人对这类遗产的权利是极其有限的。科学伦理的基本原则是把科学中的产权削减到最低限度。科学家对'他自己的'知识'产权'的要求,仅限于要求对这种产权的承认和尊重。科学知识为公共财产,其受惠于人类文化的公共遗产,科学成就本质上具有合作性和有选择的积累性"❶。正如牛顿所言:"如果说我比别人看得更远些,那是因为我站在了巨人肩膀上。"科学创新具有累积性与集体创造性,因此研究成果应归社会公有。大学作为这样一个理性的有机社区,所有的知识都处于公有领域中,人人可以自由免费使用。研究成果的公开不仅可以促进科技进步,为其他研究者提供最佳研究方法和技术,而且可以使其他研究人员对这些研究成果进行同行评议,验证真伪。"无私利性"表明科学研究的动机是求知欲与好奇心,追求的是一种专家权威和学术声誉,而不是金钱物质上的富足。❷ 而"有组织的怀疑性"既是方法论的要求,也是制度性的要求。❸ 怀疑主义的源头最早可以上溯至古希腊时代,"怀疑"从词源上讲是指考察、检验、调查及思考等,而"怀疑论者"就是指探究者或研究者。❹"我爱我师,但我更爱真理"。科学知识的发展并不完全是一种理性逻辑的连续过程。❺ 学术的真谛是探索、求真,目前人类已有的知识或理论并不是绝对真理,只是相对真理,存在论证不充分甚至论证错误的情形,因此学术活动要有合理的怀疑精神。❻

二、以功利主义为立法基础的专利制度

(一) 功利主义理论基本内容

系统阐述功利主义理论的学者为边沁,他认为"避苦求乐是人一切行为的最深层动机与最终目的,只有最大限度地促进当事人幸福与利益最大化的

---

❶ 罗伯特·金·莫顿. 学社会学 (上册) [M]. 北京:商务印书馆,2003:369-372.
❷ 同❶373.
❸ 同❶373.
❹ 崔延强. 怀疑即探究:论希腊怀疑主义的意义 [J]. 哲学研究,1995 (2):58.
❺ 黛安娜·克兰. 无形学院——知识在科学共同体的扩散 [M]. 刘珺珺,等,译. 北京:华夏出版社,1988:8.
❻ 叶继元. 学术规范通论 [M]. 上海:华东师范大学出版社,2005:20.

行为才是正确与理性的"❶。边沁的功利主义原理由"苦乐原理""效果论"和"功利原则"三个理论基点构成。其中,"苦乐原理"认为避苦求乐、求福避祸是人的行为的终极诱因,而且是对行为善恶进行评判的唯一价值标准;"效果论"认为某个行为是否善良,主要是看该行为能否带来快乐的效果,只有增乐与否的结果才能决定行为的善恶;"功利原则"则包括个人利益与社会利益两部分内容。对于个人利益与社会利益的关系,边沁认为,"社会利益是在伦理词汇中可能出现的普遍词汇之一。这就难怪它的意义常常把握不准了。如果它还有意义的话,那就是这样:社会是一种虚构的团体,由被认作其成员的个人所组成。那么社会利益又是什么?它就是组成社会之所有单个成员的利益之总和。"❷ 因此,在边沁看来,社会利益等效于个人利益的相加,社会利益不能独立于个人利益,个体自利性活动的集合最终能够实现整个社会福利的提高,即最大多数人的最大幸福。❸ 此外,边沁认为功利原理不仅符合个人伦理,更是构建国家法律体系应坚守的立法基础,对人类行为性质的辨识、评价与奖惩均要以功利原理为考量标准。在《道德与立法原理导论》一书中,他认为立法理论或立法艺术是广义伦理的一部分,"私人伦理教导的是每个人如何可以依凭自发的动机,使自己倾向于按照最有利于自身幸福的方式行事,而立法艺术教导的是组成一个共同体的人群如何能以立法者提供的动机,被驱使来按照总体上说最有利于整个共同体幸福的方式行事"❹。换句话说,良好的立法就是引导人们获得最大幸福和最小痛苦的艺术。❺ 功利主义原则作为一种务实的价值理念,追求的是一种经济理性,以效率和财富最大化为最基本的价值目标。

(二) 专利制度的功利主义立法基础

"功利主义原理在知识产权领域被细化为激励论和新古典经济学理论两个分支,又称为经济激励论。其中,专利制度最能体现功利主义的价值取向,

---

❶ 龚群. 对以边沁、密尔为代表的功利主义的分析批判 [J]. 伦理学研究, 2003 (4): 55-56.
❷ 周辅成. 西方伦理学名著选集 [M]. 北京: 商务印书馆, 1987: 220.
❸ E. 博登海默. 法理学: 法律哲学与法律方法 [M]. 邓正来, 译. 北京: 中国政法大学出版社, 2004: 110.
❹ 边沁. 道德与立法原理导论 [M]. 时殷弘, 译. 北京: 商务印书馆, 2000: 360.
❺ 边沁. 政府片论 [M]. 沈叔平, 等, 译. 北京: 商务印书馆, 2009: 28.

其设立目的就在于通过赋予专利权人一定期限的排他性垄断权,保障发明人回笼投资成本,进而激励发明创造。"❶ 当前,各国专利制度基本上都是以功利主义为立法基础。❷ 专利技术在国家资源体系中的战略核心地位,使专利制度的功利主义导向愈发明显,专利权私有化及商业化活动呈扩张趋势。

知识产权的对象"信息产品",不同于一般物品,具有可复制性、与载体的可分离性及可共享性等特征。❸ 因此,信息产品具有非竞争性与非排他性的公共物品属性。❹ 与通常只能由某个人使用的竞争性产品不同,信息产品可以供多数人共同使用,使用的人越多其价值发挥得越充分。一般来说,竞争性产品能够通过市场机制获得最佳分配与利用,而非竞争性产品根本不需要进行市场分配,因为使用者之间不会产生冲突。这些公共物品的最大优势就是,成本可以分散到所有用户。然而,这种成本的分摊同时也会产生集体行动问题(Collective Action Problem),即个体成员有动力去"搭便车"或盗用他人贡献成果,试图从这些公共物品处获利。这是因为,对于公共物品而言,群体成员面临同样的激励机制,个体成员均不愿支付有益于整个群体利益的公共物品成本。❺ 奥尔森是系统阐述集体行动理论的先驱学者,其在《集体行动的逻辑》一书中对"具有共同利益的个人组成的集团通常总是为增进该集团的共同利益而行事"的传统观点进行了批判,认为"除非某个集团的人数很少或存在强制性或其他特殊手段以使个人按照集团的共同利益行事,否则有理性的、寻求自我利益的个人不会采取行动以实现他们共同的或集团的利

---

❶ 张体锐. 商业寻租与专利制度:经济社会规划策略研究 [J]. 学术界,2014 (6):84.
❷ 例如,《TRIPs 协定》第 7 条规定:"知识产权的保护与权利行使,应该致力于促进技术的革新、技术的转让与技术的传播,以有利于社会及经济福利的方式促进技术知识的生产者与技术知识使用者互利,并促进权利与义务的平衡。"美国宪法序言第 1 条第 8 款规定:"国会有权保障作者和发明人对各自作品和发明在一定期限内的专有权利,以促进科学和工艺的进步。"日本《专利法》第 1 条规定:"本法设立目的在于通过保护发明及利用,鼓励发明创造,进而促进产业发展。"我国《专利法》第 1 条也规定:"为了保护专利权人的合法权益,鼓励发明创造,推动发明创造的应用,提高创新能力,促进科学技术进步和经济社会发展,制定本法。"这些立法目的均表明了专利制度的功利性。
❸ 张玉敏. 知识产权法学 [M]. 北京:中国人民大学出版社,2010:7-8.
❹ 威廉·M. 兰德斯,查理德·A. 波斯纳. 知识产权法的经济结构 [M]. 金海军,译. 北京:北京大学出版社,2005:24.
❺ Patrick Croskery. Institutional Utilitarianism and Intellectual Property [J]. Chicago-Kent Law Review,1993 (68):631.

益"❶。此外，奥尔森认为"搭便车"困境会随集团成员数量的增加而加剧，因为集团人数越多，个体成员参加集体行动的可能性就越小。❷ 因此，在信息产品的生产和分配过程中，必须借助政府的强制力解决集体行动问题。例如，霍布斯就认为必须借助公共权力改变个体行动的激励结构，以防范潜在的"搭便车"行为。❸ 专利制度正是政府以强制力作为后盾，人为构建一种激励机制，通过赋予发明人一定期限的排他性垄断财产权的方式保障发明人回收研发成本，以激励发明创新。

三、传统理性主义大学理念与专利制度的价值冲突

专利制度以功利主义为立法基础，目的在于保护专利权人私人利益，激励发明创造与应用，促进科学技术和经济社会发展，这与传统理性主义大学理念及公有、无私利性的科学规范之间存在根本不同。在理性主义大学理念的支配下，传统大学致力于基础性研究，以深刻认识自然现象、揭示自然规律并获取新知识、新规律、新原理和新方法为基本使命，重视知识的原始创造与累积，不具有直接的商业应用价值。此外，科学研究的"公有性"及"无私利性"精神特质，要求大学研究人员尽早公开发表科研成果并进行知识共享。大学作为一个非营利性机构，目的在于促进社会的公共利益，而这种促进作用依赖于自由探究与自由披露的学术研究氛围。大学研究人员之所以选择学术生涯而非进入企业研发部门，最主要的是基于学术自由的考量，而非金钱上的丰厚报酬。在学术界，思想、自由及首创性的研究成果就是"金钱"，重要研究成果的出版发表能够为研究人员带来学术上的权威地位与荣誉。❹ 对此，

---

❶ 曼瑟尔·奥尔森. 集体行动的逻辑［M］. 陈郁，等，译. 上海：三联书店，1995：2.

❷ 具体来看，主要表现在以下几个方面：第一，当集团人数增加时，个体成员从公共物品中获得的利益将减少；第二，当集团人数增加时，个体成员在集体行动中的相对贡献率会下降；第三，当集团人数增加时，集团个体成员之间进行直接监督的可能性会降低；第四，当集团人数增加时，将群体人员全部组织起来进行某个集体行动的成本将大大提高。因此，在大集团中，虽然每个人都想获得公共物品，但都不想因此而付出代价，"搭便车"困境加剧。参见赵鼎新. 集体行动、"搭便车"理论与形式社会学方法［J］. 社会学研究，2006（1）.

❸ 霍布斯. 利维坦［M］. 黎思复，黎延弼，译. 北京：商务印刷馆，1985：128.

❹ Lisa G. Lerman. Misattribution in Legal Scholarship：Plagiarism，Ghostwriting，and Authorship［J］. South Texas Law Review，2001（42）：467-477.

苏格拉底表示，"诚然，知识分子的研究成果能够为其带来外在的回报，如抱着纯粹艺术动机的小说家也可能获得高额的版税。而且，知识分子的研究动机并不总是纯粹的，时常受到名声、优先权的影响，例如牛顿和莱布尼茨就曾为谁发明了微积分而争斗不已。但是，在知识分子的眼中，私有制与金钱利益始终是低俗的、不正当的"❶。经济学家道格拉斯研究认为，杰出的科学家诸如迈克尔·法拉第、詹姆斯·麦克斯韦、盖尔斯·达尔文、路易斯·巴斯德和路易斯·阿加西在他们的科学研究中并不是以利润为动机的，而是知识分子的研究热情和发现之余的那份感动。❷

从公共利益角度看，公众也因学术公开及学术共享行为获益。学者们通过学术演讲和学术出版促进研究假说、研究成果及研究方法的快速传播，有利于为各个科学领域提供研究基础，进而促进公共利益实现。❸ 此时，大多数学术研究人员都耻于专利申请活动，对公共知识主张私有财产权或者对发明进行秘密保护都被认为是不道德的行为。例如，美国洛克菲勒基金会的雅克·洛布认为："如果纯粹的科学研究机构进入专利制度的掌控中，那么纯粹的科学研究将走向灭亡。"❹

不仅如此，依据《中华人民共和国专利法》（简称《专利法》，下文所及法律均为简称）规定，授予专利权的发明，应当具备新颖性、创造性和实用性。其中，"实用性"是指发明能够制造或者使用，并且能够产生积极效果。专利制度并不保护单纯的思想或者纯粹的理论，而是要保护在商业世界中基于这种思想或理论所作出的、能够在产业中应用并能够解决实际问题的发明创造。❺ 换句话说，专利制度旨在奖励发明家，而不是纯粹的科学家。❻ 对此，美国最高法院曾指出："单纯某个新元素、新规律或自然特征的发现，如

---

❶ 诺齐克，等. 苏格拉底的困惑 [M]. 郭建玲，程郁华，译. 北京：北京大学出版社，2013：367.

❷ Paul H. Douglas. The Reality of Non-Commercial Incentives in Economic Life [J] //Trend of Economics. 1924：153，156-62. 转引自 Peter lee. Patent and the University [J]. Duke Law Journal, 2013 (63)：24.

❸ Margo A. Bagley. Academic Discourse and Proprietary Rights：Putting Patents in Their Proper Place [J]. Boston College Law Review, 2006 (47)：217-228.

❹ Charles Weiner. Universities, Professors, and Patents：A Continuing Controversy [J]. Technology Review, 1986 (2)：33-35.

❺ 李晓秋. 信息技术时代的商业方法可专利性研究 [M]. 北京：法律出版社，2012：167.

❻ Vitamin Technologists, Inc. v. Wis. Alumni Research Found, 58 U.S.P.Q. (BNA) 293, 295 (9th Cir. 1943).

果对产业不产生任何有价值的实际应用效果,则不属于可专利性主题范围。"❶ 因此,传统大学研究的基础性特征,使大学研究成果很难成为专利法保护的对象。专利制度之所以将自然规律、自然现象及抽象性原则或公式等上游基础研究排除在可专利性范围之外,一方面是因为对基础研究授予专利权将人为地制造一种知识的垄断,阻碍整个科学领域的发展,不利于公共福祉的实现,另一方面也是出于对学术研究传统的尊重。

第二节 "学术资本主义"大学理念与专利制度的耦合

一、"学术资本主义"大学理念的兴起

"资本主义"这个词既意味着生产要素的私人占有,也意味着一种市场经济制度。以此推之,"学术资本主义"则意味着学术劳动的私有化、资本化、市场化。"学术资本主义"是实用主义大学理念在当代的变形。实用主义大学理念认为大学应服务于社会,反对"科学本身即目的"的知识价值观,认为知识应该成为一种解决社会实际问题的力量。大学知识应该从象牙塔中释放出来,转化为现实生产力,进而引领与服务社会。❷ 金耀基在《大学之理念》中表示:"由于知识的爆炸及社会各业发展对知识之依赖与需要,大学已成为'知识工业'之重地。学术与市场的结合,大学已自觉不自觉地成为社会的'服务站'。"❸ 实际上,"随着人类向知识经济时代的纵深发展,新知识的创造和应用将成为创造物质财富的最新形式。"❹ 以知识、技术、信息等人类智力资源为核心要素的知识经济作为一种新的生产方式,必然引起社会结构、社会关系和社会发展模式等的深刻变革。❺ 大学作为知识的主要"生产基地",大学的理念与使命必然也

---

❶ O'Reilly v. Morse, 56 U.S. (15 How.) 62 (1854).
❷ 王卓君. 现代大学理念的反思与大学使命 [J]. 学术界, 2011 (7): 137-138.
❸ 金耀基. 大学之理念 [M]. 北京: 生活·读书·新知三联书店, 2001: 8.
❹ 詹姆斯·杜德斯达. 21世纪的大学 [M]. 刘彤, 等, 译. 北京: 北京大学出版社, 2005: 12.
❺ 吕明瑜. 知识产权垄断呼唤反垄断法制度创新——知识经济视角下的分析 [J]. 中国法学, 2009 (4): 16.

会随市场经济资源组合的变化而变化。大学开始不断调整自己与市场相结合,越来越多的高校及教学科研人员开始利用其学术资本参与市场化或者具有市场特点的活动,进而形成了"学术资本主义"的新生环境。❶ "学术资本主义导致了知识商品化,知识可以购买,大学教师可被看作是交换知识的输出者,他们的身份正在从学者、专家转向创业者、开发者、发明家和企业家。"❷

　　大学之所以卷入学术资本主义的浪潮中,主要受国家政策指令和资源组合变化的影响:第一,政府对高等教育财政拨款尤其是固定拨款份额缩减,大学为了获得更多的外部研究经费,不得不将学术劳动作为一种特别的资本要素参与市场竞争活动。❸ 第二,经济全球化的影响。随着经济全球化的扩张,工业化国家的商业和企业部门迫使政府集中资源进行技术革新系统的提升和管理。这一方面造成国家政策制定者把资源集中于能够提高国家竞争力的技术革新领域,另一方面大学为了获得国家的优先投资,技术科学成为大学科研的主要部分。❹ 例如,美国科学基金会主席沃尔特·马西表示:"国家科学基金必须向新的方向转变,即从传统的由探究者所主导的研究转向更为宽阔的社会和经济目标。"❺ 而且,企业为保持竞争优势,抢占更多的市场份额,越来越多地求助于研究型大学所研发的各种新技术。这样,企业对新技术的需求与高校对资金的需求也一拍即合。从这个意义上说,政府、大学与企业之间形成了创新互动的三重螺旋模式。"三重螺旋"理论最初由埃兹科维茨及雷德斯多夫两位教授提出,他们认为政府、大学与企业作为创新市场的重要参与者,三方的协作互动是推动知识生产、转化及应用的关键因素。❻

---

　　❶ 希拉·斯劳特,拉里·莱斯利. 学术资本主义:政治、政策和创业型大学 [M]. 梁骁,黎丽,译. 北京:北京大学出版社,2008:8-10. 其中,"具有市场特点的行为",是指院校和教学科研人员为获得资金而进行的竞争,这些资金来自于外部资金和合同、捐赠、产学合作企业、教授的衍生公司中的学校投资,以及学生的学杂费。"市场行为"就是营利性的活动,如专利申请及专利许可,以及衍生公司、独立公司、产学伙伴关系等具有利润成分的活动。
　　❷ 易红郡. 学术资本主义:世界高等教育发展的新理念 [J]. 教育与经济,2010(3):57.
　　❸ 希拉·斯劳特,拉里·莱斯利. 学术资本主义:政治、政策和创业型大学 [M]. 梁骁,黎丽,译. 北京:北京大学出版社,2008:103.
　　❹ 杰勒德·德兰迪. 知识社会中的大学 [M]. 黄建如,译. 北京:北京大学出版社,2010:147-148.
　　❺ 迈克尔·吉本斯. 知识生产的新模式:当代社会科学与研究的动力学 [M]. 陈洪捷,等,译. 北京:北京大学出版社,2011:142.
　　❻ 亨利·埃兹科维茨,劳埃特·雷德斯多夫. 大学与全球知识经济 [M]. 夏道源,等,译. 南昌:江西教育出版社,1999:256-257.

对于"学术资本主义",很多国外学者都持否定态度,他们认为大学已经严重背离了求真、求实的基本传统与公有及无私利性的科学规范。例如,加拿大学者比尔·雷丁斯在《废墟中的大学》一书中认为,"大学正在变成一个全然废墟化了的机构,已经丧失了其存在的历史依据"❶。再如,弗里希曼教授表示,大学发明创造的商业化活动对大学基础设施资源分配、内部结构及使命等均会产生重要影响。他认为,大学专利活动的增加会抑制对大学基础研究资源的获得与使用,更有甚者,会侵蚀那些传统上可以自由分享的科研成果,故会阻碍科技进步。此外,出于经济利益考量,大学很可能会以产生长期溢价效应的基础研究为代价,转向短期获益的商业化应用型研究。大学对专利申请与专利许可活动的热衷有可能从根本上扭曲大学的基础研究地位,使得研究方向向应用型研究领域偏移。❷ 实际上,在知识经济时代,大学相对过去文化中心的地位,发挥着越来越重要的经济职能作用。今日大学之使命应该是多元的,"教学、科研、服务社会"三位一体。其中,"教学"是保存、传授知识,"科研"是发展、创造知识,"服务"是践行、应用知识。❸ 大学如何既维护自身管理上的独立性及优良学术传统,又能积极贯彻国家的公共政策,成为关键问题。❹

二、专利制度对学术资本化的深化

大学与企业分处两个不同的社会子系统中,各自具有不同的运行机制、目标与价值理念,二者之间存在着本质差异,而政府通过财政手段、法律手段的介入恰可以调和这种内在冲突,引导并激励大学与企业之间的良性合作。❺ 专利制度以及其他国家科技计划知识产权管理的相关政策,作为政府的法律介入手段和调控工具,强化了大学的学术资本主义理念,对大学的知识生产、大学与企业之间的合作具有重要影响。

---

❶ 比尔·雷丁斯. 废墟中的大学 [M]. 郭军,等,译. 北京:北京大学出版社,2008:18.
❷ Brett M. Frischmann. An Economic Theory of Infrastructure and Commons Management [J]. Minnesota Law Review,2005(89).
❸ 金耀基. 金耀基自选集 [M]. 上海:上海教育出版社,2002:308.
❹ 安东尼·史斯密,弗兰克·韦伯斯特. 后现代大学来临?[M]. 侯定凯,赵叶珠,译. 北京:北京大学出版社,2014:138.
❺ 马永斌,王孙禺. 大学、政府和企业三重螺旋模型探析 [J]. 高等工程教育研究,2008(5):33.

以美国为例，在1980年之前，美国大学对联邦资金资助的研究项目是不能申请专利的。大学作为非营利性的公共服务机构，研究成果属于公有领域范畴，这与传统科学规范是相一致的。然而，将大量的研究成果置于公有领域中，会造成对这些公共资源的低效利用。因为如果研究成果处于公有领域中，任何人都可以免费获得，使私营企业没有动力继续投入成本将这些研究成果转化为市场需要的产品。只有企业能够对专利技术享有独占性许可权，从而确保其竞争优势，企业才愿意进行商业化投资。同时，美国国会也意识到，将公共基金资助的基础科学研究成果保留在公有领域中，有可能被外国竞争者"坐收渔利"。鉴于此，美国开始颁布各种"亲专利"的技术转化法。例如，1980年美国就颁布了两部重要的法规。第一部是《史蒂文森—魏德勒技术创新法案》（Stevenson-Wydler Technology Innovation Act），该法案主要是规范联邦政府实验室及雇员研发成果的技术转化及商业应用，规定技术转化是政府工作职责的一部分。至此，技术转化从先前一种公众广泛获取科技成果的固有副产品，变为研究机构明确追求的任务和目的。第二部就是著名的《拜杜法案》（Bayh-Dole Act），鼓励小型企业及非营利性组织对联邦资助发明申请专利并保留专利所有权，促进发明成果的商业化发展。❶ 同时，《拜杜法案》阐明了联邦机构申请及持有专利，以及向私营企业以独占方式或非独占方式许可专利的权力。不仅如此，里根总统于1983年极大地延伸了新政策的覆盖范围，引导行政部门和机构的负责人将《拜杜法案》原本仅针对小型企业及非营利性组织的规定扩张适用于所有的政府项目承担者（Government Contractors），包括大型私营企业，都可以对联邦基金资助的发明进行专利申请并获得专利权。随后，美国立法更是不断扩大并巩固项目承担者对联邦基金资助发明的私人占有。❷《拜杜法案》的出台，极大地促进了美国高校专利申请、专利许可及创业活动。例如，有学者研究发现，1969—1979年，美国大

---

❶ 《拜杜法案》颁布的动机主要受到第二次世界大战的影响，美国政府旨在通过重新分配联邦基金项目发明归属的方式，鼓励高校快速研发并商业化尖端技术，进而达到战时防御的目的。参见 Jennifer L. Owens. "Not Quite Dead Yet": the Near Fatal Wounding of the Experimental Use Exception and its Impact on Public Universities [J]. Journal on Telecommunications & High Technology Law, 2005 (3): 453.

❷ Rebecca S. Eisenberg. Public Research and Private Development: Patents and Technology Transfer in Government-Sponsored Research [J]. Virginia Law Review, 1996 (82): 1665-1667.

学专利申请量增加了40%，而在《拜杜法案》颁布后的1984—1994年，美国大学专利申请量激增了223%。❶ 不仅在立法上，司法上美国也采取了亲专利政策，最典型的案例就是1980年美国最高法院对戴蒙德诉查克拉巴蒂案（"Diamond v. Chakrabarty"案）的裁决结果。在本案中，最高法院大胆宣布"太阳底下由人类制造的一切东西"都属于可专利性主题范围。该案的裁决结果有利于将大学的基础研究成果纳入可专利性主题中。

我国1984年颁布了中华人民共和国成立以来的第一部专利法。就在1985年4月1日《专利法》实施的当天，一些高校就开始了专利申请活动，如南开大学、清华大学、武汉大学、浙江大学、大连工学院（现更名为大连理工大学）、云南工学院（现更名为云南工业大学）、湖南师范大学等纷纷向国家知识产权局申请了专利。然而，由于此时大学研究经费主要由政府资助，国家对大学研究成果享有所有权，不允许项目承担者申请专利加以垄断，因此大学的专利申请量是非常有限的。为了鼓励技术创新与高科技成果产业化，科学技术部于2001年12月、2002年5月先后颁布了《关于加强与科技有关的知识产权保护和管理工作的若干意见》及《关于国家科研计划项目研究成果知识产权管理的若干规定》，明确规定国家科研计划项目研究成果知识产权归属于项目承担者。最重要的是，2007年我国首次以法律形式明确了国家科研计划项目研究成果知识产权归于项目承担者。❷《科学技术进步法》被认为是中国版的《拜杜法案》，与先前政府出台"放权让利"政策一道，极大地调动了高校申请专利、与企业合作的积极性。

《专利法》介入之前，高校科学研究一直受传统科学规范的调整。然而，自国家采专利财产权的激励方式后，高校科学研究的传统政策发生了显著改变。受专利财产权的激励，高校科学研究方向从鼓励好奇心驱动的基础研究转向贴近市场经济发展的应用性研究领域，研究经费更倾向于对技术革新和

---

❶ David C. Mowery et al.. The Growth of Patenting and Licensing by U. S. Universities: An Assessment of the Effects of the Bayh-Dole Act of 1980 [J]. Research Policy, 2001 (30): 99-102.

❷《中华人民共和国科学技术进步法》第20条规定："利用财政性资金设立的科学技术基金项目或者科学技术计划项目所形成的发明专利权、计算机软件著作权、集成电路布图设计专有权和植物新品种权，除涉及国家安全、国家利益和重大社会公共利益的外，授权项目承担者依法取得。"

经济竞争力直接起作用的项目。❶ 如今，公共信息的私有化趋势加快，知识产权也被认为是学术研究的必然延伸。

三、传统科学规范对专利制度的影响

无论是美国的《拜杜法案》，还是中国版的"拜杜法案"，作为促进高校发明创造与产业之间技术转移的政策性工具，其有效性将随时间的推移不断显现。然而，囿于高校使命的特殊性及传统科学规范与专利制度之间的异质性，专利制度在吸收高校发明创造的同时，必须调整具体规则以尊重并保护高校进行学术公开与学术共享的传统。

（一）新颖性宽限期制度

新颖性、实用性及创造性是发明获得专利权保护的实质性条件。TRIPs协定第27条规定："一切技术领域中的任何发明，无论产品发明或方法发明，只要具备新颖性、创造性并可付诸工业应用，均可以获得专利保护。"各国基本上都作出了类似的规定。其中，"新颖性"是授予专利最基本、必不可少的积极条件之一，也是一个首要条件。❷

1. 新颖性含义

依据我国《专利法》第22条第2款及欧洲《专利公约》第54条第1款、第2款规定可以得出，只有不属于专利申请日以前的现有技术范畴，才能认定具备专利法意义上的新颖性。❸ 值得注意的是，2011年《美国发明法案》

---

❶ 希拉·斯劳特，拉里·莱斯利. 学术资本主义：政治、政策和创业型大学 [M]. 梁骁，黎丽，译. 北京：北京大学出版社，2008：54.

❷ 张玉敏. 知识产权法学（第二版）[M]. 北京：法律出版社，2011：208.

❸ 值得注意的是，2008年专利法修改之前，我国并没有采用"现有技术"的称谓，而是具体表达为"在申请日以前，就相同的可专利性发明主题并没有在国内外出版物上公开发表过、在国内外公开使用过或者以其他方式为公众所知"。因此，有学者将现有技术公开方式划分为出版物公开、使用公开及其他公开方式三种。参见汤宗舜. 专利法解说（修订版）[M]. 北京：知识产权出版社，2007：143-146. 对于此种划分方式，也有学者提出异议，认为这种划分方式可能对认定构成现有技术的条件产生影响，应该只划分为出版物公开和其他方式公开两种类别，使用公开属于其他公开方式范畴，除此之外还包括销售公开、展示公开和口头公开等。参见尹新天. 中国专利法详解 [M]. 北京：知识产权出版社，2012：246-247.

(简称 AIA)改变了美国的优先权及新颖性规定。❶ 依据现行《美国专利法》第 102 条 a 款规定,现有技术是指"在提出专利权利要求的发明的有效申请日之前,该项发明已经被授予专利权、记载在印刷出版物中,公开使用、销售或因其他方式而能够为公众获得;或者就相同的发明主题,在提出专利权利要求的发明的有效申请日之前,他人已经获得专利证书或进行了公开记载"❷,凡现有技术不能取得专利权。AIA 修改内容包括以下几点:第一,AIA 将美国专利制度从"首次发明原则"转变为"最先发明人申请原则"(First-Inventor-To-File);第二,判断新颖性的时间标准为"有效申请日";第三,删除了美国 1952 年《专利法》中对现有技术的地域区分即只包括在美国领域内的销售活动,将新颖性标准由"相对新颖性"变更为"绝对新颖性"。❸

(1) 出版物公开

依据《专利审查指南》第二部分实质审查第三章 2.1.2.1 的规定,"专利法意义上的出版物是指,记载有技术或设计内容的独立存在的传播载体,并且应当表明或者有其他证据证明其公开发表或出版的时间"。此处的"出版物"与版权法中所指的传统出版物内涵不同,是最广意义上的一种表述,应该包括在任何载体如各种纸件、视听资料以及利用网络、在线数据库甚至用金属板、木板所做的广告牌、海报等以文字、图形、数字等各种符号形式进行的书面描述行为。❹ 因此,所谓的"出版物公开",并不需要必然存在出版

---

❶ 应该明确,优先权(Priority)与新颖性(Novelty)解决的问题是不同的。严格来说,"优先权"回答的问题是:对于两个存在竞争关系的发明人,谁将对同一发明获得专利权。换句话说,是关于"发明人与发明人"之间,谁是第一个则谁获得专利权的问题。而"新颖性"与之不同,新颖性回答的问题是:发明人与一个现有技术之间,发明人的发明行为是先于还是后于现有技术的问题。参见 Robert P. Merges. Priority and Novelty under the AIA [J]. Berkeley Technology Law Journal, 2012 (27): 1023-1029.

❷ 参见美国专利法 [M]. 易继明, 译. 北京: 知识产权出版社, 2013: 28.

❸ John Burke. Examining the Constitutionality of the Shift to "First Inventor to File" in the Leahy-Smith America Invents Act [J]. Journal of Legislation, 2012-2013 (39): 69.

❹ 国家知识产权局. 专利审查指南 2010 [M]. 北京: 知识产权出版社, 2010: 154; 汤宗舜. 专利法解说(修订版)[M]. 北京: 知识产权出版社, 2007: 138. 实践中,公开出版物形式多样,可以包括图书、期刊、各种产品说明书、使用说明书、产品目录、参展目录、产品介绍、样本、图集、服务指南、价目表、宣传、销售手册、广告、学术论文、各种视听资料及各种网络资料等。只要公众中的任何人通过合理努力,具有同等的权利或机会获得出版物,就构成出版物公开。参见国家知识产权局专利复审委员会. 专利复审委员会案例诠释——现有技术与新颖性 [M]. 北京: 知识产权出版社, 2004: 94, 101.

行为，只要公众能够公开获得即可。在我国，公开出版物作为现有技术评价新颖性时，采绝对新颖性标准，即无论出版物的地域、语言或获得方式，也无论出版物的发行数量、公众是否真正知晓出版内容，只要能够公开获得就构成出版物公开。❶

依据美国的主流观点，如果发明人将发明信息记录在纸张、文件的演示幻灯片或其他载体上，只要该领域的普通技术人员无须大量实验就可以依据这种参考（Reference）实施该发明，该参考就是"印刷出版物"❷。美国联邦巡回法院对"印刷出版物"进行了扩张解释，包括可视化演示文件、图像等。例如，在"克洛芬斯坦"案（"Klopfenstein"案）中，联邦巡回法院认为，最终作为海报展示的14页演讲幻灯片，即使演讲文稿的硬拷贝在图书馆中既没有传播也没有索引，仍足以构成印刷出版物。❸ 在本案中，申请人在学术会议上提交了一份幻灯片演示稿，该幻灯片演示稿印刷在了海报板上并在会议期间展示了两天半时间，随后又在堪萨斯州立大学展示了不到一天的时间。专利局审查人员认为这种展示行为已构成出版物公开，属于现有技术范畴，因此未授予专利。专利复审委员会肯定了审查人员的意见，认为该领域的普通技术人员通过学术会议能够获得全部发明信息，因此发明信息在学术会议上的披露构成出版物公开，落入公有领域范畴。发明人不服，向联邦巡回法院起诉，认为学术会议上的披露不构成出版物公开，因为：第一，在学术会议上并没有传播硬拷贝；第二，幻灯片在图书馆数据库中既没有编目又没有索引。❹ 然而，联邦巡回法院最终并没有认可其观点，拒绝授权专利权，因为公开获得并不必然需要发明资料的分发及索引行为。联邦巡回法院认为，"公众可及性是判断在先技术的标准，且通常以复制件的分发或索引服务等认定公众可及性。但是，判断印刷出版物时，还存在其他判断公众可及性的考量

---

❶ 国家知识产权局专利复审委员会. 专利复审委员会案例诠释——现有技术与新颖性 [M]. 北京：知识产权出版社, 2004: 93.
❷ SRI Int'l, Inc. v. Internet Sec. Sys., 511 F. 3d 1186, 1193-94 (Fed. Cir. 2008).
❸ 380 F. 2d 1345 (Fed. Cir. 2004).
❹ 发明人提出此观点的依据是联邦巡回法院先前对"Cronyn"案所作的裁决。该案中，联邦巡回法院认为，本科生毕业论文不构成印刷出版物，因为他们并没有以任何有意义的方式编目或编入索引。参见890 F. 2d 1158, 1161 (Fed. Cir. 1989).

因素。本案中，幻灯片展示就是披露发明内容的一种公开形式"。❶

因此，即使海报中展示的演讲幻灯片既未分发也不存在编目索引，仍然构成公开出版。该案裁决结果表明，一般的学术演讲在特殊情形下可能构成印刷出版物。法院在判断是否构成"印刷出版物"时，列举了四个具体的考量因素。

第一，展示时间的长短。展示期间因素，对于确定公众获得、占有或记住发明信息的机会非常重要。如果演讲幻灯片展示时间非常短暂，即使幻灯片描述了专利权利的基本构成要素，也不构成印刷出版物。❷ 口头演讲中的幻灯片展示往往都是瞬间的，短到几秒钟，长也不过几分钟，每个幻灯片的具体持续时间依赖多种因素如演讲者客观传达的信息量、受众的专业水平及幻灯片本身涵盖的内容等。一般来说，普通公众很难从这种短暂的展示时间内消化演讲者所传达的信息。然而，会议展示的时间越长，越有可能构成"印刷出版物"。❸ 在本案中，发明人 14 页的演讲幻灯片共展示了 3 天，对相关领域的普通技术人员而言，足以充分领会发明信息。

第二，目标受众的专业知识素养。相关领域的外行人员与普通技术人员对展示信息的理解及记忆是不同的。无论展示信息持续时间多么短暂，普通技术人员都可以直接筛选出那些新颖且具有实用性的发明信息，而且很容易记住。❹

第三，展示资料不被复制的合理预期，即保护措施因素。如果展示的会议信息被采取了保护措施，法院通常不太愿意认定为印刷出版物。在美国的一些研讨会中，演讲者通常会作出禁止复制演讲信息的声明。❺ 虽然在传统科学研究领域中，一直鼓励信息的自由传播与公开，但是随着学术研究商业化或资本化的发展，发明人为避免丧失专利权保护的机会，同时又不损害学术交流

---

❶ 380 F. 3d 1345 (Fed. Cir. 2004).

❷ Regents of the Univ, of California v. Howmedica, Inc., 530 F. Supp. 846, 860 (D. N. J. 1981), aff'd, 676 F. 2d 687 (3d Cir. 1982).

❸ Sean B. Seymore. The "Printed Publication" Bar After Klopfenstein: Has the Federal Circuit Changed the Way Professors Should Talk About Science? [J]. Akron Law Review, 2007 (40): 493-512.

❹ 美国联邦巡回法院认为，衡量普通技术水平需考虑以下因素：(1) 发明人的受教育水平；(2) 技术领域中所遇问题类型；(3) 针对这些问题的在先技术方案；(4) 发明创新的快速性；(5) 技术专业性；(6) 该领域积极工作者的受教育水平。参见 Environmental Designs, Ltd. v. Union Oil Co., 713 F. 2d 693, 696 (Fed. Cir. 1983), cert. denied, 464 U. S. 1043 (1984).

❺ Sean B. Seymore. The "Printed Publication" Bar After Klopfenstein: Has the Federal Circuit Changed the Way Professors Should Talk About Science? [J]. Akron Law Review, 2007 (40): 516.

活动,越来越多地在学术演讲中采取保护措施,声明禁止复制或记笔记。而在本案中,发明人并未采取保护措施,也未作出不允许记笔记或复制的声明。

第四,已被复制的展示资料的简易程度。展示信息越复杂,公众有效捕捉发明信息的困难性就越大;与之相对,展示信息越简单,公众越可能领会发明信息实质。而评估展示信息的复杂性,通常要考虑会议的实质内容及每个演讲幻灯片的具体内容。在本案中,法院发现14张演讲幻灯片中只有8个包含了发明的实质信息,且只有其中少数几张幻灯片表达了新颖性的发明信息。不仅如此,每张幻灯片中包含的项目符号不超过三个。法院认为,在这种情况下,发明信息的复制是非常容易的。

(2) 使用公开(排除实验使用)

与出版物公开类似,在国内外公共场合的使用行为也可能构成现有技术。依据《专利审查指南》第二部分实质审查第三章2.1.2.2规定,"只要相关技术内容处于公众想知道就能够获知的状态,就构成使用公开"。对于"使用公开",需要注意以下三点:第一,这种使用必须使公众中的任何人有可能看到,或者公众中的任何人自己有可能使用才行。❶ 第二,除发明人自己使用发明的行为外,公开使用还包括其他任何对发明人不负有保密义务的人的公开使用行为。❷ 按照日本的主流观点,"只要发明技术脱离了秘密状态,无论具体知晓公众数量的多寡,也无论这些不特定人员是否真正知道发明内容,只要被使用的技术已经处于能被公众了解、知悉的状态中,就构成使用公开"❸。第三,使用公开不包括因实验使用而公开的情形。发明人或在发明人控制下的其他人,使用发明进行完善的行为,不构成公开使用。完善发明的行为,是实验使用,而非公开使用。❹ 判断究竟属于哪种使用类型,美国最高法院列出三个考量因素:①争议的使用行为主要用于实验还是商业性开发;②发明

---

❶ 汤宗舜. 专利法解说(修订版)[M]. 北京:知识产权出版社,2007:144.

❷ 依据《专利审查指南》规定:"处于保密状态的技术内容不属于现有技术。所谓保密状态,不仅包括受保密规定或协议约束的情形,还包括社会观念或者商业习惯上被认为应当承担保密义务的情形,即默契保密的情形。然而,如果负有保密义务的人违反规定、协议或者默契泄露秘密,导致技术内容公开,使公众能够得知这些技术,这些技术也就构成了现有技术的一部分。"

❸ 李龙. 日本知识产权法律制度[M]. 北京:知识产权出版社,2012:48;田村善之. 日本知识产权法[M]. 周超,等,译. 北京:知识产权出版社,2011:193-194.

❹ City of Elizabeth v. Am. Nicholson Pavement Co., 97 U.S. 126, 134 (1877).

人对发明使用行为的控制程度;③为完成发明,需要进一步实验或检测的程度。随后,联邦巡回法院列出了更为宽泛的考虑因素:①公众检测的必要性;②发明人保留的实验控制程度;③发明的性质;④检测期间的长度;⑤是否支付报酬;⑥是否存在保密义务;⑦是否保存了实验记录;⑧进行实验的主体;⑨检测期间商业开发的程度;⑩依据实际使用条件,发明是否需要合理评估;⑪检测行为是否系统地进行;⑫在检测期间发明人是否持续监督发明;⑬潜在客户的性质。❶ 美国判例法统一认为,发明人对发明使用行为的控制程度,是决定公开使用还是实验使用的最关键的因素。只要发明人并非自愿允许他人制造、使用发明,且只要不是一般用途的销售,发明人就控制了发明,不丧失专利权。

(3) 其他形式公开

其他形式的公开主要是指以口头形式使公众获知技术内容的方式,包括口头交谈、报告、研讨会发言、广播、电视等。

2. 宽限期制度

依据新颖性条件的规定,如果高校在专利申请日前,以学术演讲或论著等形式公开披露其发明,发明很可能会落入现有技术范围,进而无法再获得专利保护。为了鼓励早期研究数据的公开与共享,专利法中规定了"新颖性宽限期"制度。"新颖性宽限期",又称为优惠期,是指在某种情况下发明创造虽然被公开,但其新颖性在一段时间内并不丧失。❷ 新颖性宽限期作为一种政策工具,一方面有利于发明人在专利申请前进一步评估发明的商业潜力,从而决定是否申请专利;另一方面可以鼓励发明人及早披露发明信息,分享研究数据,而又不丧失获得专利保护的能力。❸ 例如,杰里米·格鲁斯科(Jerem M. Grochoow) 认为,"对早期研究数据的学术演讲或公开发表,不但与传统学术公开及学术共享规范相一致,同时也发挥重要的经济功能,数据共享有助于避免科学家重复研究和资源浪费。首先,早期研究数据共享可以

---

❶ Electromotive Division of General Motors Corp. v. Transportation Systems Division of General Electric Co., 417 F. 3d 1203, 1213 (Fed. Cir. 2005).

❷ 黄虹. 关于专利新颖性宽限期问题的答疑 [J]. 电子知识产权, 2008 (12): 59.

❸ 李明德. 美国知识产权法 [M]. 北京: 法律出版社, 2014: 48.

避免其他科学家对类似的项目进行重复性研究。而经过数据分享后,其他科学家有机会进行多元化研究或合作,甚至放弃其中某个在研项目。其次,早期研究数据共享可以降低资源浪费,矫正其他科学家的研究方向。因此,早期研究数据的共享有利于整个创新活动价值的增加,防止重复性及误导性研究造成的资源浪费。"❶ 当然,如果在专利有效申请日前的宽限期范围外对发明创造进行出版公开,则丧失专利保护机会。理由在于,专利权是一种公开披露技术的对价,如果已经向公众公开,则没有必要再授予专利保护。

从适用范围来看,宽限期可划分为狭义宽限期和广义宽限期两类。狭义宽限期仅包括专利申请日之前在各国政府主办或者承认的国际展览会上展出的发明创造,以及他人未经申请人同意而违背其意愿的公开;广义宽限期除包括狭义宽限期内容外,还包括"申请人自己在专利申请日前在公开出版物上发表或者公开使用等方式"❷。从各国规定来看,宽限期的期限主要有 6 个月❸和 12 个月❹两种类型。例如,依据《专利法》第 24 条、《专利法实施细则》第 30 条的规定,我国新颖性宽限期的期限为 6 个月,适用于在我国举办的、国务院有关主管部门或者全国性学术团体组织召开的学术会议和技术会议。再

---

❶ Jeremy M. Grushcow. Measuring Secrecy: A Cost of the Patent System Revealed [J]. The Journal of Legal Studies, 2004 (33): 59-68.

❷ 尹新天. 中国专利法详解 [M]. 北京:知识产权出版社,2012:327-28.

❸ 采 6 个月宽限期的国家主要包括英国、德国、法国等欧洲国家及中国、俄罗斯、日本等。例如,日本《专利法》第 30 条规定:"自发明人提出专利申请前的 6 个月内,因进行实验、在刊物上发表、通过电信线路发表或者在特许厅长官指定的学术团体举办的研究集会上以书面方式发表,或者在政府或其他地方公共团体(以下简称"政府"等)举办的展览会或、非政府举办的经特许厅长官指定的展览会、在巴黎公约成员国或世界贸易组织成员国内地域内由政府等或经其授权者举办的国际展览会或者在既非巴黎公约成员国又非世界贸易组织成员国地域内由政府等或经其授权者举办的经特许厅长官指定的国际展览会上展出,而造成发明公开的,不丧失专利新颖性。"参见:十二国专利法 [M]. 《十二国专利法》翻译组,译. 北京:清华大学出版社,2013:237.

❹ 采 12 个月宽限期的国家主要包括美国、新加坡及大部分非洲国家。参见尹新天. 中国专利法详解 [M]. 北京:知识产权出版社,2012:328-330. 值得注意的是,美国于 1995 年引入临时专利申请制度,在宽限期外提供额外 12 个月的临时保护,为发明人提供充分的时间确定是否提交正式的专利申请。临时申请的提出必须是在发明公开之前,而且美国专利商标局对临时申请并不进行实质审查,只是在 12 个月后失效,除非在到期前发明人提交了正式申请,否则不会继续发生效力。为了获得更长的优惠期,大多数美国大学在专利申请时基本上都采临时申请方式,而非正式申请。参见 Margo A. Bagley. Academic Discourse and Proprietary Rights: Putting Patents in Their Proper Place [J]. Boston College Law Review, 2006 (47): 247-248.

如，依据美国《专利法》第 102 条 b 款 1 项的规定，专利有效申请日之前的 1 年内第三人披露发明的，如果发明人或共同发明人已经就同一发明主题先于第三人直接或间接公开披露发明的，则不属于现有技术范畴。即美国存在一年的宽限期制度（Grace Period），作为不丧失新颖性的现有技术例外。艾伦·德拉姆教授认为，宽限期制度的设立是权衡发明人私人利益与社会公共利益的需要。具体来说，存在以下三个理由：第一，最主要的原因就是，通过惩罚那些怠于申请或出于其他一些原因未能尽早提出专利申请的发明人的方式，鼓励发明人尽早提出专利申请；第二，当没有证据表明发明人打算获得专利，而是可能创造一种待价而沽的印象时，防止公众被可用性的发明误导；第三，防止对发明人的垄断权产生不必要的延伸，抑制潜在竞争。此外，发明人的确也需要时间去判断发明是否值得申请专利。宽限期的存在可以有效平衡发明人私人利益与公共利益的关系。❶ 宽限期制度作为一种限制性规定，既可以防止公有领域中的信息获得专利保护，又可以将专利垄断期限定在法定期间内。

（二）实验使用侵权例外制度

实验是科学之父，是科学进步与技术创新的先决条件。科学与其他文化领域相区别的一点，正是其累积的发展特性。❷"理性实验这一控制经验的可靠手段，是科学工作的伟大工具之一。没有它，今日的经验科学便是不可能的。实验已然成了研究本身的一项原则。"❸ 英国皇家学会曾就专利权对科学研究的影响作出过一份报告，认为专利政策应该：第一，提供发现、发明及其利用的认知与激励，以实现社会创新与总的利益；第二，鼓励竞争，进一步促进发现、发明及其利用；第三，满足当前及未来使用者从这种创新成果

---

❶ Alan L. Durham. Patent Law Essentials：A Concise Guide［M］. New York：Praeger Publisher，2004：117-118.
❷ 希拉·斯劳特，拉里·莱斯利. 学术资本主义：政治、政策和创业型大学［M］. 梁骁，黎丽，译. 北京：北京大学出版社 2008：228.
❸ 韦伯. 学术与政治：韦伯的两篇演说［M］. 冯克利，译. 北京：生活·读书·新知三联书店出版社，2005：31-32.

中受益。❶ 为此，世界上大多数国家都引入了专利实验使用例外制度。❷

1. 实验使用例外制度的正当性

专利制度作为国家创新体系的重要组成部分，其正当性在于激励发明创新与激励技术披露，平衡原始创新与后续创新之间的关系。专利制度通过为社会强加一些短期成本，赋予发明人一定期限的排他性垄断权，以激励初始投资和发明创造。发明创造作为一种非排他性的公共产品，其生产活动不同于其他商业性活动。因为对新发明创造的投资，不像对资本设备或能源材料的投资，竞争对手以非常低的成本就可以盗用其创意。因此，有必要授予发明人一种私权，以激励发明创造。❸ 而作为一种交换条件或对价，专利权人必须向公众披露发明信息。披露制度旨在保护公共利益，加速专利技术改进及后续创新步伐，防止他人对专利技术进行重复性研究浪费社会资源。

实验使用例外制度作为一种公共利益考量，既可以防止专利权抑制后续研究与发展，又可以实现更彻底、更有效的专利技术披露。一方面，单纯提高专利权保护强度并不必然能够促进社会整体福利。专利权作为一项排他性垄断权，虽然可以保护专利权人研发投资的能力，激励发明创造，但同时也使以他人发明为基础进行研究变得愈发困难，对后续创新产生负激励效应。❹ 在某些情况下，专利权人可能不愿意以合理条件许可潜在竞争对手进行实验性使用，用以防止竞争对手发展、改进技术或替代技术后抢夺其市场份额。而实验使用例外制度可以绕过这种情况，防止反竞争性拒绝许可行为的发生。另一方面，实验使用行为是专利披露制度的应有之义。依据披露原则的要求，公开的专利信息必须能够使相关领域中的普通技术人员理解该专利技术。由此可知，披露制度的预期目标即允许竞争者在专利有效期内可以不经专利权

---

❶ The Royal Society. Keeping science open: the effects of IP policy on the conduct of science [Z/OL]. 2003. available at https://royalsociety.org/policy/publications/2003/keeping-science-open.

❷ 如美国《专利法》第271条第5款第1项；德国《专利法》第11条第2款；法国《发明专利法》第30条第1款、2款；英国《专利法》第60条第5款第b项；日本《专利法》第69条第1款；我国《专利法》第69条第4项等。

❸ Rebecca S. Eisenberg. Patents and the Progress of Science: Exclusive Rights and Experimental Use [J]. University of Chicago Law Review, 1989 (6).

❹ J. D. 贝尔纳. 科学的社会功能 [M]. 陈体芳，译. 北京：商务印书馆，1995：219.

人许可而"使用"披露信息。如果直到专利有效期过后才允许对专利技术进行相关实验行为,披露制度将丧失其设立的最初意义。❶ 此外,当前专利权人对发明信息的披露并不充分,往往进行最低限度的公开,披露的预期效果难以充分实现,而将实验使用行为纳入侵权例外范畴恰可以弥补这种不足。一般来说,后续创新行为所需信息量往往超过披露内容,在这种情况下,为了获得更多有关专利技术的新信息,需要对发明专利进行相关实验。可以说,实验使用例外制度是对专利技术更彻底、更有效的披露等价物。实验性使用这种更深层次的披露方式,在促进后续创新的同时,又不会对发明创造产生太大影响。因为专利权人从专利保护中获得的收益已经远远超过了回笼投资的必要成本,没有必要再单独对这种内隐在披露制度中的实验使用行为进行额外补偿。❷

2. 实验使用例外制度的具体适用

"实验使用例外"制度肇始于美国1813年发生的"惠特莫尔诉卡特"案,是法官造法的产物。在该案中,原告对一种制造扑克牌的机器享有专利权。被告卡特未经原告许可,制造了该专利产品,制造目的在于验证该机器是否真正具备其所描述的功能及效用。原告认为被告的行为构成专利侵权,于是成讼。本案审理法官斯托尼认为,从《专利法》的设立意旨来说,仅仅出于哲学实验或探知机器是否具备其所描述功效之目的而制造专利机器的行为并不应当受到法律制裁。❸ 然而,斯托尼法官在本案中并没有对被控侵权者的终极使用目的进行进一步论证。在随后的"赛维诉基尔特"案中,斯托尼法官引用了卡特案中已然确立的实验使用侵权例外原则,并指出"如果被控侵权人制造专利产品并非单纯出于哲学实验或验证机器是否具备其所描述功效之目的,而是出于一种营利意愿,试图剥夺专利权人的合理经济收益,则仍构成专利侵权"❹。按照现在的一般理解,当时的哲学实验就是指通常意义上的

---

❶ Integra Lifesciences I, Ltd. v. Merck KGaA, 331 F. 3d 860, 862-63 (Fed. Cir. 2003), vacated, 125 S. Ct. 2372 (2005).

❷ Katherine J. Strandburg. What Does The Public Get? Experimental Use and the Patent Bargain [J]. Wisconsin Law Review, 2004 (2004): 81-119.

❸ Whittemore v. Cutter 29 F. Cas. 1120, 1121 (C. C. D. Mass. 1813).

❹ Sawin v. Guild 21 F. Cas. 554, 555 (C. C. D. Mass. 1813).

科学研究。由此可知，营利动机或商业性使用成为判断未经授权的实验使用行为是否构成侵权的关键，若对专利产品进行实验的唯一目的在于满足哲学品味、好奇心或仅仅是出于娱乐目的，则不构成对专利权的侵犯。❶ 美国著名学者罗宾逊在其论著中对实验使用例外制度进行解释，认为"除非影响了专利权人的金钱利益，否则不属于侵权性使用行为。对专利技术的不当使用所产生的利益必然危害专利权人利益。专利权人的利益来自于专利权人自己或授权其他人对发明加以实施所产生的报酬。虽然这些利益并非总是以金钱的形式呈现，但是具有金钱特性且其价值能够像其他财产一样进行估定。因此，侵权性使用行为必然损害专利权人的这种金钱利益。未经授权对发明专利进行销售，往往就是这种行为。但是，对发明加以制造或使用，也可能用以其他不产生金钱利益的目的。因此，当制造或使用专利进行实验时，无论是出于满足科学品味、好奇心或出于娱乐目的，专利权人的金钱利益均未受到损害，唯一的效果就是提高使用人的知识或放松其身心。但是，如果实验产品被销售，或以实验者便利的方式进行使用，或者对专利技术的实验使用目的在于与实验者自身的业务相适应，这些制造或使用行为均侵犯专利权"❷。依据罗宾逊的观点，出于实验目的制造和使用发明专利，但不进行后续的商业性销售，不会剥夺专利权人的合法商业利益，因此不构成侵权。罗宾逊的观点对后来的美国司法实践产生了重要影响，并逐渐发展为当前美国检测实验使用例外制度的商业性与非商业性使用的二分法❸，即实验使用例外制度只适用于娱乐、满足好奇心或出于严格意义上的哲学探究目的的非商业性使用行为。高校作为传统意义上的非营利性机构，无疑最应享受到实验使用例外制

---

❶ Poppenhusen v. Falke, 19 F. Cas. 1049, 1049 (C. C. S. D. N. Y. 1861).

❷ William C. Robinson. the Law of Patents for Useful Inventions [M]. Bonston: Little Brown, 1890: 898. 转引自 Katherine J. Strandburg. What Does The Public Get? Experimental Use and the Patent Bargain [J]. Wisconsin Law Review, 2004 (2004): 95-96.

❸ 针对此观点，美国众议院司法委员会在1950年曾起草了一份修改专利法的立法建议。草案建议扩大实验使用例外适用范围，只将实验使用的后续商业性销售行为界定为侵权。草案规定："制造或使用发明专利的唯一目的在于研究或实验与发明相关的操作说明，而非出于销售或用以制造其他用于销售的任何东西，不会损害专利权人利益，因此不构成侵权。"但是，1952年《专利法》中并未采纳该建议。参见 Staff of House Committee on the Judiciary 81ST Congresses, Proposed Revision and Amendment of the Patent Laws, Preliminary Draft With Notes (Comm. Print 1950).

/ 第一章 大学理念与专利制度的冲突与契合 /

度所带来的实惠。❶

与美国类似,欧洲国家《专利法》中的实验使用例外原则最早也是基于法院对排他性权利所作出的司法解释。然而,与美国不同的是,这些司法解释随后全部都纳入了本国制定法中。❶ 依据欧洲《专利公约》(*European Patent Convention*,EPC)第64条第1款、第3款规定,对欧洲专利的任何侵权及侵权例外规定应按照各国国家专利法处理。随后,为消除地域性专利保护对欧共体内部自由竞争的影响,进一步统一成员国的专利制度,欧共体成员于1975年签署了《共同体专利公约》(*Community Patent Convention*,CPC)。CPC与EPC相互配合,构成欧洲各国专利制度的重要依据。1989年,CPC修订本第27条对共同体专利的效力进行了限制。依据公约规定,共同体专利权效力不得延及:①私人或非商业目的行为;②与发明主题相关的实验目的行为。公约之所以作出如此规定,是因为私人或非商业目的使用行为不会对专利权人的经济利益造成显著影响,而科学实验本身即使出于商业目的的使用,也不会对专利权人经济利益造成显著影响,因此排除在专利权效力范围之外。该观点与

---

❶ 然而,随着高校学术资本化趋势的加强,美国法院一直奉为圭臬的"商业性使用与非商业性使用"二分模式呈现出愈发严格解释的趋势,不仅商业性实体,甚至传统意义上的非营利性机构如大学都排除适用"实验使用例外"抗辩原则。最为典型的案例就是发生在2002年的"杜克大学"案。在该案中,美国联邦巡回法院首次解决了对非营利性研究机构是否适用实验使用例外原则的问题。依据传统商业性使用/非商业性使用二分法原理,这些非营利性研究机构似乎最有可能享受实验使用例外原则所带来的实惠。然而,在本案中,尽管杜克大学的研究工作具有非商业性,法院仍认定其构成专利侵权。法院对"商业性使用"进行了扩张解释,认为杜克大学的实验使用行为本质上仍应界定为一种商业经营活动:"根据以往的裁判先例,任何具有商业特性的使用方式都不能免于侵权责任。同样,被控侵权者的任何行为,无论是否具有商业含义,只要与其合法经营的业务相关联,就需要承担侵权责任。杜克大学作为一个研究型学术机构,其所从事的研究项目无疑将进一步促进该机构的合法经营目标,如提高该机构的学术地位、引诱丰厚的研究经费或吸引更多的学生和教师。简而言之,无论特定的机构或实体是否致力于商业利益,只要事实上促进了被控侵权者的合法经营活动,且并非单纯出于娱乐、满足好奇心或严格意义上的哲学探究目的,被控侵权行为就不满足狭义的、严格的实验使用例外抗辩。此外,使用者营利性或非营利性的身份对于侵权认定不具有决定意义。"参见 Madey v. Duke Universtity. 307 F. 3d 1351(Fed. Cir. 2002)."杜克案"的裁决结果引起了美国很多研究机构包括大学的恐慌,使很多研究型大学也成为潜在的侵权者。法院在适用实验例外原则时,排除一切商业性使用目的,甚至将学术机构的合法经营活动包括教育教学、启迪师生的活动也纳入了"商业性目的"范畴。这种极端的扩张解释有违人们对科研机构非营利性的一般认知,甚至已经影响到了实验使用例外制度的生死存亡,违背了该制度设立的初衷。

❶ Henrik Holzapfel & Joshua D. Sarnoff. a Cross-Atlantic Dialog on Experimental Use and Research Tools [J]. The Intellectual Property Law Review, 2008(48):123-151.

美国斯托尼法官最初排除科学实验侵权责任的初衷相吻合。但是,欧洲的实验使用例外范围较美国更为宽泛,并没有局限于美国"非商业性使用"实验。欧洲实验使用例外制度并不区分实验行为是否具有商业动机或者是否由商业性实体完成。虽然囿于未达到法定数目的成员国批准使 CPC 一直未获生效,但是 CPC 对成员国国内《专利法》的影响不容小觑。成员国对本国专利权效力的限制基本上都遵循了 CPC 第 27 条的规定,如德国、法国、英国、比利时、西班牙及丹麦等。❶ 以德国为例,为了与欧盟规定相统一,德国《专利法》于 1980 年明确纳入实验使用例外制度。❷ 其中,第 11 条规定:专利权的效力不得延及:①非商业目的私人行为;②与发明主题相关的实验行为。实验行为具体包括:为培育、发现和开发新植物品种对生物材料的利用;为获得将某种药品投放欧盟市场的营销授权或为获得将某种药品行销于欧盟成员国或第三国的许可,有必要进行的相关研究和实验以及其他实际要求。德国《专利法》引入实验使用例外制度后,德国学术界及实务界一致认为,该制度的适用范围是非常宽泛的,无论是否具有商业动机,凡与发明专利主题相关,所有实验行为都应免于侵权。唯一限制是,仅能将专利技术作为实验对象使用,而不能作为发明设备或发明工具使用。❶ 由此可知,欧洲国家在适用实验使用例外制度时,主要区分"以专利技术为实验对象"及"以专利技术为实验工具"两种情形。"以专利技术为实验对象"旨在更好地理解或获得专利技术方案本身的已知及未知信息,其作为披露制度的一种有效实现形式,对原

---

❶ Henrik Holzapfel & Joshua D. Sarnoff. a Cross–Atlantic Dialog on Experimental Use and Research Tools [J]. The Intellectual Property Law Review, 2008 (48): 152–153.

❷ 虽然德国 1968 年专利法中并未明确规定实验使用例外,但是已隐约表达出了实验使用例外的内容。此时,德国大多数机构都认为,并不允许对发明专利进行经济性使用,且仅限于私人使用,即验证发明专利是否正常运行及纯粹的实验室检测行为。德国联邦法院认为,当第三方当事人在专利有效期内使用包含专利活性物质的除草剂产品用以探测这种物质是否有效、不损害人体健康且环保时,第三方当事人构成侵权。依据德国联邦法院对 1968 年《专利法》的解释,如果这种实验的唯一目的在于改进发明,则免于侵权责任。因为争议中的实验行为,目的在于获得联邦药品机构批准程序所需数据,而非对发明进行改进,因此该行为不属于实验使用例外范畴。参见 Peter Ruess. Accepting Exceptions?: A Comparative Approach to Experimental Use in U. S. and German Patent Law [J]. Marquette Intellectual Property Law Review, 2006 (10): 96–97.

❶ Peter Ruess. Accepting Exceptions? A Comparative Approach to Experimental Use in U. S. and German Patent Law [J]. Marquette Intellectual Property Law Review, 2006 (10): 81.

专利的商业化影响是间接的，主要是促进具有潜在竞争力的后续创新，提高公共福利。与之相对，"以专利技术为实验工具"并不是为了获得与发明主题本身相关的信息，而是将专利技术作为达到其他预期目的的工具或手段。"以专利技术为实验工具"对原专利产品的商业化具有直接影响，是一种搭便车行为。因此，多数情况下不能免于侵权责任。❶ 依据欧洲国家实验使用例外规定来看，"以专利技术为实验对象"需满足两个条件：第一，专利使用行为出于实验目的；第二，实验所得信息与发明主题相关。在欧洲，只要以实验使用为主要目的，且旨在获得与发明主题相关的信息，无论是否具有最终的商业应用性，均属于实验使用例外范畴。

---

❶ 值得一提的是，比利时在2005年《专利法》修正案中扩大了实验使用例外范畴，将"以专利技术为实验对象"及"以专利技术为实验工具"两种实验使用行为均纳入侵权例外中。

第二章

高校专利权的正当性

> 市场本身是无法实现信息资源的最优配置的。
>
> ——阿罗

对于科技进步与创新来说,信息与数据是基础性因素。传统科学研究恪守的是开放创新模式。在开放创新模式下,知识生产的动力是内在的,如为了满足自身的好奇心或娱乐目的,他们乐于与他人分享自己的知识,希望他人能够对自己的研究结论进行验证并以此为基础进行进一步的研究。❶ 与之相对,在"专利权模式"下,知识生产的动力更多是外在的,依赖排他性权利的激励。

高校作为传统意义上的"文化公地""信息公地",其发明创造似乎应该全部纳入公有领域,那么为何又要将其纳入专利制度保护范畴?尤其对于政府基金资助的发明创造,公众已经通过纳税的方式支付了报酬,为何公众还需"二次付酬"支付专利权的垄断价格?为了回答这些问题,笔者从公共物品及外部性引发的市场失灵及"公地悲剧"问题论证产权的必要性,并从高校享有专利权与国家享有专利权、高校职务发明人享有专利权的利弊分析中论证授予高校专利权的合理性。

---

❶ Katherine J. Strandburg. Curiosity–Driven Research and University Technology Transfer [J/OL]. Gary D. Libecap ed. Advances in the Study of Entrepreneurship, Innovation and Economic Growth. Elsevier Science/JAL Press, 2005. Http://works.bepress.com/katherine_strandburg/1.

第一节 产权的必要性

一、公共物品与市场失灵

经济学家萨缪尔森认为,公共物品具有消费上的非排他性(Non-Excludability)与非竞争性(Non-Rivalry)。❶ "非排他性"是指,某人对物品的消费并不排斥他人同时消费的可能性。"非竞争性"是指,某人对物品的消费不会减损他人对该物品消费的数量与质量。公共物品的非排他性与非竞争性特征意味着,一旦这种物品生产出来,额外的人员同时使用该物品并不会对其他消费者强加成本,即某人对物品的消费并不会减损其他人对该物品消费的境遇。虽然向其他人告知该物品的可及性及实用性会存在一定的成本,但是此时通常认为向其他人提供该物品的边际成本为零(Zero Marginal Cost)。❷

知识产权学者也纷纷基于这两个特性对公共物品加以描述。例如,克雷格·甘松教授认为,如果某个人对特定物品的消费不会减损其他人对该物品消费的质量,则该物品就是公共物品。❸ 同样,布雷特·弗里施曼教授认为,非竞争性描述的是这样一种情形,即一件物品可以被个体消耗,但丝毫不会贬损其他人对相同物品进行使用的机会。❹

公共物品在消费上的非竞争性与非排他性,会引发两个问题:第一,公共物品生产者无法在竞争市场中回收投资的总成本。这是因为公共物品的生产成本及排他性成本很高,而使用成本非常低甚至为零。因此,公共物品容易引发无功却受禄的"搭便车"问题,提供者很难从所有受益者处获得相应

---

❶ Paul A. Samuelson. The Pure Theory of Public Expenditure [J]. Review of Economic & Sandstazists,1954(36): 387-390.

❷ William H. Oakland, Congestion. Public Goods and Welfare [J]. Jounal of Public Economics, 1972 (1).

❸ Craig Allen Nard, Certainty. Fence Building, and the Useful Arts [J]. Indiana Law Journal, 1999 (7): 759-771.

❹ Brett M. Frischmann. An Economic Theory of Infrastructure and Commons Management [J]. Minnesota Law Review, 2005 (89): 942.

的报酬。一般来说,竞争性产品能够通过市场机制获得最佳分配与利用,而非竞争性产品根本不需要进行市场分配,因为使用者之间不会产生冲突。这些公共物品的最大优势就是,成本可以分散到所有用户。然而,这种成本的分摊同时也会产生集体行动问题(Collective Action Problem),即个体成员有动力去"搭便车"或盗用他人贡献成果,试图从这些公共物品处获利。这是因为,对于公共物品而言,群体成员面临同样的激励机制,个体成员均不愿支付有益于整个群体利益的公共物品成本。❶ 第二,投资成本不受保护造成供给不足的问题。一方面,公共物品生产者无法通过市场价格机制获取最优生产数量的信息;另一方面,物品生产成本远远高于所获收益,生产者投资的积极性会受到抑制。斯蒂格利茨教授认为,"对于公共物品引发的市场失灵问题,国家必须在这些物品的供应中发挥一定作用,要么通过知识产权保护方式增加知识回报率,要么通过政府进行直接的财政资助。"❷

二、外部效应与市场失灵

"外部效应"(Externalities)是指,物品在生产或消费时,未显现在市场交易价格中,而对生产者或消费者以外的其他人所产生的社会边际成本或收益。依据新古典经济学的理论假设,只有在完全竞争市场中,消费品能够达到社会福利最大化的数量,并达到"帕累托最优"(Pareto Efficiency)。然而,当存在外部性时,即某项活动的成本或收益超过了活动决策者的预期,市场将无法产出最优的反馈结果。如果外部性是负的,成本超过了决策者自己能够承担的范畴,市场将会产出过剩的相关产品;如果外部性是正的,对相关产品将产生生产不足的问题。"囿于外部效应的存在,物品生产者自己承担的私人成本或收益并不等同于隐藏的社会成本或收益,此时的社会成本等于私人成本与外部成本之和。"❸ 因此,依据失真的市场价格信号可能引起经济决策的错误,造成资源配置的低效率。外部效应的存在是市场调节机制失灵的又一因素。外部性使得剩余成本或收益都由其他人承担或享受,如工厂向河

---

❶ Patrick Croskery. Institutional Utilitarianism and Intellectual Property [J]. Chicago-Kent Law Review, 1993 (68): 631.

❷ 约瑟夫·斯蒂克利茨. 公共财政 [M]. 纪沫,等,译. 北京:中国金融出版社,2009: 340-341.

❸ 马费成. 信息资源管理 [M]. 武汉:武汉大学出版社,2001: 92.

流、空气的排污行为。

依据福利经济学的观点,法律规则的设计应该将外部性内部化。在负外部性情况下,可能引起生产过剩,因为内在化的成本低于总成本;而在正外部性情况下,可能引起生产不足问题,因为生产者并没有基于其生产投入获得全面补偿。从技术上讲,我们可以称为产出分配的低效率。而要实现分配上的有效性,必须对正外部性与负外部性进行共同处理。杰佛瑞·哈里森教授认为,负外部性缘于活动对第三方的损害,合同法、侵权法及刑法在某种程度上都是应对这些损害的经济上的合理范式。而应对正外部性,需要遵守两条规则:第一,内在化的社会成本不能超过社会从创新活动中获得的利益。换句话说,对于创新活动产生的外部性,如果权利人内在化的社会成本超过了社会的公共利益,则不应该获得保护。第二,对创新活动的保护应该以尽可能最低的社会成本为代价。❶

公共物品是产生有益社会正外部效应的典范。然而,如前所述,公共物品的这种正外部效应容易引起"搭便车"问题。科斯认为,当双方当事人无成本地参与到存在相互冲突的活动中进行谈判,并达成某项协议时(即不存在交易成本),双方总是会达到有效的平衡,而无论这种活动最初是否受到法律保护。因为此时,双方当事人重新分配法律赋予的权利也是无成本的。简单地说,科斯的观点就是,只要法律制度产生的交易成本可以忽略不计,制度选择就能达到效率平衡。但是科斯认为,这种情况是非常不现实的。制度选择都存在重大的交易成本问题,包括信息成本、谈判成本、监管及执法成本,以及第三方当事人的各种影响如"搭便车"、拒不合作的现象。❷ 对于外部性问题,科斯认为,排他性权利的界定是市场交易的前提。❸ 他认为,外部效应是因为物品的产权不够明晰或者界定不当造成的,政府不必试图运用税收、补贴或管制等直接干预市场的方式消除社会收益或成本与私人收益或成本之间的内在差异,政府只需适当界定并保护产权即可解决外部效应问题,

---

❶ Jeffrey L. Harrison. a Positive Externalities Approach to Copyright Law: Theory and Application [J]. Journal of Intellectual Property Law, 2005 (13): 10-15.

❷ R. H. Coase. the Problem of Social Cost [J]. The Journal of Law & Economics, 1960 (3): 1-43.

❸ 罗纳德·哈里·科斯. 论生产的制度结构 [M]. 上海:三联书店, 1994: 304.

且无论产权归属于哪一方均可达到资源的最优配置。❶ 产权的界定可以人为地制造一种排他性,将外部性的利弊结果进行内部化的规制。对公共物品进行产权保护,允许其进行市场化的交易,才能促进公共物品的生产与创新,否则会造成使用过度、供给不足的"公地悲剧"。张五常教授在读过科斯《经济学上的灯塔》一文后,进一步认为政府授予私人供给者一种专利权必然能够解决公共物品的"搭便车"问题。❷

专利权作为一种排他性垄断权,其正当性在于激励私人投资与发明创造。发明信息作为公共物品的一种,在自由竞争的市场机制中面临供给不足问题,无法排除竞争者及其他用户免费搭便车的盗用行为,增加了投资风险。而赋予私人投资者专利权,可以降低排他性成本,提高"搭便车"成本,鼓励私人谈判许可行为,最终为发明人带来更大比例的盈余。因知识信息与一般的有形商品不同,信息生成成本很高,而复制再生产的成本却很低,因此极易受到市场失灵的影响。为了鼓励知识生产,激发创造热情,国家开始以"知识产权"的形式对信息市场进行创新激励。专利权作为"知识产权"的最早形式之一,被认为是国家对自由市场经济的必要干预,旨在通过这种产权干预形式,激励和调节技术创新市场,促进发明资源的优化配置。专利激励论认为,自由竞争市场并不能为知识生产提供足够激励。这是因为,在自由竞争市场中,竞争者对发明信息的搭便车行为,将导致技术信息的市场价格下降到接近为零的边际成本。此时,发明人所获得的市场收益无法弥补其研发成本,缺乏继续投入时间、资金等进行发明创造的动力。权衡利弊,人们更愿意成为复制者,而不是发明者。❸ "专利制度之所以必要,是因为专利制度作为政府公共政策的重要组成部分,在解决知识资源配置与知识财富增长的问题方面,较之于市场自发解决问题所产生的社会成本更低而带来的社会收益却更高。"❹ 专利制度通过赋予发明创造者以私人产权,无疑是"为天才之

---

❶ 樊勇明,杜莉. 公共经济学 [M]. 上海:复旦大学出版社,2001:65.
❷ 张五常. 新卖桔者言 [M]. 北京:中信出版社,2010:65.
❸ Dan. L. Burk, Mark A. Lemley. The Patent Crisis and How the Courts can solve it [M]. Chicago: University of Chicago press, 2009:8.
❹ 吴汉东. 利弊之间:知识产权制度的政策科学分析 [J]. 法商研究,2006 (5):6.

火添加利益之薪",为权利人提供一种最经济、有效和持久的创新激励动力。❶ 诺贝尔奖获得者、经济学家肯尼思·阿罗认为,市场本身是无法实现发明资源最优配置的。他认为,从社会福利角度看,一种新的知识生产方式,除了信息传递成本外,信息应该免费获得。这虽然能够保证信息的最佳利用,但是自然无法激励任何发明创造。❷ 同样,保罗·萨缪尔森在对公共物品的研究中,描述了公共物品(如技术)达到最优资源配置的条件,认为私人决策是无法达到最优的资源配置的。❸ 二人都反对纯粹以市场为中心解决发明资源的配置问题。阿诺德·普兰特认为,专利制度是政府对发明创造者的一种补贴。《专利法》有意为专利持有人设立了一个"收费站",允许发明人从社会回收研发投资,并将获得的总收入投入到最优的创新活动中。可以说,专利制度是政府对市场的一种人为干预行为,是一种人为激励创新的重商主义经济政策。❹

高校发明创造作为一种信息资源,是具有正外部效应的公共物品。❺ 在大学研究语境下,专利权具有相同的效果。一方面,大学的知识生产活动同样需要投入高额的研发成本,包括人力资本、管理资本、实物资本、知识资本及财政资本等。另一方面,大学作为非营利性机构,其所研发出来的发明成果通常是具有潜在正外部效应的公共物品,对社会整体有益。❻ 然而,大学发明成果的公共物品属性又不可避免地面临"搭便车"问题。此外,大学通常只进行研究工作,并不从事商业化生产活动,其注意力自然也就集中于基础研究领域。如果大学的这些研究成果不能获得专利,而其又不太可能从应用

---

❶ 吴汉东. 科技、经济、法律协调机制中的知识产权 [J]. 法学研究, 2001 (6): 146.

❷ Kenneth J. Arrow. Economic Welfare and the Allocation of Resources for Invention [Z/OL]. National Bureau of Economic Research. the Rate and Direcition of Inventive Activity, 1962. available at http://www.nber.org/chapters/c2144.pdf.

❸ Paul A. Samuelson. The Pure Theory of Public Expenditure [J]. Review of Economic & Sandstazists, 1954 (36): 387-388.

❹ Ted M. Sichelman. Purging Patent Law of "Private Law" Remedies [J]. Texas Law Review, 2013 (92): 517-529.

❺ 马费成. 信息资源管理 [M]. 武汉: 武汉大学出版社, 2001: 91.

❻ Brett Frischmann. Commercializing University Research Systems in Economic Perspectives: A View from the Demand Side [J]. Advances in the Study of Entrepreneurship, Innovation, and Economic Growth, 2005 (16).

研究中直接获利，大学很难回收研发成本。❶ 这样，大学在进行资源配置时，对科研的投入很可能会降低，容易造成发明创造供给不足的问题。因此，为了激励大学科研投入与技术创新，有必要授予大学对其发明创造的专利权。

值得注意的是，莱姆利教授在《产权、知识产权及搭便车》一文中指出，只有基于确保创造者回收平均固定成本的目的，才有必要授予知识产权。他认为，只有满足这种平均成本补偿原则（Average-Cost-Recovery），政策制定者才能保护社会最优水平的知识产权投资。如果投资者回收的成本高于平均固定成本，权利内容则是不适宜的，会造成市场投资不均衡，有害而无益。❷ 然而，对于如何基于平均固定成本确定授予知识产权的恰当水平，莱姆利并没有作出进一步阐述。莱姆利对哈罗德·德姆塞茨的产权理论提出质疑。德姆塞茨认为，未获补偿的外部性是引起投资不充分的主要原因，而产权的主要功能就是为实现外部性的内在化提供更高水平的激励。德姆塞茨的产权理论并未区分外部成本与收益，认为外部成本与收益均应该在成本欲超过收益的时间点上内在化。❸ 然而，莱姆利认为，德姆塞茨的"产权理论"在很大程度上并不适宜知识产权，因为知识产权的保护客体即信息是非竞争性的产品，只产生正外部性，因此无须担忧未获补偿的正外部性问题。经济理论并没有要求正外部性的完全内在化，只是要求回收足够的投资成本。因此，这种未获补偿的正外部性或"搭便车"问题，与德姆塞茨论证产权正当性理论时所论及的负外部性情形并不相同。莱姆利认为，只有发生负外部性问题如对公共物品的过度使用，才需要适用德姆塞茨的产权理论，但是正外部性是不同的。他认为，消费者剩余（Consumer Surplus）是正外部性实例，社会并不应该担忧，消费者是否在某种程度上搭了知识产权创造者的便车。❹ 对此，约翰·达菲教授认为，正外部性与负外部性具有相互性，正外部性与负外部

---

❶ 威廉·M. 兰德斯，查理德·A. 波斯纳. 知识产权法的经济结构［M］. 金海军，译. 北京：北京大学出版社，2005：402.

❷ Mark A. Lemley. Property, Intellectual Property, and Free Riding［J］. Texas Law Review, 2005 (83)：1031-1075.

❸ Harold Demsetz. Toward a Theory of Property Rights［J］. American Economic Review, 1967 (57)：347-357.

❹ Mark A. Lemley. Property, Intellectual Property, and Free Riding［J］. Texas Law Review, 2005 (83)：1086-1094.

性区分仅在一念之间。例如，他认为，合理的专利权范围有利于激励发明创新，但是过分保护又会对后续研究及商业化产生抑制效果。因此，莱姆利教授脱离产权理论的一般原理论证知识产权的特殊性，存在不妥。❶

三、"公地悲剧"法律规制的期待

"人们奋斗所争取的一切，都同他们的利益有关。"❷ 依据"经济人"的基本假定，人具有自利性的本质特征，往往忽视对他人福利的关切，而是追求自身利益的最大化。而这种自利性通常会使人具有机会主义的倾向，损害公共利益。

自中世纪以来，"公地"这个词就开始表示共享的物理空间，如公开并免费向农民、牧民或其他当地居民开放的田地、牧场或森林等实体资源。❸ 1968年加州大学生物学家哈丁教授在《科学》杂志上发表了著名的"公地悲剧"一文，认为如果所有人都对公共资源具有使用权且都无权排除他人使用，则会造成公共资源过度滥用的问题。❹ 为解释"公地悲剧"的形成，哈丁预设了这样一个场景："一块向所有人免费开放的牧场。可以预料，每个牧民都希望在这块公地上饲养尽可能多的牲畜。几个世纪以来，这种决策可能起作用，因为部落战争、偷猎及疾病都可能使得牧民及牲畜的数量远远低于土地的承载能力。然而，当社会稳定的目标最终实现时，这种好日子也就到头了。从这个意义上说，公地的内在生长逻辑无情地转为了一种悲剧。作为一个理性的人，每个牧民都追求自身利益的最大化。他们总是有意无意地以一种或明或暗的方式询问自己，我再增加一头牲畜能为我带来什么好处？当然，积极好处就是，多饲养一头牲畜额外收益会增加一倍，而消极的一面就是过度放牧会影响所有牧民的利益。理性的牧民在这种利弊权衡下，自然会选择多增加一头牲畜。接着，每个牧民都不受任何限制地增加了一头又一头。这对于供牧民共享共用的草地来说，必然会超过其最佳的承载能力，显然是

---

❶ John F. Duffy. Intellectual Property Isolationism and the Average Cost Thesis [J]. Texas Law Review, 2005 (83)：1086-1094.

❷ 中共中央马克思恩格斯列宁斯大林著作编译局. 马克思恩格斯全集（第1卷）[M]. 北京：人民出版社，1956：82.

❸ Nancy Kranich. the Information Commons：a Public Policy Report [R/OL]. 2004. available at http://www.fepproject.org/policyreports/InformationCommons.pdf.

❹ Garrett Hardin. The Tragedy of the Commons [J]. Science，1968 (162)：1243-1248.

一个悲剧。"[1]

在论证中,哈丁主要以亚当·斯密在《国富论》中推崇的"看不见的手"为批判依据。亚当·斯密认为,那些旨在追求个人利益最大化的个体,受一只"看不见的手"引导促进公共利益,即基于理性分析,个体做出的决策实际上是有利于整个社会的。换句话说,斯密的结论是,追逐个人利益最大化的个体行为会增加社会公共利益。哈丁认为,如果这个假设是正确的,我们当然应该继续适用自由放任的政策。但是,如果这个假设是正确的,怎么会出现人口过剩、资源过度使用等现实问题?因此,我们需要重新审视个人自由的界限。哈丁认为,追逐自身利益最大化的个体行为会损害社会公共利益。哈丁考虑了公共物品固有的成本收益。他认为,受个体成员追求自身利益最大化的理性支配,每个人都希望尽可能多地增加自己牧牛的数量,对公共牧场进行共享共用。此时,这种个人利益的增加是以社会公共利益的减损为代价的。个体增加牧牛的数量,增加了个人利益,但成本却由整个集团承担,不可避免会导致公共物品的滥用与破坏,损害公共利益。更为严重的是,当公共物品损害或枯竭时,不仅损害了公共利益,最终也会使个人利益成为无源之水。哈丁的核心观点就是,对公共物品不受限制的使用会破坏该

---

[1] 原文表述为:"The tragedy of the commons develops in this way. Picture a pasture open to all. It is to be expected that each herdsman will try to keep as many cattle as possible on the commons. Such an arrangement may work reasonably satisfactorily for centuries because tribal wars, poaching, and disease keep the numbers of both man and beast well below the carrying capacity of the land. Finally, however, comes the day of reckoning, that is, the day when the long-desired goal of social stability becomes a reality. At this point, the inherent logic of the commons remorselessly generates tragedy. As a rational being, each herdsman seeks to maximize his gain. Explicitly or implicitly, more or less consciously, he asks, "What is the utility to me of adding one more animal to my herd?" This utility has one negative and one positive component. (1) The positive component is a function of the increment of one animal. Since the herdsman receives all the proceeds from the sale of the additional animal, the positive utility is nearly +1. (2) The negative component is a function of the additional overgrazing created by one more animal. Since, however, the effects of overgrazing are shared by all the herdsmen, the negative utility for any particular decision-making herdsman is only a fraction of−1. Adding together the component partial utilities, the rational herdsman concludes that the only sensible course for him to pursue is to add another animal to his herd. and another; and another … But this is the conclusion reached by each and every rational herdsman sharing a commons. Therein is the tragedy. Each man is locked into a system that compels him to increase his herd without limit−−in a world that is limited. Ruin is the destination toward which all men rush, each pursuing his own best interest in a society that believes in the freedom of the commons. Freedom in a commons brings ruin to all."

公共物品上的公共利益。

自哈丁的"公地悲剧"理论问世以来,其对立法、司法及学术研究都产生了非常深远的影响。例如,1969年,美国国会甚至在《国家环境政策法》中直接引用了"公地悲剧"的法律措辞。此后,学者们纷纷用以批判各领域公共物品的过度滥用、供给不足、"搭便车"、浪费等问题。虽然大家都在用该词汇,究竟符合什么条件才构成"公地悲剧"?英属哥伦比亚大学法律系苏石龄教授(Shi-Ling Hsu)认为,"公地悲剧"涉及的是资源使用者过度开发,对彼此强加的共同外部性。他认为,真正的"公地悲剧"应该包含以下因素:第一,成员之间彼此非内在化的外部性。"公地悲剧"涉及的如果并不是完全对称的相同参与者,至少具有相互的外部性。第二,集团不合作的收益少于合作的结果。"公地悲剧"问题必须区别于分配问题。如果不合作只是引起财富的转移而未减少任何整体福利,则从社会角度而言不存在必然的低效率问题。悲剧意味着损失。第三,消费资源是竞争性的。虽然非竞争性物品也可能会产生不合作的情形,但是对竞争性物品不合作的可能性更大。❶ 同时,苏石龄教授指出,"公地悲剧"涉及的是资源使用者彼此之间强加的外部性,破坏他们自己开发资源的能力,且开发的资源具有消费上的竞争性。❷

与哈丁及其追随者的观点不同,耶鲁大学法学院卡罗尔·罗斯教授在1986《芝加哥大学法律评论》上发表了"公地喜剧"一文,她认为人类社会共同持有财产实际上并不总是以哈丁教授所指的方式破坏自然或损害人类自身的利益,有时社会会发展一些文雅的方式协调人与自然之间的关系。❸ 此外,罗斯教授认为,"法律应该不断向公众分配某些公共物品,因为公众获得这些公共资源与其他法律领域的财产私有化一样重要。当缺失了发生在'固有公共财产'的社会化活动,公众则会成为不像样子的暴徒,这些成员既不交易也不协商也不竞争,只会打架争夺,用霍布斯的话说,生活将陷入一片

---

❶ Shi-Ling Hsu. What is a Tragedy of the Commons? Overfishing and the Campaign Spending Problem [J]. Albany Law Review, 2005 (69): 77-91.

❷ Shi-Ling Hsu. What is a Tragedy of the Commons? Overfishing and the Campaign Spending Problem [J]. Albany Law Review, 2005 (69): 92.

❸ Carol Rose. the Comedy of the Commons: Custom, Commerce, and Inherently Public Property [J]. University of Chicago Law Review, 1986 (53): 711.

孤独、贫穷、肮脏、残忍和短缺状态"❶。罗斯教授认为,有些天生就是公共财产如道路和土地,绝对不能被私有化。对于这些固有的公共财产,根本不会形成"公地悲剧",相反,会形成一种"公地喜剧",这种物品越多越好。然而,罗斯教授也承认,存在的最大风险就是私人投资不足的问题。毕竟,很少有人愿意投入个人成本换取大家的共同利益。❷

相比哈丁教授的"公地悲剧"观与罗斯教授的"公地喜剧"观,唐纳德·艾略特教授认为哈丁与罗斯对"公地悲剧"与"公地喜剧"的人性假设都不完全正确或过于片面化。哈丁主要关注人的功利性与自利性一面,而罗斯则更重视人的性善。艾略特教授认为,哈丁与罗斯所描述的情境都不完全正确,或者应该称为"公地的悲喜剧"更为正确。这样,既可以反映出人与自然和谐相处的一面,又揭示出因人类自利性而破坏自然的一面。❸

尽管罗斯教授与艾略特教授对哈丁的"公地悲剧"提出了一定的质疑,但是在一定程度上都肯定了公共物品面临的困境。那么,究竟应该如何解决"公地悲剧"问题?哈丁提出了两种解决"公地悲剧"问题的可能性路径:私有化产权模式(Private Property)和政府监管模式(Government Regulation)。❹ 随后,埃莉诺·奥斯特罗姆又提出"公共产权"模式。奥斯特罗姆和其他一些学者,在20世纪80年代和90年代进行了广泛的实证分析,发现很多实例都证明,将资源的排他性使用权赋予某个集团,也可以实现该资源在该集团内部的可持续利用,避免"公地悲剧"问题。面对奥斯特罗姆提出的"公共产权"模式,埃里克森教授表示,哈丁并没有对"公地"(公共物品)做出精确的界定。实际上,"公地"包括两种情形:一种是公共所有权物品(Common Ownership Regimes),另一种是开放获取的公共物品(Open Access Regimes)。前者属财产权制度范畴,集团成员共同享有资源所有权,不能排除彼此,但可以排除集团外成员的使用行为。而后者不存在财产权。哈丁所谓的"公地

---

❶ Carol Rose. the Comedy of the Commons: Custom, Commerce, and Inherently Public Property [J]. University of Chicago Law Review, 1986 (53): 711.

❷ 同❶.

❸ E. Donald Elliott. the Tragi-Comedy of the Commons: Evolutionary Biology, Economics and Environmental Law [J]. Virginia Environmental Law Journal, 2001 (20): 19-20.

❹ Garrett Hardin. The Tragedy of the Commons [J]. Science, 1968 (162): 1245-1247.

悲剧"问题，实际上指代的是后者，而非前者。❶ 因此，一些学者又将哈丁的"公地悲剧"称为"开放获取悲剧"。❷

比较而言，"政府监管模式"需要政府对参与者提供指导与经济激励。"私有化产权模式"则主张市场自由，由个人独自承担决策的全部成本与收益，即，将外部性问题内部化。但是，前提必须是没有剩余的外部性或溢出效应，每个私有财产所有者必须承担其行为所产生的全部社会成本和收益。然而，因为无法避免产权边界的模糊性问题，完全的私有化模式仍无法避免外部性问题。科斯认为，在一个完美的市场中不存在交易成本，只有这样才能达到社会净收益最大化与最高的经济效率水平。因此，"私有化产权模式"需要依托两种形式：消除或减少外部性；创建一个零交易成本的权利（消除或减少交易成本）。这样看来，完全的私有化或市场化模式，很难成为解决"公地悲剧"的现实路径。❸ 对于"公共产权"模式，奥斯特罗姆认为只能适用于人数较少的小集团，且必须具有稳定的成员及同质的文化准则。"除非一个集团中人数很少，或存在强制或其他特殊手段迫使个人按照共同利益行事，否则有理性的、寻求自我利益的个人不会采取行动以实现他们共同的或集团的利益。"❹ 因此，奥斯特罗姆的模式很少为现实所适用。

大多数情况下，最有效的规制方法仍然是哈丁最初提出的模式。哈丁认为，以法律为手段的政府干预行为，对于维护社会公共利益是非常必要的。哈丁认为，只有构建一种"道德良心与责任+法律强制性约束"的双重规制模式，才能解决公地悲剧问题。❺

实际上，"即使亚当·斯密极力主张自由放任，但他也认为，由于人性中的弱点，人们往往不能将人类最深远、最根本的利益放在重要的位置，而更多关心的是个人、眼前的利益，于是在关系到人类最基本的共同需要的地方，

---

❶ Robert C. Ellickson. Property in Land [J]. Yale Law Journal, 1993 (102): 1381–1391.
❷ Abraham Bell & Gideon Parchomovsky. Of Property and Antiproperty [J]. Michigan Law Review 1, 2003 (102): 41.
❸ Amy Sinden. The Tragedy of the Commons and the Myth of a Private Property Solution [J]. University of Colorado Law Review, 78: 560–566.
❹ 曼瑟尔·奥尔森. 集体行动的逻辑 [M]. 陈郁, 等, 译. 上海：三联书店, 1995: 2.
❺ Garrett Hardin. The Tragedy of the Commons [J]. Science, 1968 (162): 1243–1248.

市场反而不是一个好办法"❶。

具体到高校的发明创造，传统上都是纳入公有领域范围中，所有人都可以自由免费使用。虽然信息产品与有形物质产品之间存在差异，其不会随时间的流逝而出现资源枯竭的局面，但是"信息公地"仍然会引发资源浪费与经济不效率的"悲剧"问题。如果将高校的所有发明创造统统都纳入公有领域，势必影响私营企业进行商业化投资的积极性，因为其无法借助这种无权利保障的技术发明获得竞争上的优势。从这个意义上说，高校技术发明很难转化为现实生产力，进而造成资源浪费。因此，也需要对高校发明创造赋予私有化专利权。

第二节 国家专利权的质疑

值得注意的是，当高校科研经费受政府资助时，授予高校专利权的正当性是否仍然存在？否定论者认为，既然政府已经对高校的发明创造进行买单，激励高校进行私人投资的正当性已经不存在，因此没有必要再授予高校对政府资助发明的专利权。因为，对这些技术成果授予私人产权，将导致公众对同一发明进行两次付酬，第一次是通过纳税方式支持发明项目的研究费用，第二次是以垄断性商品价格的方式再次对商业化的发明产品支付报酬。的确，赋予高校对政府资助发明私人产权，在某种程度上会产生一定的社会成本，但是其所带来的社会收益要远远高于这些增加的社会成本。以往，对于受政府资助的高校发明创造，要么进入公有领域中，要么由国家享有专利权。这种制度安排会造成政府资助发明的供给不足及利用不足问题，不仅不利于社会的科技进步与创新，公众也很难享受到这些技术发明所带来的真正实惠。因此，授予高校对政府资助发明的专利权，除发挥专利权传统意义上鼓励事前投资与发明创造的激励作用外，更是鼓励将政府资助发明进行后续的商业

---

❶ 许彬. 公共经济学导论——以公共产品为中心的一种研究 [M]. 哈尔滨：黑龙江人民出版社，2003：148.

化开发，以真正地转化为现实生产力，促进人们物质生活水平的提高与经济社会的发展。

一、国家资助发明所有权归属的论争

对于政府资助发明究竟谁应该拥有所有权的问题，至少在第二次世界大战期间就已经成为域外尤其是美国热议的话题。综合来看，主要存在两种立场：一种主张"项目承担者所有"，力劝政府对受其资助的发明只保留许可使用权，而将权利本身留给项目承担者；一种主张"政府所有"，力劝政府获得相关资助发明的所有权。双方论者都对对方观点表示了一些顾虑。例如，"政府所有"主张者担心，将专利权授予政府的项目承担者，将导致经济实力过度集中在大型公司手中，对小型竞争性企业及消费者造成损害。[1] 该论者同时也表示，"政府所有权"类似于将资助发明纳入公有领域中，应该以非独占性许可的方式对所有需要的人进行普通许可。而"项目承担者所有"论者认为，专利制度对发明创造具有重要的激励作用，如果不赋予政府项目承担者一种专利所有权承诺，势必降低其竞标、披露发明信息的积极性，更不太可能会对政府享有所有权的技术发明进行进一步投资。[2]

例如，1941年美国总统罗斯福通过行政命令的方式创建了国家专利规划委员会（National Patent Planning Commission），着手对国家产业能力的全面恢复与有效利用。委员会在其"政府雇员和项目承担者拥有的专利和发明"报告中，对专利权在政府资助研究中的作用进行了早期分析。对于政府资助发明的权利配置问题，专利规划委员会并没有采纳完全的"政府所有"或"项目承担者所有"主张，而是在权衡国家公共产权与项目承担者私人产权的利弊基础之上，选择了一种折中路线。委员会认为，关键问题是要确保政府对自己已经支付费用的这些科技成果进行免费使用，同时又要增强对发明创造的激励。因此，委员会认为，政府应避免对其资助的发明创造享有排他性权利，而是赋予项目承担者一种私人产权，用以激励发明创造及商业化。然而，

---

[1] William W. Eaton. Patent Problem: Who Owns the Rights? [J]. Harvard Bussine Review, 1967 (7-8): 101.

[2] Wilson R. Maltby. Need for a Federal Policy to Foster Invention Disclosures by Contractors and Employees [J]. Federal Bar Journal, 1965 (25): 32.

委员会并不赞成政府放弃所有资助发明的专利权，认为当发明创造与国家利益息息相关时，政府必须保留发明的相关权利。❶

与美国国家专利规划委员会报告的观点不同，1947年美国司法部长在向总统作出的报告中（the Report of the Attorney General to the President）建议将所有政府雇员及其项目承担者的发明创造所有权均赋予政府，只有当项目承担者在承担政府项目前已经对发明做出了独立的实质性贡献时，才允许适用政府所有权例外。司法部长认为，对于那些利用公共财政支出作出的发明创造，所有纳税人都应享有平等的使用权，而将这些发明创造的专利权授予政府后，政府能够以非独占性许可方式，免费提供给所有需要的使用者。司法部长指出，即使普通许可方式可能引起专利技术的后续推广不足，政府也不能选择独占性许可方式，而是应该继续投资进行后续的商业化，以避免政府在选择独占性被许可人、监督被许可人或起诉侵权人等方面产生不公正问题。此外，司法部长认为，政府也不应该对源自公共财政支出的技术使用行为索取许可使用费，而是应该通过税收的方式而不是许可费的方式进行后续研究资助。美国国会并没有采纳司法部长的建议，只是允许针对一些特定的计划或机构采用该政策。各机构可以根据自己不同的需要，选择不同的专利政策。例如，美国原子能委员会、农业部、卫生教育和福利部、内政部及美国国家航空航天局等实施"政府所有权"政策。而美国国防部、国家科学基金会则选择了"政府许可使用权"政策。❷

---

❶ National Patent Planning Commission, Government-Owned Patents and Inventions of Government Employees and Contractors, reprinted in Background Reports, 1-12 (1945). See Rebecca S. Eisenberg. Symposium on Regulating Medical Innovation: Public Research and Private Development: Patents and Technology Transfer in Government-Sponsored Research [J]. Virginia Law Review, 1996 (82): 1672-1673; Peter Mikhail. An Illustration That Patenting and Exclusive Licensing of Fundamental Science is Not Always in the Public Interest [J]. Harvard Journal of Law & Technology, 2000 (13): 377-378; Gary Pulsinelli. Share and Share Alike: Increasing Access to Government-Funded Inventions Under the Bayh-Dole Act [J]. Minnesota Journal of Law, Science & Technology, 2006 (7): 399-401.

❷ Attorney General of the United States, Investigation of Government Patent Practices and Policies: Report and Recommendations of the Attorney General to the President [M]. Michigan: University of Michigan Library press, 1947: 17-21. 转引自 Rebecca S. Eisenberg. Symposium on Regulating Medical Innovation: Public Research and Private Development: Patents and Technology Transfer in Government-Sponsored Research [J]. Virginia Law Review, 1996 (82): 1677-1695.

相比之下，美国国会及其随后的总统备忘录如 1963 年肯尼迪总统备忘录、1971 年尼克松总统备忘录及卡特总统的工业创新计划等都倾向于支持国家专利规划委员会的建议，赋予那些发明创造事关国家公共利益的机构"政府所有权"。❶ 例如，肯迪尼总统在 1963 年总统备忘录及政策声明中赋予了资助机构更大的自由裁量权，可以采取其认为合适的专利政策。其在所有权政策与许可政策中采取了一种折中进路，试图权衡私人激励与促进产业竞争的双重目的。备忘录中确定了一系列需要赋予政府所有权的情形：①合同的主要目的在于，制造面向普通公众进行商业化使用的产品或工艺；②发明创造直接关系公众健康或公众福利；③在政府资助研究领域外没有重要经验或者政府在该领域已经成为主要的开发者，而且排他性权利的获得将赋予项目承担者在该领域的主导地位；④项目承担者经营管理政府所拥有的设备或协调并指导其他人的工作。此外，政府资助机构有权在缔约时或发明后对项目承担者赋予比非独占性许可更大的权利。❷ 特别是，为提高政府资助发明的商业化水平，释放政府滞留的大量发明资源，美国 1980 年颁布《拜杜法案》，允许高校及小型企业对政府基金资助的发明创造申请专利并保留专利权。❸

二、国家专利权的反对理由

长期以来，对政府资助的发明创造一直强调的是国家所有。这种产权制度安排，造成权利主体与实施主体事实上的分离，形成了形式上国家所有、

---

❶ Rebecca S. Eisenberg. Symposium on Regulating Medical Innovation: Public Research and Private Development: Patents and Technology Transfer in Government-Sponsored Research [J]. Virginia Law Review, 1996 (82): 1674.

❷ Memorandum and Statement of Government Patent Policy [J]. Federal Rigister, 1963 (28): 10943-10946.

❸ 美国《拜杜法案》只允许小型企业及大学而未将大型企业也纳入其中的主要原因在于，大学与小型企业比大型企业促进发明商业化的动机更为强烈，而且它们通常并不具有足够的市场实力制造垄断，因此更能促进国家产业竞争力。小型企业富于创新、适应性强、具有冒险精神、积极进取且具有竞争力，但是在研究经费及专利权的分配上始终未得到政府资助机构的青睐。相比之下，大型企业目光短浅、规避风险且具有掠夺性，可能抑制新技术而非促进新技术的发展，但是在与政府机关打交道时精明强大，比小型企业更容易成为政府基金资助项目的竞标者，使得小企业与之的竞争实力相差更为悬殊。而赋予小型企业对政府资助发明创造的专利权，能够发挥其在发展新技术方面的优势，并提高其与大型企业相竞争的能力。参见 The University and Small Business Patent Procedures Act: Hearings on Senate 414 Before the Committee on the Judiciary, 96th Congress, 1979.

事实上高校所有的现实局面。一方面,高校不享有专利权,对其发明创造进行法律保护的意识及积极性均不强;另一方面,国家作为专利权人,容易对技术发明疏于管理,也不利于对专利的保护与有效利用。具体来看,由国家享有专利权,存在以下问题:第一,国家作为专利授予部门,自身再享有专利权,造成身份与职能、权限与职责的冲突。第二,国家并不直接参与发明创造及商业化发展,对发明本身的潜在商业价值没有清晰的认识,缺乏主动寻找被许可人的积极性。第三,政府决策程序烦冗、复杂,不但会产生大量的行政成本,而且从政府机构获得相关许可存在时间上的滞后性与不确定性,会造成企业商业化的迟延与风险。同时,政府拥有专利权可能会扩张其排他性权利范围,使被许可人的商业化发展变得无利可图,因此企业不太愿意投入资金对政府手中的专利技术进行后续的商业化发展。第四,当政府对项目承担者的发明享有专利权时,政府向潜在被许可人所能提供的仅仅是一个赤裸裸的专利权,在很多情况下难以充分地实现技术转移,缺乏进一步的技术信息指导。❶ 第五,国家专利权对外主要采普通许可方式,企业为保持竞争优势获取利润,很少愿意与之达成此类许可并进行商业化。综上,由国家对其资助的高校发明创造享有专利权,不利于实现对这些技术发明的专利权保护与有效利用。政府专利的许可率低,商业化水平不高。例如,美国国会曾要求哈布里奇研究机构(Harbridge House)对政府所有权专利政策的影响进行实证研究,包括:①政府研发项目的产业参与情况;②政府资助发明的商业化利用情况;③商业性市场中的业务竞争。经过18个月的实证调查,哈布里奇研究报告指出,无论谁持有专利,政府资助发明的商业化利用率非常低:1957—1962年,政府资助发明专利实际投入使用率仅12.4%,其中仅有2.7%的发明在商业化中作出相关贡献。❷

---

❶ Rebecca S. Eisenberg. Symposium on Regulating Medical Innovation: Public Research and Private Development: Patents and Technology Transfer in Government-Sponsored Research [J]. Virginia Law Review, 1996 (82): 1698.

❷ Harbridge House. Government Patent Policy Study (v. 1-4): Final Report for the FCST Committee on Government Patent Policy [M]. Michigan: University of Michigan Library Publisher, 1968: 20-35.

第三节　高校专利权的理论依据

一、与国家享有专利权相比较

赋予高校排他性专利权，一方面可以将那些滞留在政府及高校实验室的发明创造进行有效转移并进行商业化发展，从而为产业发展提供新的活动，提高知识生产力；另一方面也可以确保这些政府资助发明由本国企业而非外国竞争者进行商业化开发，防止为外国竞争者依据本国创新性发明主导世界市场提供"嫁衣裳"。

虽然高校本身与政府一样，并不进行商业化生产活动，但是允许高校保留专利权可以更好地促进高校技术发明向私营企业的转移。第一，高校作为发明创造的研发单位，比政府更了解发明的潜在商业价值，更有动力寻找潜在的商业性被许可人进行后续投资。而且企业可以与高校职务发明人直接互动，确保技术发明的有效转移。第二，高校通常以独占性许可方式确保企业的竞争优势与利润空间，企业更愿意与之达成许可协议并进行商业化投资。第三，高校作为许可人，不会对企业强加任何可能妨碍技术商业化开发的官僚性或体制性障碍，高校与企业之间能够更友好平等地达成许可协议。第四，高校保留政府基金资助发明的专利权，可以吸引更多企业投资，促进高校与企业之间的技术衔接与合作。因此，赋予高校专利权，不仅能够促进技术转移，而且会鼓励产业界分担高校的科研成本。[1]

二、与高校职务发明人享有专利权相比较

创新是经济社会发展的根本动力，而人才则是提高创新能力的第一资源。

---

[1] Rebecca S. Eisenberg. Symposium on Regulating Medical Innovation: Public Research and Private Development: Patents and Technology Transfer in Government-Sponsored Research [J]. Virginia Law Review, 1996 (82): 1698-1702.

高校职务发明的权利归属及利益分配,直接关系职务发明人从事技术创新及转化运用的主动性与积极性。因为,高校职务发明创造的权利归属问题属于一般意义上职务发明的一部分,因此有必要事先了解一下各国对职务发明创造的原则性规定。

(一) 职务发明国际立法例比较

当前,各国对职务发明的立法模式主要可以划分为三类:第一类,《专利法》或《知识产权法典》立法模式,如日本、法国;第二类,特别法之《雇员发明法》立法模式,如德国;第三类,国家立法中未作统一规定,依赖于普通法及《合同法》立法模式,如美国、澳大利亚。

1. 德国

德国《雇员发明法》(German Employee Inventions Act,EIA)生效于1957年,对雇员发明人与雇主之间的权利义务关系进行了非常详细的规定。❶ 德国的雇员发明所有权转移模式为大多数亚洲及欧洲国家所采纳。德国《雇员发明法》包括五个核心原则:第一,雇员发明人的报告义务;第二,雇主权利是对履行雇佣合同或研究合同而产生的发明主张所有权;第三,雇主有责任提出国内及国际专利申请;第四,在政府未主张权利的情况下,雇主可以保留发明所有权;第五,雇主享有发明所有权的同时必须对雇员发明人进行合理补偿。德国作为大陆法系国家,在法律中规定了更详尽的所有权转移程序,并为确保雇主对雇员发明所有权的获得规定了一个全面保护机制。❷

德国EIA限制当事人的合同自由,规定任何与EIA条款相冲突的合同无

---

❶ 当前,欧洲尚未建立统一的国际性法律规制职务发明问题。主要的国际条约如《保护工业产权巴黎公约》《专利合作条约》都未涉及雇员发明所有权问题。欧洲《专利公约》第60条第1款规定,专利权归于发明人所有。如果发明人为雇员,因专利权引发的争议应依照雇员主要受雇国的法律裁决;如果主要受雇国不能确定,则按照雇主所属企业所在国的法律裁决。此条虽然提及雇员发明问题,但只是规定了雇主与雇员之间专利权争议适用的准据法与管辖权问题。欧洲各国的国内法对雇员发明问题规定不尽一致。大部分欧洲国家都是在《专利法》或《知识产权法典》中规制雇员发明问题。此外,还有一些国家以特别法形式调整雇员发明问题如德国、瑞典、丹麦、芬兰及斯洛文尼亚等,最典型的就是德国1957年颁布的《雇员发明法》。然而,也有国家如比利时对雇员发明问题根本未进行相关规定。

❷ Toshiko Takenaka. Serious Flaw of Employee Invention Ownership under the Bayh-Dole Act in Stanford v. Roche: Finding the Missing Piece of the Puzzle in the German Employee Invention Act [J]. Texas Intellectual Property Law Journal, 2012 (20): 291-311.

效。由于德国 EIA 的强制性及其所反映出的强烈公共政策,德国 EIA 明确限定了其所规制的发明范围。该法适用于任何技术主题(Technical Subject Matter),无论是否具有可专利性,只要是由雇员发明人创造即可。德国 EIA 调整的"技术主题"(Technical Subject Matter)可以划分为发明(Inventions)和技术改造设计(Technical Improvement Proposals)两部分。发明可以获得专利法保护,而技术改造设计不属于专利主题范畴。可专利性发明又可以进一步划分为两类:职务发明(Service Inventions)和自由发明(Free Inventions)。[1] 依据《雇员发明法》第 4 条第 2 款的规定,职务发明是指雇员在受雇期间为履行私营企业或公共机构的工作任务或者依赖所在企业或公共机构的工作经验或业务活动而创造的发明,除此之外的发明均属于自由发明。由此可知德国的职务发明在构成上可以划分为两类:第一类,雇员为完成私营企业或公共机构雇主的工作任务而创造的发明;第二类,实质上基于私营企业或公共机构雇主业务或经验而创造的发明。德国 EIA 确保雇主能够对所有职务发明主张所有权。但是,并不是凡雇员发明满足职务发明的实质要件,雇主即可自动获得该职务发明的专利申请权和专利权。[2] 尤其是在 2009 年 EIA 修改之前,雇主欲获得雇员发明所有权,需要履行严格的程序要件,即必须在收到雇员发明报告之日起的四个月内主张权利。依据《雇员发明法》第 5 条的规定,发明一经完成,雇员必须向雇主提交发明报告,除非发明与雇主业务明显不相关。报告信息应包括足以理解并描绘技术问题、解决方法及发明制造的过程。在雇员向雇主提交了发明报告后,雇主有两个月时间要求雇员对报告信息进行补充。两个月期限过后,报告完成,进入四个月的发明所有权主张期。如果这四个月内雇主未及时主张发明所有权,则雇员保留发明的所有权利。对此,在德国 EIA(2009 年修订本)中删除了这种积极的程序性要求,规定除非雇主作出声明放弃权利主张,否则雇员发明默认归属于雇主所有。这种默认规则的引入更有利于保护雇主对雇员发明的所有权。此外,德国 EIA 第 7 条还规定,雇主行使权利前,雇员擅自转让发明所有权的交易行为无效。

---

[1] Toshiko Takenaka. Serious Flaw of Employee Invention Ownership under the Bayh-Dole Act in Stanford v. Roche: Finding the Missing Piece of the Puzzle in the German Employee Invention Act [J]. Texas Intellectual Property Law Journal, 2012 (20): 312-316.

[2] 蒋舸. 德国《雇员发明法》修改对中资在德并购之影响 [J]. 知识产权, 2013 (4).

由此可知，德国 EIA 的机制，可以确保项目承担者获得联邦资助发明的所有权。除非作出书面放弃，否则自动获得，可以有效防止雇员发明人将联邦资助发明合法转让给第三方当事人。值得注意的是，1957 年德国《雇员发明法》制定之初，并不适用于大学及其他研究机构人员所完成的职务发明，但是在 2002 年修正案中，将大学教师员工完成的职务发明也纳入其中，至此《雇员发明法》统一适用于私营企业及非营利性公共机构。❶

2. 日本

日本《专利法》第 35 条第 1 款、第 3 款、第 4 款对职务发明作出了规定。❷ 职务发明人可依据合同条款、工作条例或其他规定将申请专利的权利或专利权转让给雇主，或者赋予雇主独占性许可使用权，而雇主需要参照其从发明处获得的利润及对发明所作出的贡献对雇员进行合理补偿。同时，日本专利局为鼓励雇员进行发明创造并促进职务发明管理，颁布了《职务发明条例》，适用于私营企业。依据《职务发明条例》规定，雇员完成发明创造后，必须向公司提交发明报告。一经收到雇员的发明报告，公司职务发明审查委员会必须确定发明是否为职务发明。如果公司认为发明为职务发明，必须确定是否继受该发明的专利申请权。一旦公司决定继受职务发明的专利申请权，必须及时以书面决定形式通知雇员发明人。接到书面通知后，雇员必须将申请专利的权利转让给公司，公司必须对发明提交专利申请。雇员对职务发明的认定也可能提出异议，公司必须将维持或反对的决定通知雇员并说明理由。如果公司获得申请专利权或专利权则需要对雇员发明人进行补偿。❸

值得注意的是，日本《专利法》对职务发明的权属规定实际上经历了由

---

❶ 尹新天. 中国专利法详解 [M]. 北京：知识产权出版社，2012：72.

❷ 依据日本《专利法》第 35 条第 1 款规定，职务发明是指用人单位、法人、国家或者地方公共团体（以下简称"用人单位"等）的工作人员、法人职员、国家或地方公务员（以下简称"工作人员"等），其发明创造在性质上属于用人单位等的业务范畴内，且发明行为属于工作人员等现在或过去的工作职责。参见李龙. 日本知识产权法律制度 [M]. 北京：知识产权出版社，2012：48；田村善之. 日本知识产权法 [M]. 周超，等，译. 北京：知识产权出版社，2011：37；日本专利法 [M]. 杜颖，易继明，译. 北京：法律出版社，2001：15.

❸ 日本《职务发明条例》第 4 条、5 条、6 条、8 条、18 条规定。参见 Vai Io Lo. Employee Inventions and Works for Hire in Japan: a Comparative Study against the U.S., Chinese, and German Systems [J]. Temple International and Comparative Law Journal, 2002 (16): 279.

"单位主义"向"发明人主义"的转变。日本1909年《专利法》中明确规定"职务发明"归单位所有,即"单位主义"理念。然而,随着民众权利意识的不断增强,日本在2004年修改《专利法》时,承认了"发明人主义"的社会主流理念,将职务发明归属由"单位所有"改为"发明人所有"。尽管日本《专利法》将职务发明的权利赋予了发明人,但是实践中大多数企业都以内部规定或雇佣合同的方式将雇员发明人的专利权自动转让给企业,并向发明人支付一定报酬。企业认为,发明人已经获得工资报酬,且发明的完成依赖其所提供的各种资金、设备等基础设施保障,因此发明专利理应归企业所有。然而,对具体报酬数额约定的不明晰,使其成为诉讼的高发地带,影响企业与员工的关系,于是产业界开始呼吁修改《专利法》。为此,日本特许厅产业构造审议会知识产权分会专利制度小委员会近日起草了《专利法》修正案,针对雇员职务发明专利权归属问题,拟把现行法律中专利权属于"发明人所有"的规定修改为"单位所有",同时对雇员进行奖励报酬。对于日本的最新修法事宜,其国内的劳动团体发表了强烈反对意见,认为"单位主义"将恶化企业与员工原本就不平等的地位,在专利奖酬协商上员工处于弱势地位,不利于保护员工利益,容易造成高科技人才的外流。

3. 美国

美国法律并未直接规定雇员发明制度。正因为如此,早期,为了解决雇员发明所有权归属问题,美国私营企业的雇主们发展形成了一种实践手段,即与雇员签订发明前转让合同(Pre-Invention Assignment Contracts)作为雇佣条件。基于合同自由原则,美国法院承认了这种合同的执行效力。如果缺乏合同约定或合同约定不明晰,则依据普通法原则处理,即雇主对雇员的发明创造不享有任何所有权,即使其源于雇主与其雇员之间的合同义务。❶ 美国普通法上的发明所有权分配规则,源于联邦政府对其雇员发明所有权的强烈诉求与不断争取。最早一个涉及联邦政府雇员发明所有权争议的是"美国政府诉伯恩斯"案❷。在该案中,伯恩斯是美国军队的一个陆军少校,他在服役期

---

❶ 值得注意的是,美国只有内华达州颁布的法律允许自动转让发明所有权,无须明示的协议,只要发明是在雇佣期间创造且属于雇员工作职责范畴即可。

❷ United States v. Burns., 79 U. S. 246, 251 (1870).

间发明了一种帐篷,并对该发明获得了专利权。其所创造的发明与工作职责没有任何关系。虽然军队最初同意对其专利帐篷支付许可使用费,但随后就开始拒绝支付费用。虽然美国最高法院判决政府支付赔偿额,但是法院在法官附带意见中对政府权利做出评论:如果在军队服役的军官,并不是专门受雇进行实验,用以改进技术、设计出全新的或有价值的改进武器、帐篷或其他任何战争物资,发明人对其发明创造享有所有权。当发明创造被授予专利权后,政府在未经发明人许可或未支付报酬的情况下并不能再对改进技术进行使用。在法官附带意见中,法院也提到了私营企业的雇员发明专属于发明人所有的规则。随后,逐渐发展形成了美国普通法中"发明人所有"规则,即单纯基于履行劳动合同而创造的发明,并不能成为雇主获得发明所有权的基本依据。

此外,依据美国普通法,雇员发明可以划分为三类:雇主发起的发明(Employer-Initiated Inventions)、雇主权发明(Shop Right Inventions)及自由发明(Free Inventions)。❶ 其中,只有"雇主发起的发明",即发明在雇佣关系存续期间作出且雇员受雇的明确目的是制造特定发明,发明所有权才能归属雇主。例如,早在1933年,美国最高法院在"Dubilier"案中对此阐述了理由:"当员工受雇的目的就是专门进行发明创造工作时,其在任职期间所成功创造出的发明成果都属于完成工作任务,获得的任何专利均应归于雇主所有。原因在于,此时雇佣合同的确切标的物就是发明,而专利是雇员发明创造的唯一产物。雇主已经对其发明创造支付报酬。从另一角度说,如果雇佣合同涉及的只是一般性的工作任务,尽管雇员在完成工作任务过程中也可能会获得专利,但是雇主并不能依据这种宽泛的雇佣合同条款获得雇员发明创造的专利权。"❷ 但是,雇员很少受雇于这种目的。如果雇员受雇于一般发明工作,而非特定发明,法院在确定发明所有权时,通常会考虑两个因素:发明是否与雇员工作职责相关;雇员在发明创造过程中是否使用了雇主的相关资源。如果发明的构思及完善使用了雇主的资源,则雇员保留发明所有权,

---

❶ 有学者将美国"雇主权"称为"不排他使用权"。参见何敏. 职务发明财产权利归属正义[J]. 法学研究, 2007 (5): 76.

❷ United States v. Dubilier Condenser Corp., 289 U.S. 178, 187 (1933).

但法院基于公平正义考量,赋予那些为发明创造提供了物质设施与财政支持的雇主一些特殊利益。雇主享有非排他性、不可转让性且免许可使用费的发明实施权,即所谓的雇主权,故这种发明又被称为"雇主权发明"。与之类似,罗伯特·默吉斯教授认为,在没有明确合同约定的情况下,可以将雇员发明划分为雇主所有的发明(Employer-owned Invention)、雇主相关的发明(Employer-related Invention)及独立发明(Independent Invention)三类,具体如表2-1所示。❶

表2-1 雇员发明情况

类型	发明状态	发明所有权
雇主所有的发明	雇员专门受雇于发明任务	雇主享有完全的所有权
雇主相关的发明	雇员非研发类发明人或发明与雇员工作职责相关或依赖雇主资源进行的发明创造	分离所有权:雇员享有专利权,雇主享有有限的、不可转让的、免许可使用费的"雇主权"
独立发明	发明与雇员工作职责无关或未依赖雇主资源进行的发明创造	雇员拥有完全的所有权

值得注意的是,虽然美国《专利法》中并未涉及雇员发明问题,但是当小型企业或高校的发明创造受到联邦基金资助时,可依据《拜杜法案》确定发明所有权。正是基于《拜杜法案》的颁布,美国《专利法》第18章进行了相关条款的引入。针对联邦基金资助发明进行专门规定,目的在于构建统一的专利政策调整联邦资助发明所有权分配及许可问题,用以促进联邦资助发明的商业化。华盛顿大学法学院教授、知识产权研究中心主任竹中俊子(Toshiko Takenaka),通过对比研究美国《拜杜法案》与德国《雇员发明法》颁布的立法史,发现二者具有相同的历史背景,但基于不同的侧重点与实际国情发展了不同的规制方式。她认为,两部法律均是战争引发的军备竞赛产物。战争时期,政府为了促进科学与技术的发展,增加了对学术机构及私营企业的资助,进而推动立法者在战争结束前采用新的专利政策规制政府资助发明的专利权归属。然而,在具体权利分配上,美国《拜杜法案》旨在权衡

---

❶ Robert P. Merge. The Law and Economics of Employee Inventions [J]. Harvard Journal of Law & Technology, 1999(13): 5-7.

联邦政府与项目承担者及其雇员之间的利益；德国 EIA 旨在权衡雇主与雇员之间的利益，无论雇佣关系发生于私营部门还是政府部门。❶

4. 中国

中国《职务发明条例草案（送审稿）》第 8 条规定："职务发明的知识产权归于单位所有，发明人享有署名权及获得奖励和报酬的权利。"同时，第 9 条对利用单位物质技术条件的发明包括职务发明与非职务发明权属原则性地规定了"约定优先原则"，以充分尊重单位与发明人的意思自治。同样，《高等学校知识产权保护管理规定》第 8 条、第 12 条、第 13 条及第 15 条也对职务发明创造的权属分配规则作出了规定。对于国家财政基金资助的职务发明，法律明确规定专利权归属于高校所有。❷ 当然，为保护高校职务发明人的利益，各国法律均要求向职务发明人支付相应的报酬与奖励，并保护其署名权。例如，我国《专利法》第 16 条、《专利法实施细则》第 76-78 条、《合同法》第 326 条、《高等学校知识产权保护管理规定》第 26-27 条、《促进科技成果转化法》第 29-30 条及《关于促进科技成果转化的若干规定》第 2 条等均对相关的奖酬标准作出了规定。此外，为保护广大职务发明人合法利益，激发其创新创造活力，促进科技成果转移转化，2014 年 9 月 26 日财政部、科技部和国家知识产权局联合印发《关于开展深化中央级事业单位科技成果使用、处置和收益管理改革试点的通知》（简称《通知》），对科技成果转移转化所得收益的分配和激励机制问题进行了深化改革。依据《通知》第 3 条、第 4 条规定，试点单位科技成果转移转化所得收入全部留归单位，一部分应用以对发明人进行奖励，其余部分则必须纳入科研、知识产权管理及技术转移转化过程中。这些法律规定属强制性规定，被授予专利权的高校不得以任何方式予以排除。依据最高人员法院《关于审理专利纠纷案件适用法律问题的若

---

❶ Toshiko Takenaka. Serious Flaw of Employee Invention Ownership under the Bayh-Dole Act in Stanford v. Roche: Finding the Missing Piece of the Puzzle in the German Employee Invention Act [J]. Texas Intellectual Property Law Journal, 2012 (20): 291-292.

❷《中华人民共和国科技进步法》第 20 条规定："利用财政性资金设立的科学技术基金项目或者科学技术计划项目所形成的知识产权，除涉及国家安全、国家利益和重大社会公共利益的外，授权项目承担者依法取得。"据此，一些学校的知识产权政策中均作出了类似规定。例如，《上海市高等学校知识产权管理办法》第 9 条规定："承担国家科研计划项目形成的知识产权，除涉及国家安全、国家利益和重大社会公共利益以及合同另有约定外，由高等学校及其所属单位享有。"

干规定》第 1 条，因用人单位未履行或未按约定标准支付奖励、报酬，职务发明创造发明人、设计人可以向人民法院提起诉讼保护其奖酬权。因此，当高校未按约定或法定方式履行奖酬义务时，职务发明人可以向人民法院提起诉讼保护其权利。

（二）高校享有职务发明专利权的优势

如前所述，各国对职务发明的规定在适用上并未区分私营企业或公共机构。因此，高校适用于职务发明的一般规定。然而，有学者对此提出了质疑，认为学术语境中的职务发明所有权归属应区别于商业语境中的职务发明。一些学者认为，相比高校享有专利权，应该将职务发明创造的专利权直接赋予高校的职务发明人。综合来看，论证理由主要存在以下几点：第一，高校职务发明人享有专利权能够提高技术转移效率。这是因为，职务发明人对其发明的应用前景更为了解，可以更好地进行许可谈判，提高专利商业化的水平。与之相对，高校各类事务繁杂，且专门从事技术转化的人力、财力资源不足，因此只会延缓商业化进程。第二，高校享有专利权与学术自由精神相冲突，会对教师、员工的研究内容及研究方向产生影响，更多要求其从事可以申请专利的应用型研究。第三，将职务发明创造专利权赋予发明者本人，不仅可以提高其发明创造的积极性与产出数量，而且可以为高校招贤纳士、吸引优秀人才创造条件。[1]

虽然高校享有专利权的确存在以上不足之处，但是这些问题并不足以成为反对高校专利权的理由。罗伯特·默吉斯教授从策略谈判行为理论、团队生产理论及委托代理理论等经济学原理进行深入分析，认为雇主所有权具有完全的正当性。他认为，依据团队生产理论，很难对研究团队中个体成员的贡献作出明确界定。此外，雇员发明存在失败的高风险，但是雇员工资稳定，雇主需要通过对研发成功的雇员发明享有所有权的方式回收那些研发失败的雇员发明投资成本。雇主所有权非但不会有失公允，而且可以通过内部奖酬

---

[1] Robert E. Litan, Lesa Mitchell, E. J. Reedy. Commercializing University Innovations: Alternative Approaches [C/OL]. Innovation Policy and the Economy Working paper, 2007. avialble at http://sites.kauffman.org/pdf/NBER_0407.pdf.

机制激励雇员发明创造的积极性。❶ 同样，对于高校来说：首先，高校作为非营利性公共机构，承担着服务社会的职能，其专利活动较职务发明人个人而言，更能顾及公共利益的保护。其次，高校发明创造一般都是团队生产模式，并不是单纯依靠某个人的力量完成，因此职务发明人之间的权利分配绝非易事。此外，教职员工发明人热衷投身于专利活动，还会影响到其教学科研活动，产生利益冲突。最后，正是因为高校的团队研究模式，存在多个职务发明人，因此实际上很难高效率地对企业进行技术转移，不仅如此，还可能存在许可费重叠甚至许可谈判失败等复杂问题。❷ 因此，相比职务发明人而言，高校享有专利权更为适宜。

(三) 确保高校专利权的大学专利政策

高校保留职务发明创造的所有权，不仅能够提高技术发明的商业化水平，而且能够为社会提供大量新的就业机会，促进经济社会的发展。而这一优势结果的实现依赖于高校能够明晰地享有雇员发明所有权。然而，囿于有限的资源及产学合作关系引发的研究人员流动性，确保高校对职务发明创造享有所有权并非易事。尤其对于访问学者及实习生等不属于传统雇佣关系的情形来说，更为困难。美国的"斯坦福大学案"❸、澳大利亚的"西澳大利亚大学"案凸显了高科技环境下，学术发明归属问题的复杂性。❹

1. 斯坦福大学案

1988年，斯坦福大学聘请霍洛德尼（Holodniy）博士作为传染病学研究部门的研究员。入职时，其与斯坦福大学签署了《版权和专利协议》（Copyright and Patent Agreement，CPA），同意将受聘于斯坦福大学期间的发明创造

---

❶ Robert P. Merges. The Law and Economics of Employee Inventions [J]. Harvard Journal of Law & Technology, 1999 (13): 5-7.

❷ Samuel Estreicher & Kristina A. Yost. University IP and the Team Production Model: Why Change What's not Broken? [C/OL]. New York University Public Law and Legal Theory working Papers No., 2014 (14-55). avialble at http://lsr.nellco.org/nyu_plltwp/489.

❸ Trustees of Leland Stanford Junior University v. Roche Molecular Systems, Inc., 487 F. Supp. 2d 1099, 1119 (N. D. Cal. 2007); 583 F. 3d 832, 837 (Fed. Cir. 2009); 131 S. Ct. 2188 (2011).

❹ 由于"西澳大利亚大学案"与"斯坦福大学案"具有本质上的近似性，因此文中只对"斯坦福大学案"进行了详细论证。"西澳大利亚大学案"具体案情可参见 University of Western Australia v Gray [2009] FCAFC 116, (2010) 179 FCR 346.

所有权及相关权利和利益都转让给斯坦福大学。❶ 因研究需要，霍洛德尼博士被派往一个小型私营生物技术公司即赛特斯公司学习和使用聚合酶链反应技术（Polymerase Chain Reaction Technique，PCR），并致力于研究一种量化 HIV 血液传播水平的方法。霍洛德尼博士一到赛特斯公司，就与赛特斯公司签订了访问者保密协议（Visitor's Confidentiality Agreement，VCR），同意将其访问公司期间所有创意、发明及改进技术成果的相关权利和利益都转让给赛特斯公司。❷ 访问期间，涉案发明的核心结构被构思出来，随后霍洛德尼博士返回到斯坦福大学，并继续与斯坦福大学的同事们一起测试和完善在赛特斯公司访问期间所研发出来的技术发明。此时，斯坦福大学获得了美国国立卫生研究院对 HIV 研究项目的拨款。以霍洛德尼博士为核心的斯坦福大学研究团队最终完成了整个 HIV 检测分析方法，该分析方法可以计算出患者血液中的 HIV 量，有益于医生确定 HIV 治疗方法对患者个体的影响。1991 年，罗氏分子系统公司（Roche）购买了赛特斯所有与 PCR 相关的技术资产，并在接下来的几年时间，用霍洛德尼博士在赛特斯公司学习期间研发出来的 PCR HIV 技术进行临床试验，随后在全球范围内销售商业试剂盒。1992 年，霍洛德尼博士及其斯坦福大学同事最终完成了发明检测和改进。斯坦福大学随后依据 CPA 协议获得了发明所有权，并对发明提出专利申请，先后在 1999 年、2003 年及 2006 年获得了三项专利。2000 年，斯坦福大学着手与罗氏公司洽谈有关霍洛德尼博士专利的许可使用问题，但是罗氏公司回应称，依据 VCR、一些材料转让协议及普通法上的雇主权（Shop Rights），其是发明的共同所有人或被许可人，因此拒绝接受许可。斯坦福大学遂于 2005 年向加利福尼亚州北部地区法院对罗氏公司提起了专利侵权诉讼。

地方法院依据霍洛德尼博士与大学及企业签约的时间顺序，作出了有利于斯坦福大学的裁决。法院认为：第一，依据 CPA，霍洛德尼博士预期的发明创造（签约时发明创造尚未存在）应转让给斯坦福大学。第二，依据 VCA，霍洛德尼博士与罗氏公司之间存在一个事实上的、即刻生效的发明转让协议

---

❶ 具体内容为："I agree to assign or confirm in writing to Stanford and/or Sponsors with respect to his future inventions."

❷ 具体内容为："I will assign and do hereby assign to Cetus."

（发明创造仍然尚未存在），使得霍洛德尼博士不太可能履行其先前的义务，将发明创造转让给斯坦福大学。第三，当斯坦福大学获得联邦资金资助时，依据《拜杜法案》相关条款，实际上缩减了发明人对既存发明专利的实施权。第四，斯坦福大学专利申请的提交，追溯性地剥夺了霍洛德尼博士任何时间任何地点包括其在履行 VCR 义务期间的发明所有权。因此，联邦资助协议及专利申请书这两份及时的后续协议对在先的协议具有替代效力。然而，地方法院并没有明确阐述 CPA 与 VCA 之间的相互关系。法院认为，《拜杜法案》授予政府对依据联邦基金资助协议产生的发明权利的首次决定权，然后赋予了联邦基金接受者或项目承担者的二次决定性。留给实际发明人的权利，只有一些政府和项目承担者都不行使的剩余权益。依据地方法院观点，《拜杜法案》确立了一种政府、大学及发明人共同参与的分步所有权制度，政府对联邦资助发明成果所有权的首次选择权、大学的二次选择权及发明人的剩余选择权。

在上诉程序中，联邦巡回法院撤销了地方法院依据《拜杜法案》的裁决，认为合同条款的具体规定影响权利转让的效力，并基于对合同文本的字面分析认为 VCA 效力优于 CPA。关于 CPV 与 VCA，联邦巡回法院认为，前者只是依据斯坦福大学的要求对未来的某些发明创造作出了一种承诺，本质上是一种期权（Call Option），然而后者真正实施并转让了权利。❶ 具体来说，法院认为，霍洛德尼博士与斯坦福大学签订的 CPA 内容为"I agree to assign"，表明转让发明所有权还需要额外的承诺步骤才能完成。而与赛特斯公司签订的 VCA 内容为"Hereby Assign"，具有发明完成时自动转让所有权的效力。因此，尽管 CPA 签订早于 VCA，但是发明一经完成，VCA 效力优于 CPA。因此，虽然霍洛德尼博士在签署 VCA 时可以认为是违反了 CPA，但是斯坦福大学无权直接对罗氏公司起诉，只能向霍洛德尼博士行使追索权。据此，法院认定罗氏公司对涉案专利享有所有权，并作出了对斯坦福大学不利的裁决。

---

❶ 例如，联邦巡回法院在 1911 年"FilmTec"案中认为，对尚未存在的发明所签署的权利转让协议，是一种期权或一种未来利益。当发明真正创造出来且申请了专利后，发明人可以合法地向第三方当事人转让其任何权利。当然，发明人此时将违反先前的期权协议，但对方当事人至多享有衡平法上的权利，即获得合同违约损害赔偿救济，而非要求获得发明所有权。参见 FilmTec Corp. v. Allied Signal, Inc. 939 F. 2d 1568 (Fed. Cir. 1991).

此外，联邦法院认为，《拜杜法案》的主要目的是规范政府与小企业和非营利性受赞助方的关系，而不是受赞助方与其雇员发明人之间的关系。然而，联邦巡回法院承认，如果项目承担者或其雇员作出了任何违反《拜杜法案》的规定，政府可以将专利权收归自己所有。

斯坦福大学对联邦法院裁决不服，上诉至美国最高人民法院，但只要求对《拜杜法案》与《合同法》、普通法中有关发明所有权规定条款的效力问题进行移审。最高法院授予移审令，最终以7比2的投票结果肯定了联邦巡回法院观点，否定了《拜杜法案》有关联邦资助发明所有权的条款凌驾于《合同法》与普通法中对发明所有权规定的效力。依据专利法基本原理，发明所有权属于发明者本人，但发明人可以将发明所有权作为一种私有财产进行转让或转移。❶ 最高法院特别重申了普通法上的发明所有权规则，当发明人与其雇主或其他人员缺乏明确转让协议时，发明权属于发明人，进而否决了斯坦福大学认为《拜杜法案》是一部自动"权利转归法"的观点，认为斯坦福大学并不能自动成为联邦基金资助发明的所有权人。最高法院认为，《拜杜法案》所指"发明"是指那些项目承担者已经通过有效的、可执行性的转让合同从其雇员处获得了所有权的发明，而并不是所有的雇员发明。如果任何源自联邦基金资助的发明都受制于或服从于《拜杜法案》，则无须作出过多强调。

2. 案件评析

"斯坦福案"裁决结果表明，美国高校并不能依据《拜杜法案》自动从其职务发明人处获得发明所有权，仍要依据普通法规则调整联邦资助发明所有权问题。单纯的雇佣关系并不能充分将雇员发明所有权转让给雇主。除非存在明确的转让协议，否则雇主对其雇员的发明并不享有所有权。最高法院的此项判决受到高校技术管理人协会、美国高校协会及一些主要的研究型大学的反对，认为"斯坦福大学案"的裁决结果与高校及产业界已然确立的发明权归属实践做法不一致，且悖离了《拜杜法案》的立法宗旨。

早在1947年，美国司法部长弗朗西斯·比德尔在对美国专利实务及政策

---

❶ Sean O'Connor, et al. Legal Context of University Intellectual Property and Technology [Z/OL]. 2010. available at http://sites.nationalacademies.org/PGA/step/PGA_058712.

进行广泛调查研究的基础上向总统作出报告与建议。报告认为，几乎所有企业组织中的科学和技术员工都依据雇佣合同将他们的专利权转让给雇主，大多数学术机构也采纳了类似的做法，在员工入职时同样要求其在聘用合同中转让受聘期间的发明所有权。❶肯尼迪政府第一个依据该报告对校外研究和开发行为进行立法，目的在于对这种研发合同建立一个统一的政府专利权分配政策。肯尼迪备忘录只解决了政府与项目承担者之间的权利分配问题。很明显，正是基于高校通常会依据合同获得发明所有权的实践做法，即项目承担者必然可以确保从其雇员手中受让发明所有权，因此专利政策只需要在政府与项目承担者之间进行权利分配即可。随后的尼克松政府均作出了类似的规定，只对政府与项目承担者之间的专利所有权进行了分配。同时，为确保项目承担者从其雇员处获得发明所有权，明确要求项目承担者必须在合同中纳入不同的专利权条款以确保发明所有权的获得。❷《拜杜法案》在上述报告及各政府备忘录基础上，也只对政府与政府基金资助的项目承担者之间的发明所有权归属问题进行了规定，并未涉及项目承担者与其雇员发明人之间权利分配问题。竹中俊子教授从另一角度对《拜杜法案》中缺乏确保项目承担者即雇主从其雇员处获得发明所有权的法律机制问题进行了考究。她认为，这种不完整的《拜杜法案》规定是历史事件引发的偶然结果。因为，在《拜杜法案》颁布前，美国国会于20世纪70年代曾试图以德国《雇员发明法》为蓝本出台了一系列法案，调整雇主与雇员之间的发明所有权关系。《拜杜法案》很可能是基于这些法案对项目承担者与雇员发明所有权规定的考虑，在《拜杜法案》中并未对雇主与雇员之间发明所有权转归问题作出规定。然而，遗憾的是，国会这些以德国《雇员发明法》为蓝本的法案最终并未获得通过，

---

❶ Francis Biddle, Attorney General, Investigation of Gov't Patent Practices and Policies: Report and Recommendations of the Attorney General to the President, 1947. See Sean M. O'Connor. The Aftermath of Stanford v. Roche: Which Law of Assignments Governs? [J/OL]. Intellectual Property Journal, 2011 (24). available at http://ssrn.com/abstract=1950804.

❷ Memorandum for the Heads of Executive Departments and Agencies [J]. Federal Register, 1963 (28): 10943; Memorandum for Heads of Executive Departments and Agencies on Government Patent Policy [J]. Federal Register, 1971 (36): 16887. See Sean O'Connor, et al.. Legal Context of University Intellectual Property and Technology, 2010.

这才导致《拜杜法案》中缺少了这一重要内容。❶

在"斯坦福大学"案中,最高法院拒绝将《拜杜法案》解读为联邦基金项目承担者自动获得其雇员发明所有权的保障,而是拘泥地对高校聘用合同及企业保密协议具体条款进行文义分析。这种解释方式实际上有效排除了联邦政府依据法案对政府资助发明享有的权利,因为政府的权利必须是在项目承担者已经从其雇员处获得了发明所有权的基础上享有,如果项目承担者未能从其雇员处获得发明所有权则政府权利将成为"无源之水"。

《拜杜法案》旨在对政府资助发明的所有权问题进行统一调整,并通过明晰所有权归属的方式促进联邦资助发明的商业化及产业界与高校之间的合作。高校基于明晰的所有权激励,更愿意将学校的基础设施资源投入研究领域,且私营企业也更愿意与确保享有所有权的高校进行许可谈判,进行商业化活动。依据《美国专利法》第202条规定,高校要保留资助发明所有权,必须遵循特别规则与程序。具体来说,高校需要在一段合理时间内向联邦资助机构披露任何可专利性的资助发明。而为保留所有权,高校必须在向资助机构披露发明后的两年时间内作出保留发明所有权的书面选择。❷ 本案中,斯坦福大学依程序要求妥善地实施了其权利,首先是通过聘用合同从发明人处获得所有权,然后在涉案发明创造完成后向美国国立卫生研究院披露发明,因此斯坦福大学理应成为联邦基金资助发明的所有权人。发明人无权将相关利益转让给赛特斯公司。如果发明人可以任意对政府资助发明进行转让,这些发明势必将游离于《拜杜法案》规制范围之外,美国国会本意显然并非如此。依据"斯坦福大学案"的裁决结果,如果项目承担者并未从其雇员处获得发明所有权,并不适用《拜杜法案》,未能确保项目承担者的所有权。此外,即使高校作为项目承担者试图通过聘用合同方式争取从雇员处获得所有权,也可能受《合同法》或其他特别立法影响而限制所有权。这样一来,联邦资助发明所有权实际上重新陷入权属不明的危险境地,导致很多的政府资助发明脱离《拜杜法案》限制与权利分配规则,政府仍然无法实现统一的所有权规

---

❶ Toshiko Takenaka. Serious Flaw of Employee Invention Ownership under the Bayh-Dole Act in Stanford v. Roche: Finding the Missing Piece of the Puzzle in the German Employee Invention Act [J]. Texas Intellectual Property Law Journal, 2012 (20): 293.

❷ 十二国专利法 [M].《十二国专利法》翻译组, 译. 北京: 清华大学出版社, 2013: 697.

则,与国会立法初衷不相符。❶

此外,"斯坦福大学案"的裁决结果,从侧面"纵容"了雇员发明人可以自由依靠其所在单位的公共资源包括高校设备、人员、声誉等获得竞争性政府研究基金,并谋取私人利益。一般来说,获得竞争性政府资助资金依赖于高校提供的基础设施与高校声誉和实力,而这些资源恰是高校整体投入的一部分。如果发明人未受聘于特定高校,其是无法获得这些资源的使用权的。因此,受聘于所在高校对于其获得资助基金是非常关键的因素。本案发明人凭借斯坦福大学的基础设施资源获得联邦基金资助,并使用斯坦福大学设备进行相关研究,随后却将技术发明转让给了私营企业赛特斯公司获取私利,这对斯坦福大学而言是不公平的。只有高校而非企业取得发明所有权,并与发明人一起分享商业化的收益,高校与其研究人员才能够实现双赢。❷

之所以出现"斯坦福大学案"这种裁决结果,主要是源于美国《拜杜法案》中并未提供一种机制确保项目承担者从其雇员处获得发明所有权。实际上,美国高校很难依据普通法中的所有权规则获得实质帮助,因为普通法上的"雇主权"只能获得不可转让的、免费使用的、非排他性的许可。❸ 一方面,高校研究环境自由和谐,很少会在聘用合同中详细列明研究人员的具体任务。因此,高校雇员发明类型很难落入法定转让发明所有权的义务范畴,高校只能获得雇主权。美国法院也多次重申,受聘于一般性的发明事务并不能引起转让发明所有权的义务。例如,在"美国诉杜比勒电容器公司"案❹中,最高法院对受雇于一般发明创造与受雇于特定发明创造的雇佣合同进行了区分。在本案中,法院认为,只有雇员受雇的目的在于创造发明且在雇佣合同中明确约定研究主题,才会引起转让所有权的义务。因此,雇佣合同条

---

❶ Toshiko Takenaka. Serious Flaw of Employee Invention Ownership under the Bayh-Dole Act in Stanford v. Roche: Finding the Missing Piece of the Puzzle in the German Employee Invention Act [J]. Texas Intellectual Property Law Journal, 2012 (20): 281-290.

❷ Ashlie Depinet. the Public is Paying Twice: How Standord V. Roche Undermines the Congressional Intent of the Bayh-Dole Act [J]. The Capital University Law Review, 2013 (41): 744.

❸ Toshiko Takenaka. Serious Flaw of Employee Invention Ownership under the Bayh-Dole Act in Stanford v. Roche: Finding the Missing Piece of the Puzzle in the German Employee Invention Act [J]. Texas Intellectual Property Law Journal, 2012 (20): 291-292.

❹ United States v. Dubilier Condenser Corp., 289 U.S. 178, 188 (1933).

款必须清晰界定雇主支付报酬的发明主题范围,否则发明所有权仍归属于发明人。此外,法院强调了发明所有权与基于普通劳动产生的所有权之间的差异:只有前者的发明创造活动显示普通技术人员无法从事的独特性创造活动。基于发明的这种特殊性,发明所有权不能转让给雇主,除非其在签订雇佣合同时对此进行了特别约定并进行合理补偿。因此,雇主有权要求获得发明使用许可权,但不能要求转让发明所有权。另一方面,高校虽然可以享有雇主权,但是这种权利对高校而言并没有什么价值,因为高校通常并不自己实施发明,而雇主权又是不能转让的。

3. 案件启示

斯坦福大学专利权主张未获支持的主要原因是聘用合同对职务发明创造权属规定不明。高校雇主与一般企业性雇主相比,具有特殊性:第一,高校具有公共服务职能,且秉承学术自由的传统观点,因此很少将研究人员的具体研究内容限制在应用领域;第二,即使发明是研究工作的合理预期结果,但是一般性科学研究义务与发明义务之间并不能画等号,学术发明只是聘用合同的附属品,是可能性的、不一定发生的,并不是合同的组成部分。因此,在缺乏明确合同约定的情况下,很难将发明专利权归于高校所有。❶

实际上,当前高校专利权的流失现象较为严重。因此,高校的首要任务就是确保权利主张的有效性,依据明示的合同条款明晰学术发明成果的权利归属。为了明晰发明权属,鼓励学校师生员工发明创造的积极性,多数高校都在其专利政策中明确规定了职务发明所有权归属问题。例如,《大连理工大学知识产权保护管理规定》第 5 条及第 6 条、《清华大学保护知识产权的规定》第 4 条、《浙江大学科技成果知识产权保护管理若干规定》第 4 条、《南京大学知识产权保护管理规定》第 4 条、《中南大学知识产权保护管理办法》第 3 条、《厦门大学知识产权保护管理暂行办法》第 3 条及《云南大学知识产权保护管理规定》第 5 条等均对大学享有申请专利的权利及专利权的职务发

---

❶ Ann L Monotti. Establishing Clear Rights in Academic Employee Inventions: Lessons Learnt from University of Western Australia v Gray [M/OL]. Business Innovation and the Law Perspective from Intellectual Property, Labour, Competition and Corporate Law. Edward Elgar Publishing, 2013. available at http://ssrn.com/abstract=2226287.

明创造或职务技术成果的范围作出了类似规定。综合来看，具体包括以下四种情形：第一，在本校及其所属单位安排的本职工作中作出的发明创造或其他技术成果，包括但不限于完成科研计划课题或合同课题时的发明创造或其他技术成果，自选课题、自筹经费完成的与本职工作有关的发明创造或其他技术成果；第二，执行本校及其所属单位安排的本职工作之外的任务所作出的发明创造或其他技术成果；第三，退职、离休、退休、停薪留职、离岗、辞职、辞退或者调动工作等离开本校两年内作出的、与其在原单位承担的本职工作或者原单位分配的任务有关的发明创造或其他技术成果；第四，主要利用本校及其所属单位的物质技术条件，即主要利用本校及其所属单位的（及利用本校及其所属单位的名义筹集或获得的）资金、设备、零部件、原材料、实验条件、场地或者不对外公开的技术资料所完成的发明创造或其他技术成果。

与我国高校专利政策相比，国外高校专利政策相对灵活。一些大学只要求对使用大学资源或资金的发明获得所有权。例如，麻省理工学院在知识产权政策中规定，在下列情形下，发明属于学校所有：知识产权是在履行与麻省理工的赞助研究协议期间生成的，或者知识产权是主要利用了麻省理工的资金或设施研发的。换句话说，只有发明是依据特定研究协议或主要利用麻省理工基金或设施时，发明才能归麻省理工所有。❶ 与之不同，哈佛大学专利政策中规定，在下列情形下教职员工发明属于大学所有：第一，基于哈佛大学与第三方当事人的协议；第二，直接或间接利用了哈佛大学的财政支持；第三，使用（除非附带使用）大学提供的场所、设施、原材料或其他资源。❷ 还有一些大学寻求对教职员工受聘期间的所有发明主张权利。例如，纽约大学专利政策规定，在下列情形下，发明归大学所有：第一，在纽约大学任职期间或履行其他义务期间完成的发明；第二，在纽约大学进行或由纽约大学主持的，与培训、研究或临床活动相关的发明；第三，主要利用了大学资源的发明；第四，发明受限于研究赞助者权利或其他与纽约大学正式签订或约

---

❶ Guide to The Ownership Distribution and Commercial Development of MIT Technology [Z/OL]. available at http://web.mit.edu/tlo/www/downloads/pdf/guide.pdf.

❷ Harvard University Statement of Policy in Regard to Intellectual Property [Z/OL]. available at http://otd.harvard.edu/resources/policies/IP.

定协议的第三方当事人权利。❶ 耶鲁大学的专利政策更为宽泛，要求大学雇员转让所有发明，除非大学认定相关发明与雇员的工作任务无关且并没有使用大学设施。❷ 一些大学要求教职员工入职前签订知识产权转让协议，如加州理工学院，还有一些大学是在教职员工向大学披露发明后由大学决定是否主张所有权如哈佛大学。

三、与传统科学规范相比较

专利财产权在高校基础研究领域的渗透与扩张最初遭到了科学界的强烈反对。批评论者强调传统科学规范的优点，认为财产权的介入将抑制科学研究的深入发展，缩小公有领域范畴。受政府公共基金资助的高校发明创造，理应作为一种公共物品，纳入公有领域范围，促进技术发明的免费传播与更广泛利用。❸ 然而，随着法律的变革及科学研究传统规范的式微，研究人员或学术机构申请专利的社会意义发生了改变。曾一度被看作违反科学精神的专利获取行为，已经开始被认为是任何竞争性学术机构研究政策的必要部分，而且也是提高国家普遍竞争力的一种手段。因此，虽然专利法过去避免干涉基础研究领域，但是现在这两种制度开始互相靠拢。利用专利制度调整大学基础研究成果具有一定正当性。

第一，专利制度与传统科学规范之间并不是相去甚远、水火不容。虽然专利法传统上是在应用技术领域发挥作用，而高校基础研究主要受传统科学规范与科学奖励政策调整，但是这两种制度体系均以披露技术为代价奖励发明或科学发现的这种优先权，进而促进新知识的创造与传播。专利制度向高校基础研究领域拓展，可以更充分、更有效地实现对科学共同体的奖励及对

---

❶ New York University Statement of Policy on Intellectual Property [Z/OL]. available at http://www.nyu.edu/content/dam/nyu/compliance/documents/IPPolicyFINAL.pdf.

❷ Yale University Patent Policy [Z/OL]. available at http://ocr.yale.edu/faculty/policies/yaleuniversity-patent-policy.

❸ 例如，有学者认为，基础研究领域作为一种纯公共科技产品，应该由政府全面有效供给，并保证公众直接享受纯公共科技产品的正外部效益，不应该为私人预留一定的盈利空间。参见毕娟. 基于公共物品理论的政府科技管理定位研究[J]. 科技进步与对策，2011（11）：8.

科学研究成果的披露。❶

第二，与专利权保护方式相比较，基础研究领域更不适宜采取商业秘密保护方式。专利权虽然赋予发明人一定期限的排他性垄断权，但条件是发明人必须向公众充分披露技术发明信息。这样，不仅可以激励发明创造，同时也可以使社会受益。保罗·希尔德教授认为，相比商业秘密与合同形式的信息生产模式，专利制度有利于降低信息的交易成本。通过对特定信息的产权登记制度，专利所有权规则显著降低了技术转移与开发的交易成本，尤其是披露技术条件作为专利垄断权的交易对价，更能降低社会的公共成本。❷ 如果不赋予高校专利权保护，其为了保护学术上的优势地位，很可能寻求秘密保护方式，而秘密性更加不利于新知识的传播与社会进步，且容易造成重复研究、浪费资源，对社会而言可能是净社会损失。艾森伯格教授将发明划分为自我披露发明与非自我披露发明两类。他认为，自我披露发明是指那些很容易就可以从其商业化产品中复制的发明，而非自我披露发明则不具有这种特性。对于非自我披露发明而言，发明人可以依据相对回报率在专利保护与商业秘密保护中作出选择。❸ 因为高校科学研究主要集中于基础研究领域，且高校通常并不从事商业化生产活动，因此其发明创造具有很强的非自我披露特性。因此，在缺乏专利权保护的情况下，高校为了回笼发明的研发成本，保持学术上的优势地位，很可能转向秘密保护方式。而这种秘密保护方式又不受时间的限制，不利于公共福利及发明信息的披露与传播。

---

❶ Rebecca S. Eisenberg. Proprietary Rights and the Norms of Science in Biotechnology Research [J]. Yale Law Journal, 1987 (97): 231.

❷ Paul J. Heald. a Transaction Costs Theory of Patent Law [J]. Ohio State Law Journal, 2005 (66): 473-478.

❸ Katherine J. Strandburg. What Does the Public Get? Experimental Use and the Patent Bargain [J]. Wisconsin Law Review, 2004 (2004).

第三章

高校专利权的限制：以公共利益为核心

> 法必须以整个社会的福利为其真正的目标。
>
> ——阿奎那

在知识经济时代，高校服务公共利益的使命始终不会改变，但促进公共利益的方式已经不再局限于传统的知识共享与传播，还包括科技成果向现实生产力的转化，以有用产品的方式提高人们的物质生活水平。虽然授予高校专利权具有正当性，但是专利制度自身的公益性、高校的公法人地位及私权滥用的可能性等因素，必然要求应以公共利益为核心对高校专利权进行适当限制。从这个意义上说，高校专利权既来源于公共利益，也止于公共利益。

第一节 专利法上公共利益的一般界定

一、公共利益含义

对于"公共利益"这个耳熟能详的词汇，虽然理论界与实务界时常运用，但是很难对这种高度抽象性的概念作出科学界定，因为公共利益是"道德术语中所能有的最笼统的用语之一,是虚构团体的利益集合,因而它往往失去直观的现实意义"❶。除抽象性和模糊性外,公共利益还具有动态性和发展性,其具体含义随时代变迁而有所不同。因此,很难对公共利益作出全面科学的界定。对于这一无从定型的概念,只能"以变迁社会中的政治、经济、社会及文化等因素及事实作为考量依据"❷进行评价与判断。

从字面上看,"公共利益"由"公共"和"利益"两部分内容构成。所谓"公共",就是指公有、公用、公众之意。❸而"利益"可以与好处、价值、需求或愿望同义而语,是指"一定的客观需要对象在满足主体需要时,在需要主体之间分配过程中所形成的一定性质的社会关系形式"❹。是故,有学者依据"公共"与"利益"的基本内涵,尝试将公共利益界定为"主要由政府提供的、为公众的和与公众有关的或为公众所公用或者公共的利益"❺。为了更好地理解公共利益,下面进行两组概念区分。

(一) 公共利益与国家利益

早期观点认为,公共利益与国家利益是同义的。然而,自市民社会与政治国家二元构架的形成,国家利益与公共利益的界限逐渐清晰。国家的阶级性决定了国家政治统治的需要性,换句话说,国家利益就是指国家中居于统治地位的阶级利益,是阶级利益的一种特殊形式。❻公共利益是公众的利益,而公众并不都是统治阶级。因此,公共利益与国家利益并不完全相同。

(二) 公共利益与个人利益

公共利益与私人利益的划分是相对而言的。庞德认为,"个人利益是指,

---

❶ 边沁. 道德与立法原理导论 [M]. 时殷弘,译. 北京:商务印书馆,2000:58.

❷ 陈新民. 德国公法学基础理论 [M]. 济南:山东人民出版社,2001:205.

❸ 该词出自《史记》卷一百二之《张释之冯唐列传第四十二》,曰为"法者,天子所与天下公共也。今法从此而更重之,是法不信于民也"。参见司马迁. 史记 [M]. 长沙:岳麓书社,2002:582.

❹ 王伟光. 利益论 [M]. 北京:人民出版社,2001:76.

❺ 在此基础上,该学者进一步将"公共利益"划分为两层含义:第一,公共利益的提供者主要是政府,因为政治国家是凌驾于市民社会各利益团体之上的、以普遍意义的形式而存在的公共服务权力机构;第二,公共利益是公众利益或者与公众有关的、为公众所公用的利益。参见范进学. 定义"公共利益"的方法论及概念诠释 [J]. 法学论坛,2005(1):16.

❻ 王伟光. 利益论 [M]. 北京:人民出版社,2001:80.

直接包含在个人生活中并以这种生活的名义而提出的各种要求、需要或愿望"❶。"公共利益"是指，人们在日常生活中能够体会到、但又不专属于任何具体个人的利益形态，是给公众带来好处的共同的善。❷ 值得注意的是，"公共利益"代表的是不特定多数人的利益。❸ 因此，"公共利益"并不是个人利益的简单相加，在内涵上实际上超过了个人利益的总和。❹ 可以说，"个人利益是公共利益的基础，而公共利益是个人利益的一般存在形式和保障手段，二者是内在统一的。二者的区分实质上是利益冲突的结果，意味着个人利益与公共利益之间不可避免地会存在矛盾与对立"❺。在立法与司法实践中，公共利益往往成为限制个人利益的价值选择。

二、权利限制与公共利益

法律通过保护性规定和限制性规定确认权利内容。❻ 其中，权利保护制度调整个人与个人之间的利益关系，而权利限制制度调整个人利益与公共利益之间的关系。❼ 一般来说，权利限制就是指："立法机关为界定权利边界而对权利的客体和内容等要素以及对权利的形式所作出的约束性规定。"❽ 从本质上讲，权利限制是对某种侵权行为进行的责任赦免，故有的国家将"权利限制"又称为"专有权控制行为的例外"。❾ 权利限制并不是想当然的，必须是基于正当性的理由。"只有以价值理性或目的理性为动机，进行权利和义务的调节，才能实现利益的平衡或利益的结合。"❿

---

❶ 庞德进一步将个人利益划分为人格的利益、家庭方面的利益和物质利益三类。其中人格利益是指个人身体和精神方面的利益；家庭方面的利益包含家庭成员彼此之间及对整个社会的主张和要求；而物质利益就是指基于经济生活地位而提出的要求或需要。参见 [美] 庞德. 通过法律的社会控制——法律的任务 [M]. 沈宗灵，董世忠，译. 北京：商务印书馆，1984：37.
❷ 丁文. 权利限制论之疏解 [J]. 法商研究，2007（2）：143.
❸ 冯晓青. 知识产权法利益平衡原理 [M]. 长沙：湖南人民出版社，2004：190.
❹ 叶必丰. 论公共利益与个人利益的辩证关系 [J]. 上海社会科学院学术季刊，1997（1）：120.
❺ 丁文. 权利限制论之疏解 [J]. 法商研究，2007（2）：143.
❻ 冯晓青. 论知识产权的若干限制 [J]. 中国人民大学学报，2004（1）：87.
❼ 彭礼堂. 公共利益论域中的知识产权限制 [M]. 北京：知识产权出版社，2008：140.
❽ 丁文. 权利限制论之疏解 [J]. 法商研究，2007（2）：138.
❾ 郑成思. 私权、知识产权与物权的权利限制 [J]. 法学，2004（9）：74.
❿ 韦伯. 经济与社会：在制度约束和个人利益之间博弈 [M]. 北京：北京出版社，2008：9.

作为一种价值准则，"公共利益"这一概念工具正是厘清权利外部界限的有效武器，在分配和行使个人权利时绝不能超越这一限制，否则将对社会公众造成严重损害。❶ 那么，"公共利益"何以成为限制个人权利的价值评判标准？德沃金认为，"我们必须区分多数人的权利和作为多数人的成员所享有的个人权利，当特定情形下，政府为了公共幸福和社会普遍利益，必须对个人权利进行剥夺或限制"❷。英国学者约翰·贝尔也认为，之所以"公共利益"能够成为限制个人权利的正当性理由，主要缘于个人在共同体社会中的双重身份，既是共同体社会的成员又是私人个体，加入共同体社会必然要放弃一部分背离社会公共利益的个人利益。❸ 除此之外，有学者将原因归于资源的稀缺性、利益平衡的必要性及公平正义价值的取向性三个方面。❹

第一，资源的稀缺性。资源的稀缺性既是产权关系产生的必要前提，同时也预设了资源优化配置与充分利用的必要性。❺ 资源稀缺性包括绝对稀缺与相对稀缺两种。❻ 对于信息资源而言，"稀缺性主要表现为信息本身的无限性与开发利用的有限性之间的矛盾"❼。因此，实现信息资源的优化配置，必须在设立私人产权的同时，保障社会公众对信息资源的接触与使用，兼顾个人利益与公共利益的衡平。

第二，利益的平衡性。资源的稀缺性及利益主体的不同境遇与追求决定了利益分化与利益冲突的客观性。❽ 因此，一项良性的制度安排，必须设立行之有效的利益表达与利益平衡机制，确保私人财产权与社会公共利益的协调

---

❶ E. 博登海默. 法理学——法哲学与法律方法 [M]. 北京：华夏出版社，1987：297. 有学者对公共利益的价值基础与价值原则进行了详细阐述，认为公共利益的价值基础体现为道德价值、理性价值和正义价值三种，而公共利益的价值原则包括公益优先原则和利益平衡原则。参见徐少祥. 什么是公共利益——西方法哲学中公共利益概念解析 [J]. 江淮论坛，2010（2）：93-95.

❷ 罗纳德·德沃金. 认真对待权利 [M]. 信春鹰，吴玉章，译. 北京：中国大百科全书出版社，1998：255-256.

❸ 参见刘连泰. "公共利益"的解释困境及其突围 [J]. 文史哲，2006（2）：161.

❹ 丁文. 权利限制论之疏解 [J]. 法商研究，2007（2）：143.

❺ 黄少安. 产权经济学导论 [M]. 济南：山东人民出版社，1995：46.

❻ 经济学家马尔萨斯首先提出绝对稀缺论，李嘉图随后又提出相对稀缺论。具体内容可参见潘家华. 持续发展途径的经济学分析 [M]. 北京：中国人民大学出版社，1997：91-96.

❼ 赵志云. 正确认识信息资源的稀缺性 [J]. 情报理论与实践，2000（3）.：183

❽ 曾祥华. 立法过程中的利益平衡 [M]. 北京：知识产权出版社，2011：21.

发展。法律的利益平衡功能，主要通过对权力及权利进行合理分配、为各种权力及权利的行使确定范围和边界及为各种权力及权利的运行设定科学的运行程序实现。❶

第三，公平正义价值诉求。以公共利益矫正个人利益是公平正义的价值需求。如果个人利益超越了社会负担成本的必要限度，则会背离公平的正义分配理念。罗尔斯认为，公平的正义观决定着制度的设立、评价及改造。❷ 因此，"在每种社会秩序的构建中，适当权衡个人利益与公共利益都是有关正义的主要考虑之一，特别是关乎自由、平等和安全价值时，对个人利益进行某种程度的限制存在着一种公共利益关怀。依据正义要求，赋予人类的自由、平衡和安全应当在最大程度上与公共利益相一致"❸。

三、公共利益在专利法中的体现

《TRIPs 协定》明确将知识产权界定为一种私权。专利权作为知识产权的一种，是具有较强公共利益属性的私权利。❹ 实际上，专利权这种人为创设的私权模式，自其诞生之初就不可避免地要对公共利益造成一定损害。因为不保护私权会挫伤对发明创造的激励，但过分保护又会损害公共利益。从这个意义上说，专利权的发展史就是一部私权与公共利益的协调史，专利权就是为了产生现有的和未来的公共利益而进行的有限垄断。❺ "即使具有公共属性的物品所有权归于私人，但这些物品能够发挥的公共价值是巨大的，因此在行使个人权利时必须与公共利益相调和。"❻ 依据国内学者对知识产权法公共利益的界定，可以将《专利法》上的公共利益释义为，与专利权人利益相对应的、不特定的、众多的、潜在的各种专利技术使用者对受专利法保护的专

---

❶ 刘旺洪. 国家与社会 现代法治的基本理论 [M]. 哈尔滨：黑龙江人民出版社，2004：97-99.

❷ 约翰·罗尔斯. 正义论 [M]. 何怀宏，等，译. 北京：中国社会科学出版社，1988：10-11.

❸ E. 博登海默. 法理学——法哲学与法律方法 [M]. 北京：华夏出版社，1987：297.

❹ 彭礼堂. 公共利益论域中的知识产权限制 [M]. 北京：知识产权出版社，2008：49.

❺ 国家知识产权局知识产权研究发展中心. 规制知识产权的权利行使 [M]. 北京：知识产权出版社，2004：126.

❻ Irma S. Russell. a Common Tragedy: the Breach of Promises to Benefit the Public Commons and the Enforceability Problems [J]. Texas Wesleyan Law Review, 2005 (11)：557.

利技术加以取得与使用的利益。❶

杰佛瑞·哈里森教授依据正外部性理论对版权法的具体适用进行了相关分析。他认为，负外部性缘于活动对第三方的损害，合同法、侵权法及刑法在某种程度上都是应对这些损害的经济上的合理范式。而应对正外部性，需要遵守两条规则：第一，内在化的社会成本不能超过社会从创新活动中获得的利益。换句话说，对于创新活动产生的外部性，如果权利人内在化的社会成本超过了社会的公共利益，则不应该获得保护。第二，对创新活动的保护应该是以尽可能最低的社会成本为代价。对此，哈里森教授认为，法律的核心目的并不是实现创新主体收益的最大化，而是通过补偿其投资成本，激励创新，并最终实现社会净收益的最大化。如果社会净收益是负的，这种创新活动就不应该受到保护。此处的社会成本，应包括制度管理成本如解决法律纠纷及维护制度稳定的公共成本、增加的私人交易成本及排他性社会成本三方面内容。❷ 那么，套用哈里森教授的观点，对发明创造的保护，也需要遵守以下原则：第一，确立哪些发明创造应该受到专利法保护，应该努力权衡对其进行保护的制度管理成本、排他性社会成本及增加的交易成本是否超过了社会的公共利益？此处涉及的是保护门槛问题，包括合理的保护范围与保护条件。第二，应该以尽可能最低的社会成本保护创新活动，通过专利权限制制度和侵权例外制度确保专利权最终维护公共利益的实现，如合理的保护期限、强制许可、侵权免责、权利用尽及司法上的维护等。具体来说，《专利法》对公共利益的维护主要体现以下几个方面。

(一) 立法目的

专利制度的立法宗旨不仅在于保护专利权人的垄断财产权、激励创新，还需要兼顾公众利益，促进社会进步。托马斯·杰斐逊，作为美国专利制度的最早构建者，坚持认为专利制度是为公共利益而存在的，甚至明确否定专

---

❶ 严永和，甘雪玲. 知识产权法公共利益原则的历史传统与当代命运 [J]. 知识产权，2012 (9)：12.

❷ Jeffrey L. Harrison. a Positive Externalities Approach to Copyright Law: Theory and Application [J]. Journal of Intellectual Property Law, 2005 (13): 11-15.

利权是发明人对其发明享有的自然权利。❶《TRIPs协定》第7条、第8条及我国《专利法》第1条立法目的中都明确表达了维护公共利益的价值取向。❷这种价值诉求，有利于科学划定专利权范围，防止专利权的滥用。在《专利法》上，因技术的社会性而致专利被作为公共事务进行治理。❸《专利法》的公共事务治理模式必然要求政府干预市场过程中对社会公共利益作出权威性分配。❹

当前，国内外学者对知识产权公共利益关怀的呼声愈发高涨，比较有代表性的学者主要有美国的萨缪尔森教授、莱斯格教授。❺ 值得一提的是，美国大学华盛顿法学院于2011年8月25日至27日举行"知识产权与公共利益"全球性会议，召集了来自6个大洲包括32个国家在内的180多名专家，共同探讨知识产权法律和政策的公共利益维度，并最终达成了《知识产权与公共利益华盛顿宣言》。大会认为，当前，知识产权已经呈现前所未有的扩张趋势，这种扩张主要受发达国家政府及国际组织知识产权控制最大化的基本政策主导。这种政策愿景随之又被越来越多的国家和地区所采纳。国际知识产权制度这种不可逆的扩张趋势必然会对公共利益造成不利影响。因为知识产权制度不仅关乎权利所有人利益，更会影响全社会的广泛利益。既然市场本身无法实现信息产品的公正分配，那么知识产权制度在具体构建上必须全方

---

❶ See Eric Williams. Remembering the Public's Interest in Patent Systerm-a Post-Grant Opposition Designed to Benefit the Public [C/OL]. Intellectual Property & Technology Forum at Boston College Law School, 2006. available at http://bciptf.org/wp-content/uploads/2011/07/27-EricWilliamsIPTF2006.pdf.

❷ 例如，TRIPs第7条规定："知识产权的保护与权利行使，目的应在于促进技术的革新、技术的转让与技术的传播，以有利于社会及经济福利的方式促进技术知识的生产者与技术知识使用者互利，并促进权利与义务的平衡。"参见郑成思. WTO知识产权协议逐条讲解[M]. 北京：中国方正出版社，2001：42；郑成思. 世界贸易组织与贸易有关的知识产权[M]. 北京：中国人民大学出版社，1996：88.

❸ 康添雄. 专利作为技术公共事务的治理之道——民主在无效宣告中的引入[J]. 法制与社会发展，2011(5)：45.

❹ 陈庆云. 公共政策分析[M]. 北京：中国经济出版社，1996：4.

❺ 萨缪尔森教授在一系列的演讲主题中都谈及知识产权与公共利益的关系，如"知识产权中的公共利益""技术法中的公共利益"等。同样，莱斯格教授在《信息社会：自由的还是封建的?》一文中表示，一个自由的信息社会并不必然没有财产权和市场，而是财产权与市场必须与思想和文化的自由交流共存。参见韦景竹. 版权制度中的公共利益研究[M]. 广州：中山大学出版社，2011：18-21.

位促进人类价值的实现,尤其是公共卫生及教育等领域。❶ 此外,大会认为,随着技术的快速发展,专利制度暴露了越来越多的严重问题,无法确保公众广泛使用对社会有益的信息。因此,在各国专利法改革中必须树立公共利益优先的价值理念。❷

(二) 保护期限、保护条件及保护客体排除

适度与合理的保护期限、保护条件及保护范围是专利法维护公共利益的基本制度设计。❸ 庞德认为:"法律秩序的任务就是调和利益冲突,对个人扩张性的需要和主张加以限制,并决定其中哪些应被承认与保护,和应在什么范围内加以承认和保护,以及在最小限度的摩擦和浪费条件下给予满足。"❹ 专利权作为一项财产垄断权,如果不设定必要的保护期限与保护范围,势必会挤压公共领域的自由空间,妨害公共利益的实现。因此,各国都对专利权赋予了有限期,保护期一过专利技术便进入公有领域范畴,社会公众可免费使用。此外,保护条件限制及保护客体排除的规定进一步厘清了私人财产权与公共利益之间的界限。例如,我国《专利法》第 5 条规定,对于妨害公共利益的发明创造,不能获得专利权保护。

(三) "以垄断换公开"的技术披露条件

专利制度作为国家创新体系的重要组成部分,其正当性在于通过为社会强加一些短期成本,赋予发明人一定期限的排他性垄断权,以激励初始投资和发明创造。发明创造作为一种非排他性的公共物品,其生产活动不同于其他商业性活动。因为对发明创新的投资,不像对资本设备或能源材料的投资,竞争对手以非常低的成本就可以盗用其发明信息。因此,有必要授予发明人一种私权,以激励发明创造。❺ 然而,单纯提高专利权保护强度并不必然能够

---

❶ The Washington Declaration on Intellectual Property and the Public Interest [J]. American University International Law Review, 2012 (28): 19-21.

❷ The Washington Declaration on Intellectual Property and the Public Interest [J]. American University International Law Review, 2012 (28): 24-25.

❸ 冯晓青. 专利法利益平衡机制之探讨 [J]. 郑州大学学报 (哲学社会科学版), 2005 (3): 59.

❹ 庞德. 通过法律的社会控制 法律的任务 [M]. 沈宗灵, 董世忠, 译. 北京: 商务印书馆, 1984: 82.

❺ J.D. 贝尔纳. 科学的社会功能 [M]. 陈体芳, 译. 北京: 商务印书馆, 1995: 219.

促进社会整体福利。专利权作为一项排他性垄断权,虽然可以保护专利权人研发投资的能力,激励发明创造,但同时也使以他人发明为基础进行研究变得愈发困难,对后续创新产生负激励效应。❶ 因此,作为专利保护的一种交换条件或对价,专利权人必须向公众披露发明信息。披露制度旨在保护公共利益,加速专利技术改进及后续创新步伐,方便技术使用人向权利人寻求专利许可,防止他人对相关发明创造进行重复性研究,浪费社会资源。❷ 正如美国最高法院在"基瓦尼石油公司诉微伦仪公司"案中所述,专利制度的技术披露条件不仅能够增加公众的知识存储量,同时可以促进技术向纵深方向发展。这种科研经费的溢出效应是生产率提高的一个关键因素。❸

依据披露原则的要求,公开的专利信息必须能够教会相关领域中的普通技术人员理解该专利技术。由此可知,披露制度的预期目标即允许竞争者在专利有效期内可以不经专利权人许可而"使用"披露信息。❹ 如前所述,专利法上的实验使用例外制度作为一种公共利益考量,既可以防止专利权抑制后续研究与发展,又可以实现更彻底、更有效的专利技术披露。因为在某些情况下,专利权人可能不愿意以合理条件许可潜在竞争对手进行实验性使用,用以防止竞争对手发展改进技术或替代技术后抢夺其市场份额。而实验使用例外制度可以绕过这种情况,防止反竞争性拒绝许可行为的发生。此外,当前专利权人对发明信息的披露并不充分,往往进行最低限度的公开,披露的预期效果难以充分实现,而将实验使用行为纳入侵权例外范畴恰可以弥补这种不足。一般来说,后续创新行为所需信息量往往超过披露内容,在这种情况下,为了获得更多有关专利技术的新信息,需要对发明专利进行相关实验。可以说,实验使用例外制度是对专利技术更彻底、更有效的披露等价物。❺

---

❶ Rebecca S. Eisenberg. Patents and the Progress of Science: Exclusive Rights and Experimental Use [J]. University of Chicago Law Review, 1989 (6): 1017.

❷ Rebecca S. Eisenberg. Proprietary Rights and the Norms of Science in Biotechnology Research [M]. Yale Law Journal, 1987 (97): 177.

❸ Kewanee Oil Co. v. Bicron Corp., 416 U. S. 470 (1974).

❹ Integra Lifesciences I, Ltd. v. Merck KGaA, 331 F. 3d 860, 862-63 (Fed. Cir. 2003), vacated, 125 S. Ct. 2372 (2005).

❺ Katherine J. Strandburg. What Does the Public Get? Experimental Use and the Patent Bargain [J]. Wisconsin Law Review, 2004 (2004): 119.

(四) 权利用尽原则

"专利权用尽"是19世纪美国最高法院司法判例的产物，至今已有160多年的历史。该制度始于1852年的Bloomer案[1]，基本原则确立于Adams案[2]。专利权用尽原则，是对专利权效力的一种必要限制，目的在于兼顾专利权人、专利产品使用人及社会公众之间的利益关系。[3]

满足专利权用尽原则必须符合以下条件：适用对象仅限于售出的特定专利产品；售出行为必须是合法的；行为方式限定为使用、许诺销售和销售，不包括制造行为。因此，依据专利权用尽原则，专利产品经首次合法售出后，专利权人于该专利产品之上的使用权用尽，仍保留对制造权的控制。对于专利权用尽原则的性质，存在默示许可论与内在限制论两种路径。[4] "默示许可论"认为，专利产品的合法售出并不必然意味着专利权用尽，如果专利权人在专利产品首次售出时未明确提出限制条件，就可以推定购买者获得了随意处分专利产品的默示许可，专利权人不得再进行售后干预。[5] 而"内在限制论"认为，专利权人或其被许可人不能通过合同排除或限制专利权用尽原则，专利权用尽是对专利权的内在限制。[6] 从本质上说，"默示许可论"更加注重保护专利权人利益，而"内在限制论"更多强调的是对使用人及社会公共利益的保护。自美国最高法院在Adams案中确立了专利权用尽原则的基本内容以来，其一直依据"内在限制论"严格适用专利权用尽原则。例如，在1942年的"优力威"案中，美国最高法院认为无论专利权人是以完成产品形式还是实质包含专利技术的非完成产品形式销售的专利产品，均适用专利权用尽原则。[7] 又如，在2008年的"广达"案中，最高法院更是将专利权用尽原则

---

[1] Bloomer v. McQuewan, 55 U.S. 539 (1852). 在本案中，法院认为一旦专利产品移交到购买者手上，就超出了专利权人垄断权的规制范围。

[2] Adams v. Burke, 84 U.S. 453 (1873). 在该案中，专利权人对购买者专利产品的使用进行了地域限制。法院认为，专利权人销售的机器或设备价值就在于使用，当其已经获得了产品的对价时，不能再限制售后使用，因为此时权利已经用尽。

[3] 李扬. 知识产权法基本原理 [M]. 北京：中国社会科学出版社，2010：558.

[4] 王淑君. 自我复制技术语境下专利权用尽原则的困境及消解——以鲍曼诉孟山都案为视角 [J]. 学术界，2014 (8)：103-110.

[5] 尹新天. 中国专利法详解 [M]. 北京：知识产权出版社，2012：791.

[6] 范长军. 德国专利法研究 [M]. 北京：科学出版社，2010：106.

[7] United States v. Univis Lens Co. 316 U.S. 241 (1942).

发挥到了极致,认为方法专利同样适用于专利权用尽原则。❶ 美国最高院对专利权用尽原则的严格适用,有利于保护专利使用人与社会公共利益。❷

(五) 强制许可制度

强制许可制度是专利权社会化的体现,是公权力强行介入维护市场秩序与公共利益的危机处理对策。❸ 强制许可救济方式旨在协调专利垄断权与社会公共利益之间的利益冲突,促进相关市场的技术创新与技术传播和竞争,保护公共福利、健康或安全,最终实现社会效益最大化。❹《巴黎公约》第5A条最早确立了强制许可制度❺,随后《TRIPs协定》第31条细化了一系列可以不经专利权人许可而强制使用的行为,其中国家陷入紧急状态或公共的、非商业性使用目的的需要,最能体现专利法维护公共利益的目的。与这两个国际性条约相一致,世界贸易组织绝大多数成员国都在本国专利法中颁布了强制许可条款。❻ 早期,有学者经过实证分析,发现各国强制许可制度主要适用于以下几种情形:第一,独立或改进技术的使用受到阻碍;第二,专利未

---

❶ Quanta Computer, Inc. v. LG Electronics, Inc. 553 U. S. 617 (2008).

❷ 然而,遗憾的是,美国最高法院在最近的"鲍曼诉孟山都转基因专利种子侵权案"中并没有奉行严格的专利权用尽原则,而是为自我复制转基因技术在专利权用尽原则的法律适用上打开了一道豁口,与先前判例相冲突。正是因为如此,最高法院对"鲍曼案"的裁决结果受到了多方质疑。参见 Bowman v. Monsanto Co., 133 S. Ct. 1761 (2013). 案件详情及对本案的更多分析与述评,可参见王淑君. 自我复制技术语境下专利权用尽原则的困境及消解——以鲍曼诉孟山都案为视角 [J]. 学术界,2014 (8): 103-110.

❸ 康添雄. 专利强制许可的公共政策研究 [J]. 科技进步与对策,2013 (6): 103.

❹ Kurt M. Saunders. Patent Nonuse and the Role of Public Interest as a Deterrent to Technology Suppression [J]. Harvard Journal of Law & Technology,2002 (15): 447-449. 安德斯认为,此时首先需要界定"相关市场"。一般情况下,"相关市场"不同于或宽泛于权利要求的专利技术主题范畴,可以包括密切替代品、上游或下游市场以及直接源自专利技术应用的产品或方法。其次,需要确定专利不使用行为或拒绝许可对相关市场的竞争产生了负面影响。为证明此,有必要证明专利权人在相关市场拥有重要的市场力量,要么其专利是参与相关市场的重要资源,要么其专利对后续创新至关重要,是维护公共利益的必然要求。当然,如果专利权人能够证明其专利技术的闲置具有正当理由,迫于法律、经济或技术障碍等原因未能实施专利的,则不予强制许可。

❺《巴黎公约》第5A条具体内容可参见博登浩森. 保护工业产权巴黎公约指南 [M]. 汤宗舜、段瑞林,译. 北京:中国人民大学出版社,2003: 43-48.

❻ 例如《美国专利法》第203条及207条、英国《专利法》第48条、德国《专利法》第24条及85条、法国《知识产权法》第L631-11—L631-18条、《加拿大专利法》第21条、《印度专利法》第92条及我国《专利法》第14、49及50条均规定了为公共利益的强制许可制度。

实施；第三，发明创造与公共健康或安全有关；第四，规制反垄断或权利滥用。此外，以公共利益之名的强制许可又可以进一步划分为以下三类：第一，发明创造影响贸易平衡或就业水平的提高；第二，发明创造促进工业生产的安全性与合理性；第三，发明创造属于公共健康领域。❶ 以公共健康为例，其关乎国家稳定与经济发展。当前，随着制药与生物技术的发展，药品专利已经成为制约公共健康的关键因素。而专利强制许可制度可以防止专利权人滥用权利，损害公共健康。《TRIPs 协定与公共健康宣言》明确规定，为保护公共健康目的，成员国在特定情形下可以对药品实施强制许可。我国国家知识产权局先后也颁布了《专利实施强制许可办法》及《涉及公共健康问题的专利实施强制许可办法》，对强制许可的适用条件作出了明确规定。虽然强制许可制度有益于维护公共利益，但是发展中国家真正运用该制度的实例并不多见。❷

当下，专利技术抑制与专利非实施行为日益普遍，尤其是随着"专利蟑螂"模式的兴起，对技术进步与技术应用带来的负面影响更为明显。对此，很多学者建议充分发挥强制许可制度优势，进而促进竞争与技术商业化，维护社会公共利益。❸

(六) 公共利益原则在司法保护中的运用

因法律固有的内在局限性，实践中时常出现立法始料未及的新情况。❹ 因

---

❶ Gianna Julian-Arnold. International Compulsory Licensing: The Rationales and the Reality [J]. the Journal of Law & Technology, 1993 (33): 349-395.

❷ 例如，印度 1970 年专利法第 84 条规定了强制许可制度，但是直到 2012 年才颁布了印度史上首个专利强制许可证。具体分析可参见易继明. 专利的公共政策——以印度首个专利强制许可案为例 [M]. 华中科技大学学报（社会科学报），2014 (2): 76.

❸ Neil S. Tyler. Patent Nonuse and Technology Suppression: the Use of Compulsory Licensing to Promote Progress [J]. University of Pennsylvania Law Review, 2014 (162): 451-475; Ruth E. Freeburg. No Safe Harbor and No Experimental Use: Is It Time for Compulsory Licensing of Biotech Tools? [J]. Buffalo Law Review, 2005 (53): 351; Dipika Jain & Jonathan J. Darrow. an Exploration of Compulsory Licensing as an Effective Policy Tool for Antiretroviral Drugs in India [M]. Health Matrix: Journal of Law Medicine, 2013 (23): 425; Donald Harris. TRIPs after Fifteen Years: Success or Failure, as Measured by Compulsory Licensing [J]. Journal of Intellectual Property Law, 2011 (18): 367.

❹ 法律局限性的外在表征体现为四个方面：滞后性、不周延性及法律要素内涵的相对不确定性及法律漏洞与法律冲突性。参见田静. 论司法审判能力对法律局限性的矫正与弥补 [J]. 法学论坛，2006 (3): 127-128.

此，需要法官借助法律解释技术充分发挥司法能动性，矫正立法上的不足，维护公共利益的核心法律价值。❶ 正是在这个意义上，法院享有一定的剩余立法权。❷ 庞德认为，"一项法律制度通过下面一系列办法来达到，或无论如何力图达到法律秩序的目的：承认某些利益；由司法过程按照一种权威性技术所发展和适用的各种法令来确定在什么限度内承认和实现那些利益；以及努力确保在确定限度内承认的利益。"❸ 对此，王利明教授认为，可以在司法中实现对抽象公共利益概念的具体化，即由司法机构根据个案来判断是否为公共利益。❹ 美国学者多德·茨威基教授甚至认为，相对立法方式，司法方式更有利于维护公共利益。他指出，立法价值及交易成本的主观性及法律预期的不确定性等问题，使立法对公共利益的维护不可避免存在一定弊端，而司法对公共利益的救济更为有效。❺

在专利法司法保护实践中，法院对很多法律规则的解释都彰显了公共利益的价值取向。例如，美国最高法院在"易趣案"对禁令救济适用上的限制，主要是基于公共利益的考量。❻ 依据法院的裁判先例，只要认定存在专利侵权行为，就应该颁布禁令救济。然而，在该案中，法院认为，专利权人欲获得永久禁令救济，必须满足以下四个条件：第一，证明其已经遭受了无法弥补的损害；第二，证明诸如金钱损害赔偿等法律救济途径无法充分补偿其遭受到的损失；第三，衡量专利权人与技术使用人履行上的艰难程度，判断授予衡平法上的救济是否合理；第四，颁布永久禁令不会损害公共利益。❼ "易趣

---

❶ 李琛. 知识产权片论 [M]. 北京：中国方正出版社，2004：186.

❷ 李雨峰. 知识产权民事审判中的法官自由裁量权 [J]. 知识产权，2013 (3).

❸ 庞德. 通过法律的社会控制 法律的任务 [M]. 沈宗灵，董世忠，译. 北京：商务印书馆，1984：35.

❹ 王利明. 论征收制度中的公共利益 [M]. 政法论坛，2009 (2)：31.

❺ Todd J. Zywicki. a Unanimity-Reinforcing Model of Efficiency in the Common Law: An Institutional Comparison of Common Law and Legislative Solutions to Large Number Externality Problems [J]. Case Western Reserve Law Review, 1996 (46): 961-1031.

❻ eBay, Inc. v. MercExchange, L. L. C., 547 U. S. 388, 391 (2006). 在该案中，原告拥有一项在线销售的商业方法专利，最初欲许可给易趣公司使用，但双方并未达成许可协议。原告遂向易趣公司提起专利侵权诉讼。初审法院否决了原告永久禁令的动议，认为原告缺乏实施专利的商业活动，不颁布永久禁令不会给原告造成不可弥补的损失。参见张体锐. 专利海盗投机诉讼的司法对策 [J]. 人民司法，2014 (17)：110-111.

❼ 张体锐. 专利海盗投机诉讼的司法对策 [J]. 人民司法，2014 (17)：110-111.

标准"的确立主要是为了应对高科技发展与非专利实施主体的新型商业模式。❶ 大法官肯尼迪、史蒂文斯、苏特及布雷耶都强烈表示,在复杂的高科技环境下,判断是否对非专利实施主体提起的专利侵权行为颁布禁令救济,必须考量一系列特殊因素:"如今,禁令救济作为侵犯专利权的严厉制裁手段,已经成了向生产性企业索取高额许可使用费的强力议价工具。当专利技术只是企业生产产品的一个小的组成部件时,禁令救济威胁就成了破坏公平谈判的不当筹码。此时,禁令救济不可能为公共利益服务。"❷

第二节 公共利益限制高校专利权的理由

一、高校的公法人法律地位

依据我国《民法通则》第50条、《教育法》第31条、《高等教育法》第30条及《事业单位登记管理暂行条例》第2条的规定,我国高校在法律性质上应属于享有民事权利并能够独立承担民事责任的事业单位法人。❸ 由此可知,高校与行政机构存在千丝万缕的联系,具有行政权力的本质属性,属于公权力范畴。"高校的人才培养、教育、科学研究及其他日常管理等活动,是通过国家授权,运用优越于教师、学生的权力进行管理,从而达到对公共利益的维护和分配的目的,因此高等学校的权力是一种特殊的行政权力,是一

---

❶ James Boyle. Open Source Innovation, Patent Injunctions, and the Public Interest [J]. Duke Law & Technology Review, 2012 (11): 30.

❷ eBay, Inc. v. MercExchange, L. L. C., 547 U. S. 388, 391 (2006).

❸ 《教育法》第31条规定:"学校及其他教育机构具备法人条件的,自批准设立或注册登记之日起取得法人资格。"《高等教育法》第30条规定:"高等学校自批准设立之日起取得法人资格。高等学校的校长为高校学校的法定代表人。"《事业单位登记管理暂行条例》第2条规定:"事业单位是指国家为了社会公益目的,由国家机关举办或者其他组织利用国有资产举办的,从事教育、科技、文化、卫生等活动的社会组织。"由此可知,我国高校在法律性质上属于事业单位法人。

种公法人。"❶ 事实上，在一些早期的名篇著作如《理想国》《政治学》及《民主主义与教育》中，这些学者均将教育作为政治分支看待，认为高校作为探究与传播高深学问的场所，应该为国家政治和社会服务，为公共利益而存在。❷ 当前，高校公法人的法律地位已经成为国际普遍趋势。"公法人的产生、发展和完善是西方法制发展中对行政组织变革去中心化和去官僚化强烈的社会需要做出的非常有效的制度供给，并且以其自治功能及效率功能满足了两个方面的社会需求。"❸ 高校一方面具有公益性的非营利特点，另一方面具有相对于国家和社会的独立法律地位，可以尊重并保护高校的独立性与自治传统。

二、高校发明创造的公共物品属性

如前所述，公共物品具有消费上的非排他性与非竞争性。这意味着，在成本结构上，向额外的人员提供该物品的边际社会成本为零，即高生产成本、低复制成本。这种物品一旦生产，所有人都可以平等获得，个体供给行为的扩展会促进整体物品的使用。❹ 而外部效应是指物品在生产或消费时，未显现在市场交易价格中，而对生产者或消费者以外的其他人所产生的社会边际成本或收益，包括正外部性与负外部性。高校作为非营利性机构，其发明创造作为知识信息的一种，通常是具有潜在正外部效应的公共物品，对社会整体有益。❺ "高校尤其是公立研究型大学，公共服务目的与使命尤为鲜明，其核心特征就是通过通识教育和职业准备扩展知识、通过研究和创造性工作增进

---

❶ 申素平. 论我国公立高等学校的公法人地位 [J]. 中国教育法制评论（第2辑），2003 (00)：20. 该学者认为，高校作为事业单位法人，其所实施的"行政"虽然与国家行政机关所实施的"行政"有所不同，但是都属于"公行政"。高校作为行使或分担高等教育权力、承担高等教育行政的重要主体，应当属于公法人。

❷ 申素平. 论我国公立高等学校的公法人地位 [J]. 中国教育法制评论（第2辑），2003 (00)：23.

❸ 韩春晖. 现代公立大学公法人化研究——域外之经验与我国之抉择 [M] //罗豪才. 行政法论丛（第10卷）. 北京：法律出版社，2007：226.

❹ David W. Barnes. a New Economics of Trademarks [J]. Northwestern Journal of Technology and Intellectual Property，2006 (5)：22-37.

❺ Brett Frischmann, Brett Frischmann. Commercializing University Research Systems in Economic Perspectives: A View from the Demand Side [J]. Advances in the Study of Entrepreneurship, Innovation, and Economic Growth, 2005 (16). available at http://papers.ssrn.com/sol3/papers.cfm?abstract_id=682561.

知识并通过出版发表及专业推广等传播知识。"❶ 虽然向其他人告知知识信息的可及性及实用性会存在一定的"传播"成本，但是知识共享的边际成本仍然为零，不会改变知识信息作为公共物品的本质属性。特罗特·哈迪教授认为，知识信息的公共物品属性使知识产权制度具有重要的公共政策性。立法者在设立具体的知识产权制度时必须牢记三点：第一，信息是公共物品；第二，任何附加的知识产权保护形式、任何扩张的知识产权保护范围，都会限制信息共享；第三，因为信息共享的边际成本为零，因此知识产权法对信息共享的限制应该尽可能降到最低。❷ 可以说，对高校发明创造的保护，应该以促进公共利益为限。

此外，从高校科技经费构成上看，大部分来自国家公共财政资金资助，这就决定了高校科技成果更多应该用于满足社会公共需要。❸ 虽然高校无法完全依赖国家财政拨款，需要借助私有化融资方式维持高校自身的发展，但是高校的公共使命始终不应该发生改变。❹ "面对研究经费的减少和统一的国家高等教育体制内资源竞争的增加，教学科研人员寻求通过赢得外部经费以减轻资源依赖的困境。同时，高校通过致力于一定的商业项目，迎合国家造福大众的公共政策目标，提高自己作为社会参与者的信誉度。"❺

三、高校专利权滥用的可能性

詹姆斯·布坎南（James M. Buchanan）曾表示："不受制约的人是野兽，这是一个简单而基本的事实。"因此，一旦赋予了权利，便存在了滥用的可能

---

❶ 达雷尔·R. 刘易斯，詹姆斯·赫恩. 美国公立研究型大学——为新时代公共利益服务 [M]. 杨克瑞，王晨，译. 保定：河北大学出版社，2008：9.

❷ Trotter Hardy. Not So Different: Tangible, Intangible, Digital, and Analog Works and Their Comparison for Copyright Purposes [J]. University of Dayton Law Review, 2001 (26): 211-225.

❸ 冯俏彬. 私人产权与公共财政 [M]. 北京：中国财政经济出版社，2005：235-237.

❹ Connie Lenz. the public Mission of the Public Law Library [J]. Law Library Journal, 2013 (105): 31-34.

❺ 希拉·斯劳特，拉里·莱斯利. 学术资本主义：政治、政策和创业型大学 [M]. 梁骁，黎丽，译. 北京：北京大学出版社，2008：125.

性。❶ 依据早期《十二铜表法》及后续改进的罗马法一般原理，权利的行使必须限制在一定范围内，其中就指出应以公共利益限制权利。❷

虽然高校具有公共性，但并不意味着高校所有事务都是公共事务。特别在知识经济时代，大学功能开始发生改变，高校在市场经济中所发挥的作用日益突出，呈现明显的"学术资本主义"色彩。尤其是最近几十年，高校的科技成果已经深深打上了资本化、货币化的烙印。申请专利、商业化、高科技培养器、产业合作，这些都已经成为当前高校较为普遍的活动。

第三节 高校维护公共利益的实现路径

高校作为非营利性公共服务机构，其首要目的即为公共利益，将高校技术与知识迅速而广泛地向社会传播。"出版物公开、培训、教育、毕业生就业、会议、咨询、合作及对其发明创造寻求专利保护并许可给私营企业使用，高校的这些知识传播机制无疑在一定程度上都有利于实现社会的公共利益。"❸高校促进知识与技术进步的机制，包括但不限于下列方式：第一，将培训的高科技人才转移至私营或公共部门服务；第二，将研究成果进行公开学术出版，供所有的科学家、工程师和其他部门的研究人员阅读并使用；第三，发明创造者与使用者之间就新知识进行的交流互动，如专业会议或研讨会；第四，公司赞助研究项目；第五，产学研合作研究中心；第六，咨询活动；第七，高校教职员工及学生从事的与高校知识产权相关的创业活动及成立知识产权许可公司或初创公司。虽然各高校基于历史、地理位置和机构人员的构

---

❶ 有学者指出，"权利滥用"的概念并不是一开始就随权利概念的形成而出现，实际上最初只是作为一种法观念而存在，之后才在判例中被解释和运用，并逐渐生成成文法上的具体规则。参见钱玉林．禁止权利滥用的法理分析 [J]．现代法学，2002（1）：56．

❷ 罗马法对所有权的限制，除公共利益原因外，还包括相邻利益限制、宗教利益限制、人道主义和道德限制以及其他原因的限制。参见周枏．罗马法原论（上册）[M]．北京：商务印书馆，1994：325-328．

❸ Stephen A. Merrill & Anne-Marie Mazza. Managing University Intellectual Property in the Public Interest [J/OL]．2010．available at http://www.nap.edu/catalog/13001.html．

成等不同，技术转移方式可能不同，但是无论哪种技术转移方式，都必须以高校的核心使命即科研、教育和促进社会公共福利为基准。❶加州大学戴维斯法学院前任院长雷克斯·佩尔思巴切教授认为，虽然清晰界定高校的公共使命存在固有困难，但以下四个因素对于公立大学的法学院来说尤为重要：第一，获得真正平等的教育；第二，为学生提供领导和参与民主社会的学习环境；第三，有意识地投入资源和专门知识参与研究共同体、国家及国际问题；第四，知识公开及公共责任。佩尔思巴切教授进一步表示："在大多数情况下，我建议公立大学应该更多关注这些问题，不断检验与反省高校的行为是否符合公共利益，以及应如何更好定位与调整公共利益范围与内容。"❷

高校作为最古老、最持久、最重要的文化公地之一，既不是完全的文化公开场域，也不是真正意义上的专利权人。一方面，研究型大学作为教职员工共同构建的文化公地，代表知识开放与共享，强调知识创新的可持续发展与管理，包括知识文化的生产、存储、分配及知识信息的使用；另一方面，并不是所有高校知识都适宜进行文化共享，应该有选择性地向公众开放，某些知识需要高校借助正式的知识产权制度来促进高校知识生产与传播。现代研究型大学的主要使命就是以无形概念、有形物质或实际应用形式构建并延续知识本身，促进公共利益的实现。❸

一、知识传播与共享：无形的知识信息形式

布雷特·弗里施曼教授认为，高校作为一个由人力资本、管理资本、实物资本、智力资本及财政资本至少五种相互关联的资本形式构成的资源生产体系，其主要通过将这些资本形式加以整合，不断投入各种生产程序中，主要包括科学研究、教育、培训及社会化活动，进而产出知识资本及人力资本

---

❶ Stephen A. Merrill & Anne-Marie Mazza,. Managing University Intellectual Property in the Public Interest [J/OL]. 2010. available at http://www.nap.edu/catalog/13001.html.

❷ Rex R. Perschbacher. The Public Responsibilities of a Public Law School [J]. University of Toledo Law Review, 2000 (31)：694-697.

❸ Michael J. Madison, Brett M. Frischmann, Katherine J. Strandburg. Open Source and Proprietary Models of Innovation：Beyond Ideology：Part IV：Collaborative Innovation, the Economics of Innovation, and Constructed Commons：the University as Constructed Cultural Commons [J]. Washington University Journal of Law & Policy, 2009 (30)：365-380.

两种主要的研究成果。其中，知识资本是无形的信息产品，本质上属于研究成果，不一定能够以某种有形的形式加以固定，甚至只是驻留在研究者头脑中的一种隐性知识。❶ "亚里士多德曾将人的活动划分为以谋生、谋利为目的的'劳作生活'和以纯粹思维为目的的'沉思生活'。在亚氏看来，'沉思'不仅为人类改造世界提供指导，而且其本身就具有意义。沉思有着本己的快乐，有着人可能有的自足、闲暇和孜孜不倦，还有一些其他的与至福有关的属性。"❷ 同样，在知识经济时代，高校人力资本输出的重要意义也显而易见，主要体现为更高水平的教育、知识、经验及准备进入研究社区的研究型技能。弗里施曼教授认为，教育、知识、经验及研究型技能必须被学生吸收，因此通常是标准化的。一旦通过研究、教育及培训等程序吸收，驻留在高校科学与技术研究体系中的知识资本就获得了传播与共享。❸

高校作为学术共同体、科学共同体，自其创立之初，便以知识探究及传播共享为核心目的，教学、科研成为高校学术活动的主要载体。即使在知识经济时代，没有证据显示高等教育机构传统的公共服务职能已经被商业目的所代替，因此知识共享与传播始终是高校实现公共利益的主要方式。高校尤其是研究型公立大学是文化公地，具有开放性，并实行自我管理。高校作为这样一个有机社区，秉承学术自由、学术公开与学术共享的价值理念，强调自由公开出版、自由选择研究内容且研究方式不受限制，实施同行评议、实验检测与数据共享，进而促进新知识的发现与传播。如前所述，高校属非营利性机构，目的在于促进社会的公共利益，而这种促进作用依赖于自由探究与自由披露的学术研究氛围。高校研究人员之所以选择学术生涯而非进入企业研发部门，最主要的是基于学术自由的考量。在学术界，思想、自由及首创性的研究成果就是"利益"，重要研究成果的出版发表能够为研究人员带来

---

❶ Brett M. Frischmann. Intellectual Property at the Interface between System of Knowledge：Panel II：University Research and Commercial Science：the Pull of Patents [J]. Fordham Law Review，2009（77）：2150-2151.

❷ 苗力田. 亚里士多德全集第 8 卷 [M]. 北京：中国人民大学出版社，1992：228. 转引自张俊宗. 现代大学制度：高等教育改革与发展的时代回应 [M]. 北京：中国社会科学出版社，2004：37.

❸ Brett M. Frischmann. Intellectual Property at the Interface between System of Knowledge：Panel II：University Research and Commercial Science：the Pull of Patents [J]. Fordham Law Review，2009（77）：2152.

学术上的权威地位与荣誉。❶

从公共利益角度看，公众也因高校的学术公开及学术共享行为获益。学者们通过学术演讲和学术出版促进研究假说、研究成果及研究方法的快速传播，有利于为各个科学领域提供研究基础，进而促进公共利益实现。❷ 如前所述，学术共同体在传统的科学研究中显现的是"普遍性、公有性、无私性及有组织的怀疑性"的科学精神气质。❸ 科学知识作为一种公共财产，具有非竞争性即某人对知识信息的消费不会减损其他人的消费境遇，其受惠于人类文化的公共遗产，是合作性和积累性的产物。❹ 正因为科学创新具有累积性与集体创造性，因此高校学术研究应始终坚持以知识传播与共享为主要使命。高校作为这样一个理性的有机社区，应将知识更多投入公有领域中，供广大社会公众自由免费使用。高校科研成果的公开与共享不仅可以促进科技进步，为其他研究者提供最佳研究方法和技术，而且可以使其他研究人员对这些研究成果进行同行评议，验证真伪，最终实现社会公共利益。麦迪逊教授、弗里施曼教授及斯坦伯格教授都强调文化环境中信息公开与共享的重要性，认为可以通过专利池、开源软件或维基百科等资源共享模式建立广泛多样的"文化公地"。❺ 对于哈丁提出的可共享但有限的传统"实体资源公地"而言，如果缺乏有效管理与控制，这些资源必然会随着时间的流逝而减少直至最终枯竭。然而，"信息公地"或"文化公地"具有非竞争性，共享内容与质量通常不受时间因素的动态影响。从这个意义上说，"信息公地"是静态的、长期有效的。❻

---

❶ Lisa G. Lerman. Misattribution in Legal Scholarship: Plagiarism, Ghostwriting, and Authorship [J]. South Texas Law Review, 2001 (42): 467-477.

❷ Margo A. Bagley. Academic Discourse and Proprietary Rights: Putting Patents in Their Proper Place [J]. Boston College Law Review, 2006 (47): 217-228.

❸ 罗伯特·金·莫顿. 科学社会学（上册）[M]. 鲁旭东, 林聚任, 译. 北京: 商务印书馆, 2003: 365.

❹ 罗伯特·金·莫顿. 科学社会学（上册）[M]. 鲁旭东, 林聚任, 译. 北京: 商务印书馆, 2003: 369-372.

❺ Michael J. Madison, Brett M. Frischmann, Katherine J. Strandburg. Constructing Commons in the Cultural Environment [J]. Cornell Law Review, 2010 (95): 657-663.

❻ Jorge L. Contreras. Data Sharing, Latency Variables, and Science Commons [J]. Berkeley Technology Law Journal, 2010 (25): 1613-1615.

二、专利技术转化：有形的专利产品形式

(一) 高校专利技术转化必要性

依据内生经济增长理论一般原理，技术进步是经济保持持续增长的关键性内生力量。❶ 而技术进步则主要包括技术创新与技术扩散两个部分。❷ 因此，技术转化作为技术扩散的应有之义，是实现技术进步的必要步骤。❸ 技术转化（Technology Transfer），又称为技术转移或科技成果转化，是指技术发明以有用产品的方式从实验室转向公共消费市场的资源再配置过程。❹ 作为技术知识的重要创新主体，高校与产业之间具有异质性，二者彼此独立，但都依赖于市场，需要高校进行技术转移实现发明创造的经济价值与社会价值。在知识经济时代，技术转化与创新已经成为高校的第三个使命。从本质上说，高校技术转化就是通过技术转移机构、孵化器、科技园、校办企业或技术服务等方式将技术知识从科学场域转向经济场域的跨场域技术转移过程。其中，最主要的机制或渠道就是高校内部的技术转移办公室。从技术转移是否具有营利性进行划分，可以将高校技术转移分为商业性质的转移和非商业性质的转移两类。其中，非商业性质的技术转移方式包括科学出版、学术演讲、学术会议、科技人才培养及人员调动等。这些非商业性质的技术转移机制对于高校技术知识向社会公众的广泛传播发挥了重要作用。而商业性质的技术转

---

❶ 代表性学者有阿罗、罗默、斯通、卢卡斯、阿吉翁及霍伊特等。具体观点可参见朱勇，吴易风. 技术进步与经济的内生增长——新增长理论发展评述 [J]. 中国社会科学，1999 (1)：21-22；菲利普·阿吉翁，彼德·霍伊特. 内生增长理论 [M]. 陶然，等，译. 北京：北京大学出版社，2004：11-32.

❷ 黄凯南. 演化增长论：基于技术、制度与偏好的共同演化 [J]. 东岳论丛，2014 (2)：30.

❸ 有学者认为，"技术扩散"与"技术转移"是既有联系又相互区分的一对概念。传统意义上的"技术转移"是一种有目的的主观性经济行为，而"技术扩散"既包括有意识的技术转移，也包括无意识的技术传播。参见李平. 技术扩散理论及实证研究 [M]. 太原：山西经济出版社，1999：7.

❹ 对于"技术转移"的概念，实践中存在多种表达。1996年《促进科技成果转化法》第2条规定，科技成果转化是指为提高生产力水平而对科学研究与技术开发所产生的具有实用价值的科技成果所进行的后续试验、开发、应用、推广直至形成新产品、新工艺、新材料、发展新产业等活动。随后，2013年修订草案对该概念进行了简化与精炼，认为科技成果转化就是指对科学研究与技术开发所产生的具有实用价值的科技成果进行的商业化应用和产业化活动。联合国《国际技术转移行动守则（草案）》将技术转移界定为，关于制造产品、应用生产方法或提供服务的系统知识的转移。

移方式主要指高校发明创造的专利许可及校办企业等方式。❶从技术转移的运行方向进行划分,还可以将高校技术转移分为外向型、内向型及合作型三类。❷

高校从事技术转移,主要基于以下六方面的考虑:第一,对发明的认可;第二,响应国家法律与政策;第三,吸引并保留优秀的科技人才;第四,促进地方经济发展;第五,吸引企业研究经费赞助;第六,利用许可费收入从事进一步的研究与教育。虽然每个高校进行技术转移的优先考虑因素会有所差异,但是最终的好处都是促进社会公共利益的实现。❸高校技术转移不仅可以将更多更好的有形产品投入市场,提高人们生活水平,同时也因这些新产品的开发、运输与销售程序而创造更多的就业机会。从这个意义上说,高校技术发明投资是以有益社会的有形产品形式重归社会,并产生了增加就业与政府税收的正外部效应。❹随着知识经济的深入发展,高校专利对经济的促进作用将越发明显。在知识经济时代,技术转移与创新已经成了大学的第三个使命。高校科技成果商业化、产业化与学术公开和学术共享行为一样,在某种程度上都有利于实现社会的公共利益。在熊彼特教授看来,创新是一种革命性的变化,并不是瞬间即可完成的,需要很多步骤。从逻辑上看,应该是先有发明,后有创新。发明是新工具或新方法的发现,而创新是新工具或新方法的应用,如果发明创造没有得到实际应用,对经济发展是不起任何作用的。❺世界知识产权组织也曾指出:"保护知识产权并不是终极目的,只是鼓

---

❶ 龚玉环,王大洲. 关于大学技术转移的一个解读[J]. 科学技术与辩证法, 2005 (2): 97.

❷ "外向型技术转移方式"是指大学主动或被动地将技术知识通过技术市场直接转移给相关企业;"内向型技术转移方式"是指大学依凭技术知识创办校企并直接创造利益;"合作型技术转移方式"是指大学与企业合作研究与开发技术知识。参见吴兆龙,丁晓. 对我国高校技术转移方式的探讨[J]. 科技管理研究, 2005 (1): 116-117.

❸ Association of University Technology Managers. about Technology Transfer. available at http://www.autm.net/Tech_Transfer/12759.htm.

❹ Association of University Technology Managers, "about Technology Transfer". available at http://www.autm.net/Tech_Transfer/12759.htm.

❺ 约瑟夫·阿洛伊斯·熊彼特. 经济发展理论:对利润、资本、信贷、利息和经济周期的探究[M]. 叶华,译. 北京:九州出版社, 2007: 294.

励创新活动、产业化、投资及诚实交易的一种手段。"❶ 如前所述，赋予高校对政府资助发明的专利权，其正当性就在于促进高校技术发明的商业化与产业化，真正将科技创新成果转化为现实生产力，提高人们的物质文化生活水平。因此，除知识产出、传播与共享的公共使命外，高校还承担着促进科技成果转化为现实产品的社会责任。

(二) 高校专利技术转化专业性

虽然研究型大学是技术创新的重要生产基地，但是其教育及研究使命通常并不允许其参与商业化生产活动。为了促进其科技成果的商业性转化，高校通常需要将其专利许可或转让给私营企业进行二次开发活动。一般来说，将高校知识转化为商品，需要经历四个阶段：技术成果的研发→对技术成果获得知识产权→高校知识产权转移至适宜企业→企业将高校知识产权转化为现实生产力。❷ 其中，第二、第三阶段的任务主要由高校内部的技术转移办公室（Technology Transfer Offices，TTOs）或技术许可办公室（Technology Licensing Offices，TLOs）承担，用以评估高校发明创造的可专利性、提交专利申请、寻求商业开发者并进行专利许可谈判或转让事宜等，促进高校技术发明从实验室走向商业化应用市场。

从发展历程看，高校技术转移活动经历了从无到有，从零星、分散到集中、专业化的过程。如前所述，早期学术界与商业界是彼此独立、互相隔离的，此时并不存在真正意义上的高校技术转移问题。学术思想的对外传播主要是依靠学术出版。随着科学与技术的融合及经济的不断发展，大学的实用主义理念加强，学术与市场联系日益紧密，并开始出现了高校技术转移活动。1925 年建立的威斯康辛校友研究基金会（Wisconsin Alumni Research Foundation，WARF）是高校技术转移的先锋者。WARF 的作用在于促进威斯康星大学发明创造的商业化。虽然 WARF 一直很成功，但是基金会的收入只占大学整体研究经费的 5%。与威斯康星大学一样，美国其他主要研究型大学的科研经费首

---

❶ Elizabeth Burleson, Winslow Burleson. Putting the Pieces Together: Innovation Cooperation: Energy Biosciences and Law [J]. University of Illinois Law Review, 2011 (2011): 651-667.

❷ 陈美章. 关于大学专利技术产业化的思考（下）[J]. 知识产权, 2005 (4): 4.

先来自联邦政府,其次是企业赞助,许可费收入只占很小的一部分。❶ 例如,麻省理工大学技术许可办公室前主任利塔尼尔森曾指出,大部分高校技术许可获得的经济收入只占总研究预算的0.5%~2%,长期来看,许可费收入的贡献比例也大约5%。❷ 高校技术许可收入之所以偏低,主要是因为高校主要从事的是基础研究,这种基础性或上游性发明创造的商业指向性并不强,潜在的被许可人不太愿意冒着商业开发失败的巨大风险进行后续产业化投资,再加上技术管理与许可谈判经验不足,高校很难将其专利技术成功许可给企业使用。虽然美国《拜杜法案》颁布之前,一些大学如斯坦福大学❸、麻省理工大学已经建立了技术转移办公室,但是直到《拜杜法案》颁布后才催生了美国高校TTOs的广泛建立,高校技术转移活动开始步入专业化发展的轨道。该法案的颁布,促使高校专利政策、专责委员会演变为专门的部门,而技术转移管理活动则专门化、职业化。高校设立专门的技术转移中心负责与企业之间的沟通,其发明创造逐步开始以市场应用为导向,且高校许可谈判的能力也逐步增强。高校技术转移活动的专业化成为其许可成功的最重要因素。

虽然《拜杜法案》并没有明确要求高校设立TTOs,但是在《拜杜法案》的影响下,当前美国几乎所有研究型大学都设立了TTOs或类似的机构。❹ 此后,很多其他国家的高校包括英国、日本、德国等也纷纷效仿,并建立了完善的运行与管理机制,TTOs或TLOs为促进高校技术转化及产学研合作发挥了重要作用。当前高校科技成果转化已经成为各国国家创新体系的重要内容。❺

与美国等发达国家相比,我国高校技术转移机构起步较晚,直到2001年国家经贸委、教育部才认定首批包括清华大学、上海交通大学、西安交通大学、华南理工大学、华中科技大学及四川大学共6所大学的技术转移机构为

---

❶ Kenneth Sutherlin Dueker. Biobusiness on Campus: Commercialization of University-Developed Biomedical Technologies [J]. Food and Drug Law Journal, 1997 (52): 453-467.

❷ L. Rosenthal, C. Fung. Technology Survey of 20 Universities [M] // The Law and Business of Licensing: Licensing in the 1990s. New York: Clark Boardman Callaghan press: 969.

❸ 大学技术转移办公室作为专门机构是由美国斯坦福大学于1970年首创。

❹ Andy Lockett, Mike Wright, Stephen Franklin. Technology Transfer and Universities' Spin-Out Strategies [J]. Small Business Economics, 2003 (20): 185-188, 197-198.

❺ 刘彦. 大学技术许可机构的制度分析与国际比较 [J]. 中国科技论坛, 2007 (8): 140.

国家技术转移中心。国家经贸委及教育部在《关于在部分高等学校建立国家技术转移中心的通知》进一步指出，技术转移中心的主要任务在于共性技术的开发和扩散、加强产学合作并促进高校技术成果转化和技术转移等。❶ 目前，我国高校技术转移机构主要有以下几种类型，包括国家有关部门认定的技术转移机构、地方政府/企业与大学合作成立的技术转移机构、大学自行设立的技术转移机构，以及依托高校技术成立的衍生企业等。❷

从 TTOs 运行机制来看，主要负责下列事项：第一，对技术成果的可专利性进行评估，以决定是否申请专利；第二，寻求商业化开发者，洽谈专利许可事宜；第三，对专利许可收益进行恰当分配。依据自身性质的不同，各高校 TTOs 的具体运行方式会存在差异。例如，私立大学受纳税人及公共利益约束的影响较小，知识产权政策更为灵活，其应用型研究比例相对较高，因此私利大学技术转移活动趋利性更为明显，主要采用专利许可方式。与之相对，公立大学对纳税人及公众承担更为直接的义务，这种服务社会的责任感对大学专利活动起到一定抑制作用，因此大学技术转移活动在创收的同时还应该确保公众广泛获得大学研究成果，传播知识。值得注意的是，与国外高校以技术许可为主要技术转移方式不同，由于我国高校知识产权管理经验不足，技术许可方式尚未成为当前我国高校技术转移的最主要方式。❸ 例如，教育部曾对 2006 年至 2010 年我国高校专利技术转让与专利实施许可数量与金额进行考察，发现高校专利技术转让与许可所占比率较小，并没有成为高校技术转移的主要模式。❹

---

❶ 国家经济贸易委员会、教育部：《关于在部分高等学校建立国际技术转移中心的通知》（国经贸技〔2001〕909 号）。

❷ 其中，国家有关部门认定的技术转移机构包括在大学设立的技术转移中心、国家技术转移示范机构、国家大学科技园等。

❸ 杨继明，李景春. 麻省理工大学与清华大学技术转移做法比较研究及启示［J］. 中国科技论坛，2010（1）：148.

❹ 教育部科技发展中心. 中国高校知识产权报告（2010）［M］. 北京：清华大学出版社，2012：97.

第四章

高校专利对公共利益的背离

> 公共利益、正义和法的安定性共同宰制着法,这种共同宰制不是处在紧张消除的和谐状态,恰恰相反,它们处在生动的紧张关系中。
>
> ——拉德布鲁赫

面对专利权带来的金钱诱惑,当代高校专利活动背离公共利益使命的弊端日益暴露。不但越来越多的基础发明创造被高校渗入专利申请之列,其专利许可及专利保护活动更是呈现明显的经济收益最大化之势。由此,社会对高校的评价、态度开始发生了转变。"高校依托专利技术参与学术资本化活动,在某种程度上,削弱了社会特殊对待高校与教学科研人员的理由,增加了这样一种可能性,即人们对待高校的态度将更像对待其他组织,对待专业人员将更像对待其他知识工人。"[1]

第一节 高校专利申请与公共利益的冲突

一、高校专利申请现状

从高校专利申请活动实践来看,经历了以下发展趋势:第一,专利申请

---

[1] 希拉·斯劳特,拉里·莱斯利. 学术资本主义:政治、政策和创业型大学[M]. 梁骁,黎丽,译. 北京:北京大学出版社,2008:210.

主体从最初的个别行为逐渐成为了当前高校的普遍活动；第二，专利申请范围从应用研究领域逐步延伸至基础研究领域；第三，专利申请数量从缓慢增长开始快速扩张。

（一）早期高校专利申请活动

随着大学理念从理性主义向实用主义的转变，大学开始关注解决社会的实际问题。例如，美国早期的很多高校都具有高度的实用属性，尤其是1862年及1980年《莫里尔法案》确立的赠地大学制度，促进了高校与企业之间的密切合作，潜在激励着高校专利申请与专利许可活动。❶ 1862年，佛蒙特州的众议员贾斯汀·莫里尔推动国会以立法形式授予每个州三万英亩的公共用地创办大学。依据该法案，建立了超过70余个有关工程、农业及军事领域的赠地大学。1890年，该制度被进一步推向南部各州。这些赠地大学专门用于对农业及工业等产业领域提供技术指导，具有非常明显的技术性与职业性。政府在赠地大学创立农业试验站，为农民提供公共种子及基础技术支持。❷ 除农业领域外，早期高校科学研究更多指向了一些涉及公共健康如医药、生命科学及其他关系国家安全的领域，如军事。一些国家如美国、德国在第一次世界大战和第二次世界大战期间向高校投入了大量的研究基金，资助高科技如原子弹等研发活动。

早期高校的专利申请活动并未严重脱离其公共利益使命，很多美国高校如麻省理工学院、哈佛大学、耶鲁大学、加利福尼亚大学、约翰霍姆金斯大学及哥伦比亚大学等均在其专利政策中明确表示，高校持有并管理专利技术必须以公共利益为旨归，强调高校服务社会的公共使命。❸ 此时，很多科学家都认为，他们的科技成果，包括可专利性和非可专利性技术，都应该允许公众免费共享。初期的专利政策既反映了高校对突破传统科学规范的担忧与踌躇，也反映了对其服务公共利益的社会使命的深刻焦虑。例如，1907年加利福尼亚大学伯克利分校的弗雷德里克·科特雷尔发明了一种静电除尘器，一

---

❶ 从这个意义上说，虽然《拜杜法案》的颁布通常被认为是美国大学专利文化的孵化器，但实际上象牙塔内的专利申请及商业化活动远远早于政府干预行为。

❷ Joshua E. Powers. Commercializing Academic Research: Resource Effects on Performance of University Technology Transfer [J]. Journal of Higher Education, 2003 (74): 26-45.

❸ Peter lee. Patent and the University [J]. Duke Law Journal, 2013 (63): 14-16.

种从流动气体中去除有害微粒的过滤装置,并对该技术申请了专利。由于学校在大学章程中明确规定,不允许其教学科研人员参与商业化活动,因此,弗雷德里克·科特雷尔并没有将其专利技术直接转让给加利福尼亚大学。1912年,为了撇清大学与商业化活动的关系,他创建了一个独立的研究公司,专门用以管理自己或其他人的学术发明专利,并将产生的专利收益继续用于研究。❶ 继科特雷尔之后,加利福尼亚大学伯克利分校的罗伯逊,发现了垂体前叶激素,一种促进人体组织生长的物质。罗伯逊对其申请了专利,并将其专利权转让给大学,因此成了加利福尼亚大学拥有的第一份专利。加利福尼亚大学的董事委员会最初拒绝接受该专利,认为公立大学与私人公司签约的行为是不合理的。因此,学校董事会最终也建立了一个独立的专利管理公司,加利福尼亚大学以受托人的名义进行相关的管理活动。此外,罗伯逊和加利福尼亚大学都强调其专利服务于公共利益的终极目的,加强对专利产品质量的监督,保障病人的健康。❷ 到了20世纪20年代时,已经有少数高校开始将其科技成果向企业转移。虽然此时多数学者尚不认为专利是向企业或公众进行知识转移的恰当方法。但是,很多高校都开始制订有关科技成果专利申请指南,允许高校在特定情况下申请专利。❸

总之,虽然早期高校开始向专利排他性权利靠拢,参与专利申请活动,但都试图与专利的商业性撇清关系,避免直接参与专利申请与专利许可活动,且出于对高校公共服务性质及知识传播使命的考虑,将保护公共利益作为专利活动的基本原则。❹ 一方面,高校及科研人员不愿意对涉及医药、生命科学等领域的技术申请专利;另一方面,高校加强对已申请专利技术的相关产品的监管,确保专利产品的安全,并鼓励向公众广泛传播专利技术。

---

❶ Peter lee. Patent and the University [J]. Duke Law Journal, 2013 (63): 14-16.
❷ Peter lee. Patent and the University [J]. Duke Law Journal, 2013 (63): 14-16.
❸ Dov Greenbaum. Academia to Industry Technology Transfer: An Alternative to the Bayh-Dole System for both Developed and Developing Nations [J]. Fordham Intellectual Property, Media & Entertainment Law Journal, 2009 (19): 311-336.
❹ Bhaven N. Sampat. Patenting and US Academic Research in the 20th Century: The World Before and After Bayh-Dole [J]. Research Policy, 2006 (35): 772-776.

(二)当代高校申请专利实践

高校作为国家创新体系的关键环节与中坚力量,专利申请量与专利授权量一直是各国专利的重要组成部分,尤其在生物技术、生命科学、计算机科学、电子工程及电信等领域所占比例更为明显。从我国高校专利申请实践来看,专利申请数量与质量都有了显著提升。2002—2018年,我国高校专利申请量与专利授权量基础数据如图4-1所示。❶

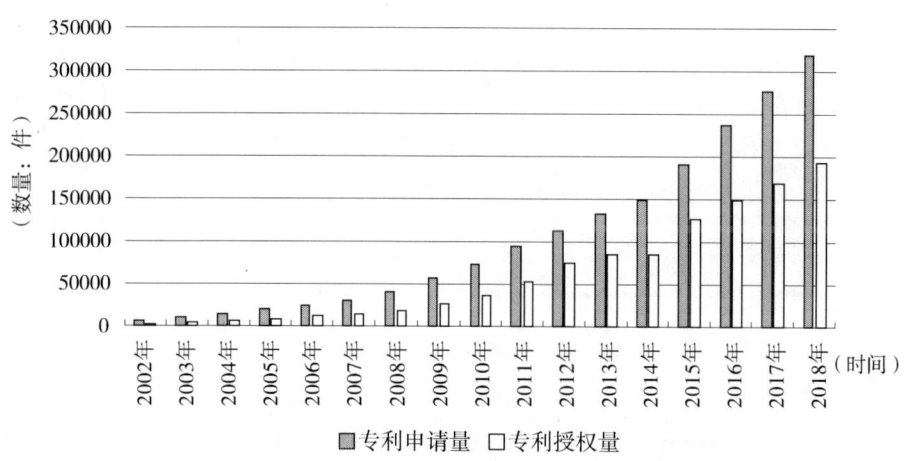

图4-1 2002—2018年高校专利申请量与授权量

总体来看:1985—1999年我国高校专利申请量一直徘徊在1000~2000件之间,专利授权量也不高,此阶段高校专利申请意识尚处于萌芽阶段,专利申请数量、质量均不高;2000—2002年,高校专利申请量逐步发展,专利授权比例也有所提升;2003年至今,高校专利申请量、授权量均呈现快速增长趋势。❷从高校专利构成看,发明专利占绝大多数。依据国家统计局数据,2002—2018年高校发明专利申请量与授权量情况如图4-2所示。

---

❶ 具体数据来源于国家统计局高等学校科技活动情况年度数据指标,http://data.stats.gov.cn/easyquery.htm?cn=C01。

❷ 付红刚,马海群. 我国高校知识产权保护现状探析[J]. 中国高校科技,2014(3):7.

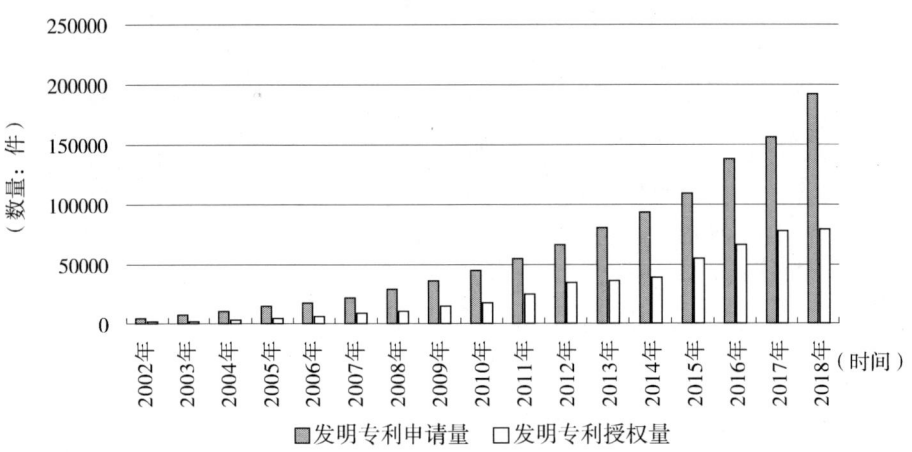

图 4-2　2002—2018 年高校发明专利申请量与授权量

从我国高校专利结构来看，发明专利一直居主导地位。例如，2002—2018 年，在高校累积专利申请数量中，发明专利 60.17%；在高校累积专利授权数量中，发明专利 45.26%。❶

自 1980 年美国《拜杜法案》颁布以来，美国高校专利申请数量增势迅猛。例如，有学者统计，1969—1979 年，美国高校专利申请量增加了 40%。❷ 而在《拜杜法案》颁布后的十年间，美国高校专利申请量增加了 223%❸，高校技术转让办公室的数量增长了 700%。❹ 同样，韩国政府于 2000 年颁布《技术转移促进法》，允许公共研究机构如高校及私营企业对政府资助发明保留专利权。随后不久，韩国政府又于 2003 年颁布《产学合作促进法》，鼓励高校设立产学合作办公室及技术许可办公室，作为高校机构的一部分。受到国家

---

❶ 具体数据来源于国家统计局高等学校科技活动情况年度数据指标，http://data.stats.gov.cn/easyquery.htm?cn=C01。

❷ David C. Mowery et al.. The Growth of Patenting and Licensing by U. S. Universities: An Assessment of the Effects of the Bayh-Dole Act of 1980 [J]. Research Policy, 2001 (30): 102-104.

❸ Jennifer L. Owens. "Not Quite Dead Yet": the Near Fatal Wounding of the Experimental Use Exception and its Impact on Public Universities [J]. Journal on Telecommunications & High Technology Law, 2005 (3): 460.

❹ David C. Mowery et al. The Growth of Patenting and Licensing by U. S. Universities: An Assessment of the Effects of the Bayh-Dole Act of 1980 [J]. Research Policy, 2001 (30): 99-102.

科技政策的鼓励，韩国高校专利申请量也开始迅速增长。❶

随着大学实用主义与学术资本化理念的日益增强，当代大学不但蜕去了早期参与专利申请活动时的羞涩，一些高校开始显现了对专利申请活动的热衷甚至狂热的态度。例如，在 20 世纪 90 年代末期，美国威斯康星州大学的詹姆斯·汤姆森（James Thomson）发现离体人类胚胎干细胞（Isolated Human Embryonic Stem Cells，hESCs）。这些离体人类胚胎干细胞具有发育成几乎所有人体组织的能力，因此代表基础研究工具的同时，也提供了未来治疗方法的平台。对于这种关乎公众健康的技术，威斯康星州大学并没有放弃专利申请，而是申请并获得了三项专利权，并将这些专利技术转让给了威斯康辛校友研究基金会（Wisconsin Alumni Research Foundation，WARF）。WARF 积极寻求对这些干细胞的商业化，一方面以独占性许可的方式授予私营企业使用，另一方面加大对其他非营利性机构研究性使用的限制。WARF 的做法，引起了社会公众及学术界的强烈不满，并向政府施压希望其出面解决此问题。美国国立卫生研究院（National Institutes of Health，NIH）迫于公众压力，着手与 WARF 进行谈判，经过不断地协调，最终同 WARF 达成了一项协议：受联邦基金资助的科研人员可以出于研究目的而利用 WARF 干细胞，但是并不能对研究成果进行商业化应用。❷ WARF 的干细胞专利受到了学术界的严厉批评。

除 WARF 的干细胞专利外，哥伦比亚大学试图延长对共转化专利技术（Cotransformation）排他性期限的做法也引起了较大的争议。20 世纪 70 年代末期，哥伦比亚大学神经系统科学家理查德·阿克塞尔（Richard Axel）和他的同事利用 NIH 资助基金研发出了一种"共转化技术"，该技术可以导入外源 DNA 到宿主细胞，从而可以产生特定蛋白质。哥伦比亚大学随后提交了专利申请并获得了共转化技术的专利权。在专利有效期内，哥伦比亚大学获得了高达 3 亿美元的许可费收入。当专利有效期期满后，哥伦比亚大学宣布其

---

❶ Joonghae Suh. University Patenting in Korea: Trends, Characteristics and Implications, Intellectual Property for Economic Development: Issues and Policy Implications Conference [C/OL]. 2010. available at http://www.kdi.re.kr/upload/14573/1-2.pdf.

❷ Peter Lee. Inverting the Logic of Scientific Discovery: Applying Common Law Patentable Subject Matter Doctrine to Constrain Patents on Biotechnology Research Tools [J]. Harvard Journal of Law & Technology, 2005 (19): 85-97.

在 2002 年已经获得了另一项专利,该项专利在 2019 年过期,覆盖了共转化技术。此行为引起了先前共转化技术被许可人的强烈反对,并将哥伦比亚大学诉至法院,要求认定该项覆盖共转化技术的专利无效。哥伦比亚大学因其试图对基础研究方法延长排他性权利期限的行为而遭到了社会的严厉批评。❶

而"Myriad"案已经成为当代很多高校专利申请过度行为的典型实例。在 20 世纪 90 年代,美国犹他大学研究员马克·斯科尼克(Mark Skolnick)领导一个团队对 BRCA1 和 BRCA2 进行测序,并发现了这两个基因的确切位置与核酸序列。因为这两个基因与乳腺癌、卵巢癌疾病相关,其突变会增加患癌的风险,而发病基因位置及典型核酸序列的确定可以帮助病患科学检测其患癌的概率,有益于尽早进行治疗。此后不久,犹他大学和利亚德公司(马克·斯科尼克共同创办)对这些基因申请并获得了多项专利。不仅如此,利亚德公司严格限制医疗人员未经许可利用 BRCA1 和 BRCA2 基因检测病人疾病。此行为引发了很多人的谴责与不满。2009 年,由美国分子病理学协会代表各方向法院提起诉讼,要求否定"Myriad 专利"的有效性。❷ 经过审理,2010 年纽约南区联邦地方法院依据"自然产物"原则认定 Myriad 专利无效。然而,2011 年联邦巡回上诉法院推翻了初审法院的判决,认定 Myriad 专利有效。2013 年,美国最高法院依法作出终审判决,认定 Myriad 专利无效。最高法院认为,利亚德公司只是发现了 BRCA1 和 BRCA2 基因的确切位置与基因序列,但并未创造或改变这两个基因上所承载的遗传信息或者结构,不能仅仅因为自然发生的 DNA 片段被分离出来就认为其属于可专利主题范围。❸

二、可专利主题扩张与"反公地悲剧"

欲寻求专利权保护,发明创造首先应该属于可专利性主题范围。凡不属于可专利性主题范围的发明创造,直接进入"公有领域"中。对可专利主题范围的划定,直接影响公有领域与私有领域的二分境地。因此,人们开始日

---

❶ Clifton Leaf. The Law of Unintended Consequences [J]. Fortune, 2005 (9): 261.
❷ Clifton Leaf. The Law of Unintended Consequences [J]. Fortune, 2005 (9): 266.
❸ Association for Molecular Pathology v. Myriad Genetics, Inc. 569 U.S. (2013).

益关注可专利性主题的正当性范围。例如，奥蒂教授认为，随着当前可专利主题的不断扩张，私有领域日益膨胀，已经导致了"知识产权公有领域的公地悲剧"❶。奥蒂教授指出，无论是出于商业化的需要，还是出于纯粹的学术、艺术或哲学探究的目的，任何阻碍人们接触或使用知识主题的行为都是令人不安的。此外，可专利主题的扩张及可专利条件的低标准都将拖延这些主题尽早进入公有领域，妨碍公共利益目的的实现。例如，实用性条件标准较低，会对同一主题造成不同形式的知识产权重复保护，拖延这些主题尽早进入公有领域。❷ 劳伦斯·莱斯格教授对当前公有领域不断限缩的境况也哀叹道："因公有领域的无形性，我们根本就不关心这种无处不在的东西是否被侵犯；因思想的无形性，自由使用势必关乎创造力，然而当其被圈为私有时，我们却被说服这是一种进步。"❸ 因此，我们既要提供足够的知识产出激励，鼓励更多发明创造，同时必须防止可专利主题范围的无限扩张而对知识公有领域的不当侵犯。

（一）可专利主题

"可专利性主题"即确定哪些发明创造可以受到专利法的保护。可专利性主题作为一个普适性的问题，各国均在专利法中作出了规定，如欧洲《专利公约》第 52 及 53 条、英国《专利法》第 1 及 4A 条、德国《专利法》第 1 及 2 条❹、美

---

❶ A. Samuel Oddi. The Tragicomedy of the Public Domain in Intellectual Property Law [J]. Hastings Communications and Entertainment Law Journal, 2002 (25): 1.

❷ A. Samuel Oddi. The Tragicomedy of the Public Domain in Intellectual Property Law [J]. Hastings Communications and Entertainment Law Journal, 2002 (25): 2-6.

❸ Lawrence Lessig. The Architecture of Innovation [J]. Duke Law Journal, 2002 (51): 1799.

❹ 欧洲《专利公约》第 52 条及第 53 条分别从正反两方面规定了可专利性发明主题的范围。其中，第 52 条第 1 款规定，对于任何技术领域内，新的、有创造性并且能在工业中应用的发明，可授予欧洲专利。第 2 款从反面限定了发明主题的范围，科学理论及数学方法、美学创作、执行智力行为、进行比赛的游戏或经营业务的计划、规则及方法等不属于欧洲发明专利主题范畴。而第 53 条进一步限定了不能授予专利的发明，包括公布和利用违反公共秩序或道德的发明及动植物品种或本质上为生产动植物的生物学方法。英国《专利法》第 1 及 4A 条及德国《专利法》第 1 及 2 条对此部分的规定，在内容上与欧洲《专利公约》第 52 条及第 53 条规定类似。

国《专利法》101条❶、加拿大《专利法》第2条❷、日本《专利法》第2条❸及我国《专利法》第2条等。"发明"是专利法最核心的特征。判断是否能够授予专利，首先要判断发明是否属于可专利性主题。但是，从各国专利法规定来看，大多数国家并没有对其明确界定，即使少数国家给出了定义，通常也都是宽泛的、开放式的。❹对此，尼古拉斯·庞弗里法官曾表示，不可能提供一个详尽的"发明"概念。❺

1. 美国

为了实现美国《宪法》"促进科学和实用技术进步"的目标，美国1790年颁布《专利法》，其中第101条对可专利性主题进行了宽泛的界定，但没有任何具体的指导，主要由美国法院以司法判例形式对该条进行解释。实践中，法院发展了"自然产物"原则作为可专利性主题的例外。可以说，"自然产物"原则（Product of Nature Doctrine）是美国法院发挥司法能动性、将某些特定的发明主题排除于《专利法》101条宽泛的可专利性主题界定范畴之外的法官造法的产物，意在禁止对天然存在的物质、现象和过程授予专利。实际上，从该原则确立的依据来看，美国《宪法》及《专利法》中似乎并未提供理论支撑。《宪法》中并没有明确规定可专利主题的例外。美国宪法有关知

---

❶ 美国《专利法》101条规定：凡发明或发现任何新颖而实用的方法、机器、制造品、合成物，或进行了新颖而实用的改良，可以获得专利权。由此可知，美国《专利法》对可专利性主题主要是在类别上进行的分析。除此之外，美国《宪法》对于"实用技术"的限定及最高法院通过司法案例形式对自然法则、自然现象的否定都表明了美国可专利主题的范围。参见李晓秋. 信息技术时代的商业方法可专利性研究［M］. 北京：法律出版社，2012：86.

❷ 加拿大《专利法》第2条规定，发明是指任何新的并有用的技术、方法、机器、制造或物质的组合，或在任何技术、方法、机器、制造或物质的组合中的任何新的并有用的改进。同时，第27条第3款规定，没有人可以对纯粹的科学原则或抽象定理获得专利。加拿大专利法对可专利性发明主题的界定与美国专利法规定基本相同，唯一不同的是加拿大专利法中明确将"技术"纳入可专利性主题。

❸ 依据日本《专利法》第2条第1款规定，可专利性发明主题是指利用自然规律所进行的具有一定高度的技术性思想创造。参见田村善之. 日本知识产权法［M］. 周超，等，译. 北京：知识产权出版社，2011：178.

❹ 具体来看，仅有少数国家在专利法中明确规定了可专利性发明主题的含义，如日本，而大多数国家并没有明确界定可专利性发明主题的内涵，这些国家或从类别上分析如我国及美国，或主要运用消极排除式加以限定，如欧洲国家。

❺ Shopalotto.com Ltd., Patent Application No. GB0017772.5 P 6 (Nov. 7, 2005). 转引自 Emir Aly Crowne-Mohammed. Can you Patent that? A Review of Subject Matter Eligibility in Canada and the United States［J］. Temple International & Comparative Law Journal, 2009 (23): 270.

识产权保护条款使用的是"发现"一词,因此并不能排除自然产物的可专利性。同样,专利法中也没有规定"自然产物"除外原则。因为美国从 1790 年至今,在界定可专利主题时基本上都使用了"发明或发现"。因此,司法创造的"自然产物"原则也并非源自专利法。从本质上说,该原则主要是一种司法政策的考量。❶

依据美国最高法院裁决,自然界中已经存在的事物,任何人都不能获得排他性权利。例如,在 1847 年的"木质纸浆"案中,涉案发明是一种被提纯的木质纸浆。此之前,纸浆主要由稻草、木材和其他植物制造,但并不纯。最高法院认为,简单地提高先前存在纸浆的纯度,从多种天然存在"杂质"中分离出天然存在的物质,但并未创造任何新的产品,因此不能授予专利。❷ 随后,在 1852 年的"勒罗伊诉泰瑟姆"案中,最高法院进一步表示,抽象原则、自然力量不属于可专利性主题,因为没有人能够对这些事物主张排他性权利。最高法院拒绝对抽象思想、物理现象等自然产物授予专利。❸ 如前所述,2013 年美国最高法院在全球范围内具有广泛影响的"Myriad"案中认为,DNA 是从人类身体中分离出来的"自然产物",不具有专利适格性。❹

尽管存在"自然产物"的传统限制,美国法院对"可专利性主题"的解释一直呈现扩大化趋势。到 1980 年时,这种扩张解释已经达到了显著高度。最为典型的是,美国最高法院在"戴蒙德诉查克拉巴蒂"案中,开创性地认定人造的活体微生物属于可专利性主题范畴。❺ 该案中,查克拉巴蒂博士寻求对一种可以降解原油能力的细菌申请专利。专利局审查人员拒绝授予专利,因为细菌是生物活体,属于自然产物范畴,不能受到专利保护。实际上,在此之前,美国大多数地方法院及专利局一直都认为生物活体为自然产物,不能授予专利。而最高法院否定了该观点,认为该细菌并不是自然界中天然存在的,而是经过了人类的基因改造工程,因此属于可专利性主题范畴。法院

---

❶ Laura W. Smalley. Will Nanotechnology Products Be Impacted by the Federal Courts "Product of Nature" Exception to Subject-Matter Eligibility under 35 U.S.C. 101? [J]. the John Marshall Law School Review of Intellectual Property Law, 2014 (13): 397, 417.

❷ Am. Wood-Paper Co. v. Fibre Disintegrating Co., 90 U.S. 566, 566 (1874).

❸ Le Roy v. Tatham, 55 U.S. (14 How.) 156, 175 (1852).

❹ Ass'n for Molecular Pathology v. Myriad Genetics, Inc., 133 S.Ct. 2107, 2117, 2120 (2013).

❺ Diamond v. Chakrabarty, 447 U.S. 303, 306-09 (1980).

从专利制度的立法意图、立法史及《专利法》101条立法措辞出发，认为可专利主题范围应该包括"太阳之下一切由人类制造的东西"。此案之后，很多新兴领域如生物技术、纳米技术等都被纳入到了可专利性主题中。当前，"宽授权、窄除外"的专利规则已经成为各国普遍做法。❶

值得一提的是，由美国主导的《跨太平洋伙伴关系协议》（*Trans-Pacific Partnership Agreement*，TPP）第8.1条的规定，大大拓宽了可专利性主题的范围："成员国对各个领域的发明技术，无论是产品还是方法，只要该发明被证明具备新颖性、创造性与工业应用性，均应授予专利权保护。此外，各成员国应确认：对已知产品而言的任何新形式、新用途或新方法，以及可能满足可专利性标准的已知产品的某种新形式、新用途或新方法，即使该发明并不会引起该已知产品功效的提高，仍应授予专利权保护。"❷ 该定义远远超越了TRIPs标准，将大开专利申请之门，对任何细微改变的形式、用途或方法都允许申请专利，变相延长同一发明主题的垄断期限。❸ 同时，TPP第8.2条对可专利性主题排除范围进行了限缩，规定："各缔约方应确保对下列发明授予专利保护：（a）植物和动物；（b）治疗人类或动物的诊断、治疗及手术方法。"❹

2. 欧盟

欧洲《专利公约》并没有明确界定"发明"的含义。但是，依据欧洲《专利公约》第52条第1款规定可知，在欧洲，"发明必须具有'技术性'

---

❶ 大卫·韦弗. 知识产权的危机与出路［J］. 李雨峰, 译. 知识产权, 2007（4）：95-96.

❷ 原文为："Each Party shall make patents available for any invention, whether a product or process, in all fields of technology, provided that the invention is new, involves an inventive step, and is capable of industrial application. In addition, the Parties confirm that: patents shall be available for any new forms, uses, or methods of using a known product; and a new form, use, or method of using a known product may satisfy the criteria for patentability, even if such invention does not result in the enhancement of the known efficacy of that product." 参见 Trans-Pacific Partnership, Intellectual Property Rights Chapter（draft Feb. 10, 2011）. available at http://keionline.org/sites/default/files/tpp-10feb2011-us-text-ipr-chapter.pdf.

❸ Sean Flynn, Margot Kaminski, Brook Baker & Jimmy Koo, "Public Interest analysis of the US TPP Proposal for an IP Chapter," 2011. available at http://ssrn.com/abstract = 1980173; Sean Flynn, Margot Kaminski, Brook Baker & Jimmy Koo. The U.S. Proposal for an Intellectual Property Chapter in the Trans-Pacific Partnership Agreement［J］. American University International Law Review, 2012（28）：150-161.

❹ 原文为："Each Party shall make patents available for inventions for the following: (a) plants and animals, and (b) diagnostic, therapeutic, and surgical methods for the treatment of humans or animals."

特征，必须与一定的技术领域有关，关注技术问题。"❶ 同样，依据欧洲《专利公约实施细则》（European Patent Convention Rule）第 27 条第 1 款 a 项和 c 项、29 条第 1 款及《欧洲专利局审查指南》（Guidelines for Examination in The European Patent Office）第三部分第四章 1.1、1.2 及 1.3 的规定，申请欧洲专利的发明必须属于某个技术领域，在专利申请文件中必须指明所具有的技术特征，必须能够解决某个技术问题，具有技术进步性。"可专利性主题总是隐藏着这么一种渴望：它与技术有关，常表现为产业上应用的新技术，具有技术性。而可专利主题带有的这种技术性烙印，又会因技术的不断发展及技术词语表达的局限性而发生范围上的扩张抑或限缩。"❷

同时，欧洲《专利公约》第 52 条第 2 款、第 3 款对发明作出了非穷尽式排除列举的限定，将一些抽象的如发现或科学理论及缺乏技术特征的如美学创作、信息展示排除在发明范畴之外。《欧洲专利局审查指南》第三部分第四章 2.2 规定，审查员在考量发明申请是否属于欧洲《专利公约》第 52 条第 1 款项下的可专利性主题时，需要牢记两点：第一，任何排除可专利性的发明主题只能属于欧洲《专利公约》第 52 条第 2 款、第 3 款范畴。第二，审查员应忽略权利主张的形式或类型，只关注其内容，以判断进行权利主张的发明主题作为一个整体是否具有技术特征。如果不具有技术特征，则申请发明不属于欧洲《专利公约》第 52 条第 1 款项下的可专利性主题。

此外，欧洲《专利公约》第 53 条对禁止申请专利的发明主题作出了规定，将违反公共秩序或道德规范的发明排除在可专利性主题范围之外。之所以排除此类发明的可专利性，主要是为了防止暴乱或公共混乱，减少犯罪或其他冒犯行为。

3. 日本

日本《专利法》第 2 条第 1 款明确规定，发明是指利用自然规律产生的具有一定高度的技术性创造。❸ 从定义可知，构成日本专利法意义上的可专利

---

❶ 李明德. 欧盟知识产权法 [M]. 北京：法律出版社，2010：326.
❷ 李晓秋. 信息技术时代的商业方法可专利性研究 [M]. 北京：法律出版社，2012：90-91.
❸ 虽然德国《专利法》中并没有明确规定发明的含义，但是德国联邦最高法院在"Rote Taube"案中对发明作出了类似于日本的认定。法院认为，"发明是指为达到因果关系上可以预见的结果而利用可支配的自然力的有计划的技术性方案"。参见范长军. 德国专利法研究 [M]. 北京：科学出版社，2010：27.

性发明主题,需要满足以下三个条件:第一,发明创造利用了自然规律或自然法则。"自然规律"是指自然界中固有的、不以人的意志为转移的、客观事物之间存在的必然联系。从这个意义上说,人们只能发现自然规律,而不能发明自然规律,单纯发现自然规律并不能授予专利。法国学者霍尔巴赫曾言:"人是自然的产物,存在于自然之中,服从自然的法则,哪怕是通过思维,也不能离开自然一步。"人类文明就是在与自然力量保持一致的过程中利用自然力量。因此,只有利用自然规律产生的发明创造,才能获得专利保护。第二,具有技术性。所谓"技术性"是指必须能够使用、产生一定效果(即便达不到100%的效果,甚至效果非常低,但只要具有一定的效果即可)❶并具有可重复性(一般可分为"使用可能性"和"反复可能性"两个要件)。❷第三,达到了一定的创造高度。该条件实际上与新颖性、实用性等可专利性实质条件相融合,因此,实践中很少将其作为可专利性发明主题的判断条件单独考虑。

"可专利性主题"作为获得专利授权的第一道门槛,是各国专利制度最为核心的问题。虽然不同国家对可专利性主题进行了不同形式的界定,但是综合来看具有如下三点共同特征。

第一,可专利性主题必须具有技术性特征。无论是美国宪法关于"实用技艺"的限定,还是欧盟、日本在专利法中明确规定的"技术领域"或"技术性创造",无疑都要求可专利性主题必须能够解决某个技术问题,具有技术进步性。然而,各国法律并没有进一步界定"技术"的具体含义。依据马克思的观点,技术是人与自然的中介,是人对自然的能动关系,是推动社会进步的最革命性力量。❸虽然马克思并没有明确阐述技术的含义,但是已经深刻剖析出技术的精髓之所在。《自然辩证法百科全书》认为,"技术就是人类为了满足社会需要而依靠自然规律和自然界的物质、能量和信息,来创造、控制、应用和改进人工自然系统的活动的手段和方法。"❹其他学者也提出了很

---

❶ 李龙. 日本知识产权法律制度 [M]. 北京:知识产权出版社,2012:27.
❷ 田村善之. 日本知识产权法 [M]. 周超,等,译. 北京:知识产权出版社,2011:183.
❸ 中共中央马克思恩格斯列宁斯大林著作编译局. 马克思恩格斯全集(第23卷)[M]. 北京:人民出版社,1972:410.
❹ 查汝强. 自然辩证法百科全书 [M]. 北京:中国大百科全书出版社,1995:214.

多类似的表述。❶

第二，可专利性主题必须是人利用自然规律并发挥主观能动性的创造成果，而非自然界本身的产物。"技术作为人对自然能动作用的表现是，在把天然自然变为人工自然的过程中，受自然规律的支配，要以人对自然规律的认识为基础。技术具有自然的属性，但技术本身是一种社会现象，更具有鲜明的社会属性。"❷ 技术的社会属性是人的本质力量的外化。❸ 正是从这个意义上说，美国司法将"自然产物"排除在可专利性主题之外，认为"由人类制造的东西"才可以纳入专利保护范畴。同样，欧盟、日本及中国也都拒绝对自然界天然存在的物质、现象和过程进行专利保护。

第三，可专利性主题是一个开放式的概念，其范围具有很大的不确定性。"由于技术是一个历史的范畴，其随着人类改造自然的实践和科学技术本身的发展而不断发生变化。"❹ 因此，可专利性主题的范围势必会与技术发展一道，呈现或宽或窄的局面。如前所述，当前各国专利制度普遍采取的是"宽授权、窄例外"的做法。❺

(二)"反公地悲剧"困境

如前所述，1968年哈丁教授在《科学》杂志上发表"公地悲剧"一文，认为如果所有人都对公共资源具有使用权且都无权排除他人使用，则会造成公共资源过度滥用的问题，如公共牧场中的过度放牧行为。❻ 该理论一经提出，引起了广泛的影响，学者们纷纷用以批判各领域公共物品的浪费与滥用

---

❶ 例如，陈昌曙认为，技术就是创造人工自然的手段和方法；常立农认为，技术是人类为了一定目的而创造的各种调节、改造、控制自然的手段；姜振寰认为，技术是人类改造自然、创造人类得以生存的人工自然或人工环境的方法与手段。参见陈昌曙. 技术哲学引论 [M]. 北京：科学出版社，1999：95；常立农. 技术哲学 [M]. 长沙：湖南大学出版社，2003：7；姜振寰. 科学技术哲学 [M]. 哈尔滨：哈尔滨工业大学出版社，2001：127.

❷ 查汝强. 自然辩证法百科全书 [M]. 北京：中国大百科全书出版社，1995：215.

❸ 技术的社会属性体现在以下三个方面：第一，任何技术的目的都不是天然固有的，而是生活于特定社会的人所赋予的；第二，任何技术都是人的一种社会化活动，是人类自我表达的一种形式，承载着人类的价值观；第三，技术效果与社会的认知水平及价值观等社会因素密切相关。参见许良. 技术哲学 [M]. 上海：复旦大学出版社，2004：130-31.

❹ 查汝强. 自然辩证法百科全书 [M]. 北京：中国大百科全书出版社，1995：214.

❺ David Vaver. 知识产权的危机与出路 [J]. 李雨峰，译. 知识产权，2007 (4)：95-96.

❻ Garrett Hardin. The Tragedy of the Commons [J]. Science, 1968 (162)：1243-1248.

问题。在西方，很多法学家和经济学家依据该理论，论证公共产权在经济上低效率与私人产权制度建立的必要性。

然而，海勒教授并没有随波逐流，其对哈丁教授的"公地悲剧"理论提出质疑，并于1998年在《哈佛法律评论》上提出"反公地悲剧"理论，认为财产权过度分割同样会引发悲剧。海勒认为，如果一种稀缺资源上的权利束缚太多，很多人都被赋予了排他性权利，则容易引发资源使用不足的问题。❶实际上，在海勒之前，托马斯·格雷及托马斯·美林就探讨过财产物理属性或法律权利上的分割所造成的不利影响。❷ 一般来说，"反公地悲剧"包括空间上反公地悲剧与法律上反公地悲剧两个层面。海勒教授主要关注的是法律层面上的反公地现象，他认为当多个权利人对特定财产的各部分拥有排他性权利时，会产生使用不足的反公地悲剧。当然，海勒也承认空间层面上的反公地，认为特定财产的物理细分会降低该财产的总体价值。❸ 对此，罗伯特·沙尔夫认为，"反公地悲剧"的本质就是财产在空间上和法律属性上的分割所造成的经济低效率。他认为，在这两种情况下，如果聚集所有权利的交易成本超过了预期成本，或者存在寻求增加聚合财产租金的拒不合作者，都会发生"反公地悲剧"。❹

海勒的"反公地悲剧"概念自问世以来，迅速被经济共同体所接受。诺贝尔奖获得者詹姆斯·布坎南于2000年首次正式引入了反公地经济模型。因此，当前该概念进入了法律学者及经济学者们研究的共同视野。詹姆斯·布坎南和尹勇利用利润最大化函数，指出当第三方使用同一个财产必须向两个或两个以上的共同所有人支付费用时，且每个共同所有人设立的价格都是出于自身利益最大化考量（假定共同所有人无法达成协商），该财产必然无法得

---

❶ Michael A. Heller. The Tragedy of the Anticommons: Property in the Transition from Marx to Markets [J]. Harvard Law Review, 1998 (111): 621-624, 678.

❷ Thomas C. Grey. The Disintegration of Property [M]. New York: New York University Press, 1980: 69-79; Thomas W. Merrill. The Economics of Public Use [J]. Cornell Law Review, 1986 (72): 61-74.

❸ Michael A. Heller. The Tragedy of the Anticommons: Property in the Transition from Marx to Markets [J]. Harvard Law Review, 1998 (111): 682-684.

❹ Robert L. Scharff. A Common Tragedy: Condemnation and the Anticommons [J]. Natural Resources Journal, 2007 (47): 165-168.

到充分的利用,使用效率不高。❶ 此外,托马斯·格雷认为,伴随工业化发展与专业化分工而产生的财产分割问题,最好将财产上的权利称为"权利束",而非"所有权"。格雷认为,财产权的分割是资本主义内在发展的产物。❷ 与之类似,佛朗西斯科·帕里认为,财产同样受熵基本定律约束,财产的碎片化是熵增加的表征。❸ 随着现代工业经济的发展,财产分割及权利细分的趋势加强,创设了无数的空间与法律界限。这样,即使在最优的经济条件下,交易成本及策略成本的增加也无法充分发挥出财产的总体价值。集体决策行为导致交易成本增加。❹

随后,海勒教授与艾森伯格教授又将"反公地悲剧"理论引入生物医学研究领域,进一步探讨上游专利对下游创新的影响,认为对上游或基础性研究成果赋予太多的专利权,会显著增加后续研究者及商业化者的交易成本,进而抑制下游研究及商业化发展。❺ 依据海勒与艾森伯格教授的观点,当研究人员需要使用多个专利权人的发明或技术才能完成某项研究时,势必会增加下游研发的交易成本,因为下游研究必然要利用上游研究工具才能进行。交易成本的增加,将减缓或抑制发明创新进程,且当交易成本数额超过了研究的预期收益时,会导致商业开发不足,造成发明资源的浪费。因此,上游研究工具专利会对下游研究设置显著的障碍,研究工具专利将抑制下游商业化

---

❶ James M. Buchanan & Yong J. Yoon. Symmetric Tragedies: Commons and Anticommons [J]. the Journal of Law & Economics, 2000 (43): 1–10.

❷ Thomas C. Grey. The Disintegration of Property [M]. Property. New York: New York University Press, 1980: 69–79; Thomas W. Merrill. The Economics of Public Use [J]. Cornell Law Review, 1986 (72): 69–79.

❸ "熵"(Entropy)指代体系的混乱程度,在控制论、概率论、信息等各领域都发挥重要参量作用。熵的概念最早产生于热力学中,由鲁道夫·克劳修斯于1850年首次提出。他认为,任何一种能量空间分布的越混乱,系统越趋于平衡态,熵值也越大。随后,信息论之父香农在《通信的数学原理》中将熵的概念引入信息论中。在信息论中,熵是用来描述平均不确定性的信源量度。参见百度百科"熵"释义。

❹ Francesco Parisi. Entropy in Property [J]. the American Journal of Comparative Law, 2002 (50): 595–627.

❺ Michael A. Heller, Rebecca S. Eisenberg. Can Patents Deter Innovation? The Anticommons in Biomedical Research [J]. Science, Vol, 1998 * 280, p. 698.

应用，形成"反公地悲剧"。❶ 海勒教授与艾森伯格教授指出两个导致反公地悲剧的机制：第一个机制涉及所有权分割问题。他们认为，很多研究人员可能对某个特定基因序列的个别部分分别享有专利权，每个专利权的行使都有可能阻碍其他人对整个基因序列进一步进行基础研究。所有权的分割将会抑制基因序列整体效用的发挥。第二个机制涉及许可费叠加问题。

当前，对于研究工具，专利权人通常采延展权型许可模式（"Reach-through" License），即要求被许可人对任何利用专利技术开发产品的行为均支付许可使用费，无论专利技术是否出现在最终的产品中。当需要大量上游专利技术制造某种可供销售的特定产品时，叠加的许可费可能使开发项目在经济上成为不可能。随后，海勒教授与艾森伯格教授又探讨了如果悲剧确实发生，这种悲剧是否有可能持续的问题。他们认为是可能的，原因有三：第一，谈判的交易成本高昂，且生物技术公司可能无法承受这些高昂的成本。此外，这些上游专利技术的价值很难衡量，这种不确定性增加了许可条款争议的可能性。第二，生物技术产业的利益相关方将阻碍反公地悲剧问题的解决。例如，公共机构通常以促进公共健康为己任，希望促进技术发明的广泛传播。然而，私营机构通常希望对其发明进行秘密保护，从垄断中获得更多利益。这种价值理念的冲突不利于"反公地悲剧"问题的解决。第三，认知偏差（Cognitive Biases）可能阻碍谈判成功。特别是，上游研究工具价值难以精确评估，每个专利权人都可能对各自的专利技术价值进行高估，认为其研究工具专利对整个产品开发项目而言是最重要的，因此向产品开发者索要超过技术价值的使用费，导致谈判破裂。海勒与艾森伯格教授总结认为，基于高昂的交易成本、利益相关者的异质性及研究人员对专利价值的认知偏差等原因，生物医学研究领域可能更容易遭受"反公地悲剧"问题。❷ 为防止更多上游专利权成为抑制人类健康的障碍，两位教授建议对上游基础发明的专利权保护应慎重，且应减少对上游专利的许可使用限制。

---

❶ Michael A. Heller, Rebecca S. Eisenberg. Can Patents Deter Innovation? The Anticommons in Biomedical Research [J]. Science, 1998 (280): 698-701.

❷ 原文为："an anticommons in biomedical research may be more likely to endure than in other areas of intellectual property because of the high transaction costs of bargaining, heterogeneous interests among owners, and cognitive biases of researchers."

"反公地悲剧"理论的论证理由主要有以下几点：首先，大多数上游专利权人都是资源有限且缺乏商业谈判能力的公共机构，因此下游用户获得许可所增加的交易成本可能超过商业化开发的预期收益。其次，上游专利的商业价值具有很大的不确定性，很可能会导致专利持有人与潜在被许可人的谈判失败，从而抑制下游研究。尤其当缺乏可替代性研究工具时，上游专利权人对下游研究的阻碍更为明显。此外，当下游研究需要覆盖多个技术和研究工具时，很难对各个专利的价值进行准确评估，可能会造成许可费重叠，进而会引发"专利丛林"问题。再次，学术机构在目标利益、资源配置及运营模式上与商业性机构之间存在异质性，这种异质性会增加引入复杂许可协议条款的可能性，因此会增加个案的谈判成本。此外，高校作为非营利性公共服务机构，对专利侵权行为通常较为宽容，从这个意义上说，也会增加被许可人的交易成本。最后，上游专利技术的权利范围通常都较为宽泛，具有很大的不确定性，因此也会引发下游研究障碍。❶ 换句话说，"对于一些政府资助发明来说，高校专利权可以促进发明创造的商业化开发。然而，并不是所有的发明创造都适宜纳入高校专利权保护范畴，在某些情况下，高校专利权会增加未来研究的交易成本或成为未来研究的障碍。"❷

自海勒与艾森伯格教授在生物医学领域提出"反公地悲剧假说"以来，理论界对《拜杜法案》及"反公地悲剧假说"共掀起了三轮论辩。第一轮论争集中在1998—2004年，主要针对"高校专利对上游研究与下游商业化的影响"，此阶段主要是一种理论上的探讨；第二轮论争发生在2004—2008年，主要是对"高校专利申请行为是促进还是阻滞技术创新、技术转移及下游商业化发展"的理论假设进行实证分析；第三轮论争，主要对第二轮论辩中的实证数据进行评估。❸ 实际上，第三轮论辩的发起人乃"反公地悲剧假说"的最初倡导者之一艾森伯格教授。艾森伯格教授2008年再次反思了生物技术

---

❶ Michael A. Heller, Rebecca S. Eisenberg. Can Patents Deter Innovation? The Anticommons in Biomedical Research [J]. Science, 1998 (280): 698-701.

❷ Arti K. Rai & Rebecca S. Eisenberg. Bayh-Dole Reform and the Progress of Biomedicine [J]. Law and Contemporary Problems, 2003 (66): 300-301.

❸ Charles R. McManis & Brian Yagi. the Bayh-Dole Act and the Anticommons Hypothesis: Round Three [J]. George Mason Law Review, 2014 (21): 1049-1053.

领域高校专利申请行为的反公地悲剧问题,她认为,最初支持反公地悲剧理论假设主要是基于高校对基因产品及方法的专利申请行为对下游研究影响的考虑,然而,实证数据显示对研究资料及研究数据的实施限制对研究人员的影响要超过赋予专利权本身的行为。❶

虽然"公地悲剧"与"反公地悲剧"的主张者们,均未能提供足够的实证数据充分证成各自观点,但是二者的论争深刻地反映出一个事实:财产的绝对公有与财产的过度分割均会导致"悲剧"的发生。在高校语境下,一方面,为促进高校发明创造的商业化利用,赋予高校私有化产权具有必要性;另一方面,如果高校的基础发明创造被赋予太多专利权,可能引发"反公地悲剧"和"专利丛林"问题,为他人的技术使用行为设置严重障碍,不利于后续创新与发展。

依据埃德蒙·基奇教授(Edmund Kitch)早期著名的"勘探理论"(Prospect Theory),允许单一的专利权人协调技术发展,在技术发展的早期阶段广泛申请专利,有助于促进发明的商业化,并能够降低专利竞赛中的资源浪费,促进发明信息的早期交流与共享。❷ 对于基奇教授的观点,很多学者提出了批判。例如,唐纳德·麦克菲崔积教授和道格拉斯·史密斯教授认为,鼓励发明人尽早在技术早期阶段申请专利只会加剧早期专利申请竞赛。他们认为,虽然尽早申请专利会抑制重复性研究,但是这种专利竞赛会变本加厉地存在于早期申请阶段。此时,并没有避免资源浪费,只是将时间提前了,所有租金都消散在了竞争激烈的发明申请阶段。❸ 同样,兰德斯与波斯纳也认为,"如果专利制度的目的,是通过增加对最初勘探者利益的方式而减少寻租,特别是在专利竞赛中的寻租,那么,该理论一旦实施,将可能导致为了成为这种勘探者而展开的浪费性竞赛。因为专利越早授予,权利保护延伸的范围就越宽泛,专利价值也就更大,因此会激励人们为了第一个获得该专利而投入

---

❶ Rebecca S. Eisenberg. Noncompliance, Nonenforcement, Nonproblem? Rethinking the Anticommons in Biomedical Research [J]. Houston Law Review, 2008 (45): 1059-1062.

❷ Edmund W. Kitch. the Nature and Function of the Patent System [M]. the Journal of Law and Economics, 1977 (20): 265-279.

❸ Donald G. McFetridge & Douglas A. Smith. Patents, Prospects and Economic Surplus: A Comment [J]. the Journal of Law and Economics, 1980 (23): 197-203.

更大的费用"❶。约翰·达菲教授也认为,尽早申请专利根本无法避免专利竞赛中的资源浪费问题,只是改变了租值消散的时间而已。❷ 尽管基奇教授自认为在技术发展的早期阶段广泛申请专利,有助于促进技术发明的商业化,但实际上这些"胚胎"技术的应用前景并不乐观。一方面,这些初期的、上游的基础技术仍需要投入大量的资金,才能最终获得在多领域的应用和发展;另一方面,如同迈克尔·阿布拉莫维奇教授所言,虽然可以促进专利技术尽早进入公有领域,但是此时专利技术的发展是不充分的,存在很大不确定性,很难真正推进商业化。❸

高校作为以基础研究为主的公共服务机构,尤其要避免其专利申请行为产生不利于社会公共利益的效果。实际上,很多高校发明创造如一些研究工具,在不赋予专利权的情况下可以实现更广泛的传播和利用。罗伯特·默吉斯教授与查理德·尼尔森教授认为,竞争能够更好地促进技术进步,而广泛授予专利权通常只会抑制这种进步。❹ 此外,高校并非高效的或开明的技术发明"管家",如在涉及人类胚胎干细胞、共转化及与乳腺癌相关的基因案件中所看到的,高校显示了很多与商业实体相同的寻租性和利己主义趋势。❺ 对此,马克·莱姆利教授认为,市场比权利垄断者更能促进发明信息的有效利用,因为发明创造者通常都是可怕的信息管理者,总是对其发明的价值与重要性程度产生误解与高估。❻ 因此,高校专利权的授权应该受到一定限制。

---

❶ 威廉·M. 兰德斯,查理德·A. 波斯纳. 知识产权法的经济结构 [M]. 金海军,译. 北京:北京大学出版社,2005:406-407.

❷ John F. Duffy. Rethinking the Prospect Theory of Patents [J]. University of Chicago Law Review, 2004 (71):443-480. 然而,达菲教授并不反对尽早申请专利,只是认为,关键问题并不是租值是否会消散,而是如何会消散。他认为,鼓励发明人在技术早期阶段申请专利,可以促进专利技术尽早达到保护期限,进而快速进入公有领域,为公共利益服务。

❸ Michael Abramowicz. the Danger of Underdeveloped Patent Prospects [J]. Cornell Law Review, 2007 (92):1065-1082.

❹ Robert P. Merges & Richard R. Nelson. on the Complex Economics of Patent Scope [J]. Columbia Law Review, 1990 (90):839-877.

❺ Peter lee. Patent and the University [J]. Duke Law Journal, 2013 (63):80-81.

❻ Mark A. Lemley. Ex Ante versus Ex Post Justifications for Intellectual Property [J]. University of Chicago Law Review,, 2004 (71):129-137.

三、可专利条件对高校学术使命的影响

(一) 可专利条件

发明创造除了需要落入可专利性主题范畴外,还需要满足可专利性的三个实质条件,即新颖性、创造性、实用性,才能最终获得专利法保护。如前所述,要构成"新颖性",必须属于申请日以前的非现有技术。"创造性"是指,相对申请日或优先权日以前的现有技术而言,达到了非显而易见的高度。❶ 虽然"创造性"与"新颖性"都需要以现有技术为参照进行比较,但是"创造性"要求高于"新颖性",是新颖性条件的正向延伸。即使某项发明具备了新颖性条件,但是如果与现有技术相比只是"换汤不换药",没有丝毫本质性进展,授予其专利并不能发挥出促进技术进步的作用,反而会因专利泛滥而阻碍产业发展,因此缺乏创造性的发明不能获得专利保护。本书着重探讨"实用性"条件。

"实用性"在一些国家也称为"产业实用性",如德国、法国、英国等。❷ 依据我国《专利法》第22条第4款规定,构成我国专利法意义上的"实用性",通常需要满足以下两个条件:第一,能够制造或者使用,又称为可实施性。"能够制造或者使用"是指,该领域的普通技术人员能够依据发明信息重复制造出相关产品或重复使用相关方法,并基于这种"再现性"形成一定产业规模。❸ 囿于此,不仅那些纯粹理论性、抽象性的思想范畴如科学原理、数学公式及自然规律等不能获得专利保护,而且那些超自然规律或违反科学原

---

❶ 具体规定参见我国《专利法》第22条第3款、欧洲《专利公约》第56条、《美国专利法》第103条及日本《专利法》第29条第2款。

❷ 欧洲《专利公约》第57条在界定实用性时使用了"Industrial Application"的表述方式。原文为:"An invention shall be considered as susceptible of industrial application if it can be made or used in any kind of industry, including agriculture."对于"industrial application"的中文表达,有的学者称之为"工业应用性",有的学者称之为"产业应用性"。参见尹新天. 中国专利法详解 [M]. 北京:知识产权出版社, 2012: 276;汤宗舜. 专利法解说(修订版)[M]. 北京:知识产权出版社, 2007: 157。的确,在英文中,"产业""行业"及"工业"都可以表述为"Industrial"。然而,在中文语境中,"产业"与"工业"是存在一定区别的。一般理解,"产业"与"行业"或"部门"是同义语,而"工业"应该是与"农业""商业"等并列的下级概念。从上述第57条的整个英文语境来看,"Industrial"是包括农业在内,因此应该表述为"产业"才更为科学。

❸ 汤宗舜. 专利法解说(修订版)[M]. 北京:知识产权出版社, 2007: 157-158.

理的不具有可实施性的发明如所谓的"永动机"也是不符合实用性条件的。第二,发明制造或使用后能够对经济、技术或社会产生积极效果,如提高产品数量或质量、增加产品功能、节约资源或有助于改善社会风尚等。❶ 值得注意的是,此处的"实用性"只是一种推定性或可能性,并不要求发明人在提交专利申请时就已经在产业中制造或使用,并产生了积极效果,只要该领域的普通技术人员根据说明书内容能够将技术发明加以制造或使用并实现其所描述的功效即可。比较而言,欧美国家对"实用性"的判断,与我国存在一定相似性,同时也存在明显差异。

美国的实用性条件源自宪法"促进实用技术进步"的规定。而《专利法》中对实用性并没有进行诸如第 102 条针对新颖性及 103 条针对创造性的特殊规定,只是在第 101 条界定可专利性发明主题时运用了"新的且有用的"限定❷,并没有对"实用性"进行具体指导。理论上,一般是指产品专利或方法专利所产生的结果或效果,应当对人类社会有用。❸ 实践中,美国主要依据法院判例及专利商标局颁布的《实用性审查指南》及《临时实用性指南培训材料》等判断实用性条件。

第一,判例法中的实用性标准。实际上,早在 19 世纪初,判例法中就确立了最低限度的实用性要求:"依据法律规定,发明不应该是毫无价值或对健康、公共政策或社会道德有害。因此,'有用'一词不包括那些对社会有害或不道德的行为。"❹ 很多论者也将之称为"道德实用性"条件。1966 年,美国最高法院在"布伦纳诉曼森"案中确立了不同的条件。❺ 法院认为,专利申请不符合实用性条件,因为寻求专利保护的化学中间体(Chemical Intermediates)是用于制备不存在已知用途的化合物。因此,这种化学中间体只有提供了一些当前可利用的特定利益时,才可以获得专利保护。虽然最高法院既没有具体阐述实用性定义,也没有列明实用性标准,但是从反面肯定了实用性作为可专利性条件的必要性。1980 年,法院在"尼尔森诉鲍勒"案中重新审

---

❶ 尹新天. 中国专利法详解 [M]. 北京:知识产权出版社,2012:277.
❷ 值得注意的是,此处的"有用的"并不完全等同于可专利性之实用性条件。
❸ 李明德. 美国知识产权法 [M]. 北京:法律出版社,2014:61.
❹ Lowell v. Lewis, 15 F. Cas. 1018, 1019 (C. C. D. Mass. 1817) (No. 8, 568).
❺ Brenner v. Manson. 383 U. S. 519 (1966).

视了实用性条件。❶ 该案涉及的是新类固醇的可专利性问题。尼尔森在专利申请中描述了新的化合物，并参考了类似化合物在某些治疗应用如引产术中的使用行为。本案争议的焦点问题是，展示某些体外检测结果（实验室）及某些体内检测结果（动物体）是否能够证明实用性。专利复审委员会认为，尼尔森的检测行为属于一种粗筛行为，不构成真正的实用性。因此，专利局因申请行为不符合实用性条件而拒绝授予专利。在上诉程序中，海关与专利上诉法院认为，这种证明药理活性的检测行为虽然未能确定具体的治疗用途，但是仍可以证实其实用性。法院表示，判断是否符合实用性条件要依据每个案件的特定事实确定，涉案的新类固醇观察属性与暗示用途之间的合理相关性足以证明其实用性。随后，联邦巡回法院也采取了类似的观点，体外测试及体内测试具有说服力的数据也可以证明实用性条件。❷ 随着可专利性主题的扩张及专利制度的发展，当前发明人证明实用性的标准有所降低。例如，在"溪树公司诉超微半导体公司"案中，联邦巡回法院大大降低了实用性标准，认为只有当发明完全不能实现某个有用结果时，才不符合实用性条件。❸ 而且，美国早期的"道德实用性"条件也发生了动摇。再如，在多汁鞭子案（"Juicy Whip"案）中，原告对一种附带显示屏的混合饮料自动售货机享有专利权。因被告未经其允许使用该机器，遂向法院提起侵权诉讼，而被告辩称其专利无效。经过审理，地方法院支持了被告专利无效主张，认为原告专利缺乏实用性，不能授予专利。法院认定专利缺乏实用性的理由在于，发明的目的是通过欺骗消费公众的方式增加销售额。法院承认原告所主张的"自动售货机能显示精确的实际产品数量"的功能，但是认为发明的这种特性并不能证明实用性条件，因为发明本身具有欺骗公众的不道德或不法目的。然而，在上诉程序中，法院推翻了初审法院裁决，认为国会并没有明确表示欺骗性的发明不能授予专利，且《专利法》第101条也没有明确规定若发明具有欺骗公众的特性就可以认定缺乏实用性。从法院的这种表述可知，"道德实用性"条件在美国已经发生显著动摇。

---

❶ 626 F. 2d 853 (C. C. P. A. 1980).
❷ Timothy R. Howe. Patentability of Pioneering Pharmaceuticals: What's the Use [J]. San Diego Law Review, 1995 (32): 819-826.
❸ Brooktree Corp. v. Advanced Micro Devices, Inc., 977 F. 2d 1555 (Fed. Cir. 1992).

第二，专利、商标的实用性审查标准。为方便审查人员，更好地贯彻专利法中的实用性条件，美国专利商标局于 1995 年颁布了《审查实用性指南》（*Utility Guidelines*，简称《审查指南》），并于 2001 年进行了修改。2001 年《审查指南》与 2000 年修订版的《临时实用性指南培训材料》（*Revised Interim Utility Guidelines Training Materials*，简称《培训资料》）补充适用。依据《审查指南》规定，当发明满足下列条件时，无疑具有实用性：一是相关领域的普通技术人员，基于发明的特性能够立即察觉出发明的实用性；二是实用性必须是特定的、实质性的且具有可信性。❶ "特定""实质"的实用性条件排除了那些用完即弃的、非实质性或非特定的发明效用。而且，主张权利的发明只能具有一个特定的且实质性的实用性。而"可信性"的判断要依据相关领域普通技术人员对披露及其他记录信息如检测数据的评估。除《审查指南》外，为了进一步对专利审查员提供评估专利实用性的具体指导，专利商标局于 1999 年颁布了《培训资料》。❷ 依据《培训资料》的规定：对于列举了多个实用性的方法权利要求，只要其中一个实用性符合特定、实质且可信性条件，则不予驳回；对于未列举出任何实用性的产品权利要求，只要披露或主张了一个特定、实质且可信的实用性，则不予驳回。此外，《培训资料》中阐明了"特定""实质"及"可信"的含义。"特定的实用性"是指，进行权利主张的发明主题的实用性是特定的，而不是同类发明的一般效用。"实质的实用性"是指现实世界中的使用，如果这种实用性尚需进一步研究才能被现实世界所识别或合理承认，则这种使用就不属于实在的或实质的实用性。"可信性实用性"是指，主张的实用性对于相关领域的普通技术人员而言，能够依据全部证据及推理加以证实。如果实用性主张的逻辑基础或事实依据存在严重瑕疵，则实用性不具有可信性。只有符合特定性、实质性及可信性的实用性条件，才能授予专利。

欧盟对实用性条件的规定，主要体现在欧洲《专利公约》第 57 条及其以之为蓝本的德国《专利法》第 5 条、英国《专利法》第 4 条等，即"如果发

---

❶ Utility Examination Guidelines [J]. Federal Register, 2001 (66): 1092-1093.
❷ U. S. Patent & Trademark Office. Revised Interim Utility Guidelines Training Materials 3 [Z/OL]. 1999. available at http://www.uspto.gov/web/menu/utility.pdf.

明主题能够在包括农业在内的任何产业领域制造或使用,被视为具有产业应用性"。从定义来看,欧盟国家的"实用性"条件较我国相对宽泛,只要能够在产业中制造或使用,就可以认定为具备了实用性。具体包括以下几层含义:第一,"产业"的范围非常宽泛,除纯粹的私人领域、国家公权力领域与医生、律师等自由职业领域外,只要是持续性的、独立的、可赢利的活动都可以视为产业领域。❶ 但是,这些非产业领域的发明如果能够在产业领域制造和使用,则仍具有产业实用性。❷ 第二,产业实用性不同于技术实用性。"技术实用性"是指,技术方案能够解决技术任务,因而要求技术方案具有可实施性、可重复性及完整性。❸ 技术实用性属于可专利性主题范畴,而产业实用性属于可专利性实质条件范畴。例如,欧洲《专利公约》第 52 条第 2、第 3 款规定,并不是因为发明创造不能在产业领域中制造或使用,而是因为缺乏技术性,才被排除在专利保护范畴之外。

(二) 可专利条件对高校学术使命的侵蚀

虽然授予高校专利权具有正当性,但是囿于大学功能及大学使命的特殊性,专利权在实施过程中不可避免地会对传统的学术使命造成一定负面影响。"传播知识"作为高校职责的内在维度,要求高校履行学术公开与共享的传统使命,进一步说,高校教授具有通过学术出版发表其研究成果的义务与责任。❹ 然而,随着高校专利申请、专利许可等商业化活动的日渐增多,以及产学合作关系的日益紧密,传统学术公开与学术共享的科学规范正在受到专利制度的不当侵蚀,包括学术公开的速度、形式和范围,甚至是研究本身方向。❺

在《拜杜法案》颁布之前,公共基金资助的高校发明创造会迅速通过学术演讲及期刊论文形式进入公有领域。然而,高校申请专利能力的增强改变

---

❶ 李明德. 欧盟知识产权法 [M]. 北京:法律出版社,2010:351.
❷ 范长军. 德国专利法研究 [M]. 北京:科学出版社,2010:46.
❸ 范长军. 德国专利法研究 [M]. 北京:科学出版社,2010:47.
❹ 雅罗斯拉夫·帕利坎. 大学理念重审:与纽曼对话 [M]. 杨德友,译. 北京:北京大学出版社,2008:130.
❺ Margo A. Bagley. Academic Discourse and Proprietary Rights: Putting Patents in Their Proper Place [J]. Boston College Law Review, 2006 (47):217.

/ 第四章　高校专利对公共利益的背离 /

了这一实践,更为严重的是,高校之间研究材料共享的传统也受到了侵蚀。以往,高校技术转移办公室彼此之间经常签订研究材料转移协议,但是在保护高校专利权的后拜杜法案时期,限制自由使用专利技术,增加了技术许可与知识转让成本。如前所述,申请专利必须符合新颖性条件,不属于现有技术范围,而现有技术则包括专利申请日以前国内外出版物公开。因此,在专利申请日前,公开披露其发明成果如学术演讲或论文发表,都可能使发明人无法获得专利权。实践中,高校为了获得专利权,防止发明创造落入"现有技术"范围,通常要求职务发明人迟延发表其研究成果,待高校技术转移中心对其发明创造是否属于可专利性主题范围进行审查并提交了专利申请后,再进行学术性公开发表。在此期间,需要对学术发明进行秘密保护。❶ 而且高校与科研人员分享专利许可使用费的约定,使高校教师从专利技术上获得的利益远远超过传统科学奖励,这种"糖衣炮弹"在某种程度上也侵蚀了发明人快速发表的传统。当前,高校职务发明人对其科研成果的保护越来越隐秘,即使公开发表,也会在出版物及学术演讲中隐瞒相关的数据信息,以避免损害专利申请的新颖性条件。此外,很多高校研究人员从企业获得研究经费,在二者签署的赞助协议中通常要求其对研究成果进行保密,而且限制研究资源与研究工具的共享。

不仅如此,实践中,美国的一些州为了保护本州高校的专利权,甚至允许高校举行秘密学术会议,并对会议中披露的可专利性技术内容进行特殊保护。尤其是俄亥俄州及印第安纳州,对本州高校的专利权赋予了强保护,完全限制公众参与任何涉及大学研究的会议。例如,俄亥俄州颁布《公开会议法》(Open Meetings Law)与《公开记录法》(Public Records Act)协同保护高

---

❶ 教育部、国家知识产权局2004年颁布的《关于进一步加强高等学校知识产权工作的若干意见》第8条规定:"高等学校应依法加强科技人员学术交流活动中知识产权的保护和管理工作,加强学术交流活动中涉及国家或本校知识产权制度的保密审查。规范论文发表前的保密性和专利性审查制度,避免发表论文导致泄密或使相应的专利申请丧失新颖性和创造性。"在实践中,多数高校在内部知识产权政策中均作出了类似规定。例如,《大连理工大学知识产权保护管理规定》第18条规定:"科技项目进行过程中或项目完成后,在以发表论文和专著、开展学术交流、参加展览会等各种形式将职务发明创造或职务技术成果公开之前,课题负责人及有关人员必须分析其新颖性、创造性和实用性,研究其是否需要申报专利,对需要申报专利的项目,应及时提出申请,在此之前不得将职务发明创造或职务技术成果的内容公开。"

校专利权。依据俄亥俄州《公开会议法》的规定,当公共机构认为会议的内容需要保密时,可以举行秘密会议,不对公众开放。同时,《公开记录法》保护高校可专利性材料记录,避免高校的发明创造在申请专利前向公众公开。印第安纳州的规定与俄亥俄州规定类似,通过《公开会议法》及《公开记录法》对高校发明创造进行强专利权保护,允许高校依据联邦和州法律举行秘密会议,并对会议中披露的一些研究信息,包括高等教育机构主持下的实际研究文件,进行特殊专利权保护。基于这些州的规定,高校研究人员既可以开展私下的同行评审活动,又能够避免其发明创造落入"公开出版物"范畴,破坏专利保护的新颖性条件。❶ 例如,俄亥俄州最高法院在"美国医师医药责任协会诉俄亥俄州立大学董事会"案中认为,依据专利权豁免原则,俄亥俄州立大学动物实验室用于记录脊髓研究的照片、视频和音频磁带,不属于"出版物公开"。法院认为,高校探讨这些科研成果的会议是封闭的,并没有向普通公众公开,因此涉案发明创造未丧失新颖性。❷

不仅如此,高校作为基础研究的重要"生产基地",以往专注于对客观现象和客观规律的发现及新知识的创造活动,缺少商业化诉求。然而,因为受到功利性专利制度的诱惑,高校研究方向正在从好奇心驱动的基础研究领域向贴近市场经济发展的应用性研究领域转变,研究经费也更倾向于对技术革新和经济竞争力直接起作用的项目。❸ 有学者曾对1991—2008年我国高校基础研究投入和产出的数据进行实证分析,发现:"第一,高校基础研究经费投入总量不足,占全国基础研究经费比重偏低;第二,高校的科研经费及科研人力资源均偏向于应用研究领域。"❹ 此外,高校科研对外部研究经费的依赖性越来越强,资助机构尤其是企业通常会对高校的研究结果进行干涉与限制,希望利用高校的学术权威向公众宣布对资助企业本身有利的信息,如医药、

---

❶ Vladimir Lozan. Open for Trouble:Amending Washington's Open Public Meetings Act to Preserve University Patent Rights [J]. Washington Law Review,2011(86):393-410.

❷ State ex rel. Physicians Committee for Responsible Medicine v. Ohio State University Board of Trustees. ,843 N. E. 2d 174 (Ohio 2006).

❸ 希拉·斯劳特,拉里·莱斯利. 学术资本主义:政治、政策和创业型大学 [M]. 梁骁,黎丽,译. 北京:北京大学出版社,2008:54.

❹ 吴杨、苏竣. 高校基础研究投入与产出的相关性分析:1991—2008" [J]. 高等教育研究,2011(3):40-41.

转基因产品等。❶ 为此，有学者开始质疑《拜杜法案》为高校创造的收入激励机制是否是一件好事。实践中，专利许可使用费已经成了高校及其研究人员在选择研究内容时屈服于专利权的一个诱惑。运用专利制度激励高校将其科技成果转移至私营企业进行商业化发展，与运用专利制度激励高校从事具有商业应用特性的研究，二者仅在一线之间。前者的动机可能改变高校传播其研究成果的方式；而后者可能改变高校研究本身的特性。❷ 从这个意义上来说，高校的学术自由与学术责任也受到影响。高校公共使命与学术自由作为维护其自治的重要手段，塑造了高校服务公共利益，教学和研究旨在扩大公有领域的社会责任。❸ 当然，高校科学研究的营利性目标，不仅改变了自由探究与学术共享的传统，而且对私人赞助的依赖会影响研究成果的可信度。

阿尔蒂·拉伊教授和丽贝卡·艾森伯格教授认为，之所以高校专利申请行为会对其学术使命造成负面影响，主要是因为《拜杜法案》并没有对基础研究与可商业化的应用型研究进行区分。尤其在生物医学领域，基础研究与应用研究更难区分，一些基础研究成果如新颖的 DNA/RNA 序列、处理蛋白质的方法等通常能引起更具社会价值与商业价值的重要发明或发现。在该领域，一些明显具有商业潜力的研究吸引了产业资助，研究成果易于商业化。而且，生物技术领域的产业资助并不限于产品开发。当产业资助基础研究时，高校及研究人员受资助合同约束，需要对受赞助的研究成果快速申请专利。在《拜杜法案》颁布之前，这些基本的但重大的发明创造往往进入公有领域，但是现在，这些成果被高校迅速纳入专利申请之列。由于法案并没有区分基础研究与应用研究，因此会限制某些原本鼓励知识公开与共享的发明创造及时进入公有领域。❹

---

❶ 李荷. 学术自由、知识与社会 [J]. 清华大学教育研究，2010（6）：61.
❷ Rebecca S. Eisenberg. Public Research and Private Development: Patents and Technology Transfer in Government-Sponsored Research [J]. Virginia Law Review, 1996（82）：1714-1716.
❸ Risa L. Lieberwitz. the Corporatization of the University: Distance Learning at the cost of Academic Freedom? [J]. The Boston University Public Interest Law Journal, 2002（12）：133-135.
❹ Arti K. Rai & Rebecca S. Eisenberg. Bayh-Dole Reform and the Progress of Biomedicine [J]. Law and Contemporary Problems, 2003（66）：289-290.

第二节 高校专利实施与公共利益的矛盾

一、高校专利实施现状

虽然国家法律及相关科技政策的颁布大大促进了高校的专利活动,但是并没有成功地实现高校技术转化及知识的溢出效应。❶ 例如,自1985年《专利法》实施以来至2018年,我国高校累积申请专利1837773件,累积专利授权总量为1087125件。其中,1985年我国高校专利申请量仅为1538件,1985—1986年专利授权量仅为381件,而2018年专利申请量与授权量已分别突增至320790件和193027件,是1985年的208倍与506倍。尽管如此,我国高校有效专利量、专利维持率并不高。❷ 例如,依据教育部科技发展中心早期统计数据,截至2010年年底,我国专利维持率仅为64.1%。❸ 此外,我国大部分高校专利权的平均寿命为3~4年,专利权维护期超过7年以上的专利数量非常稀少。绝大多数高校的专利寿命均在7年以下,并集中在1.5~4.5年。❹ 更为严重的是,我国高校专利技术最终真正实现产业化的不到5%。《中国大学专利竞争力指数报告》依据特定的计算公式,将专利申请数量与专利许可备案数量进行比对,较为客观地证明了我国"211"工程大学2006—2012年高校专利实际利用率低,专利竞争力指数整体不足5,且各大学专利

---

❶ David B. Audretsch. Scientific Entrepreneurship:the Stealth Conduit of University Knowledge Spillovers [J]. George Mason Law Review,2014(21):1015.

❷ "有效专利"是指在特定时间节点上,仍处于有效法律状态中的已授权专利。专利权失效的原因包括专利期届满而在法律状态上自然失效、未按照规定缴纳年费、放弃或被宣告无效等。参见教育部科技发展中心. 中国高校知识产权报告(2008)[M]. 北京:高等教育出版社,2009:9.

❸ "专利维持率"在一定程度上可以反映授权专利权的平均寿命长短,一般专利权维持率越低,相应专利权的平均寿命就越短,相应提前失效的专利权就越多。我国1985年以来的累计专利授权量中,只有很少一部分专利是因权利期限届满而自然失效的,这说明我国高校专利质量相对较低。参见教育部科技发展中心. 中国高校知识产权报告(2010)[M]. 北京:清华大学出版社,2012:3-9.

❹ 教育部科技发展中心. 中国高校知识产权报告(2008)[M]. 北京:高等教育出版社,2009:172.

竞争实力相差较大。❶

与我国平均低于5%的高校专利技术转化率不同，美国及其他发达国家高校科技成果转化率为50%，甚至更高。❷ 因此，我国高校专利技术质量与竞争力，专利技术转化和利用率亟需提高。

高校专利技术转化活动是一个系统工程，转化率受国家、高校、企业及社会等多方面因素的影响。综合来看，我国高校专利技术转化障碍主要表现在以下三个方面。

第一，国家对高校专利技术转化的政策引导与财政支持不足。例如，有学者指出，高校面临技术转化的资金壁垒。当前，国家只注重对高校科研的前期投资，而对后续产业化投资不足。此外，国家科研资助制度审查程序不严格，不考虑专利技术后续产业化与市场化能力，最终形成了很多"问题专利"，浪费国家公共基金。❸

第二，高校内部的考核评价机制、资源分配机制、科技成果定价机制及利益分享机制均存在一定问题，尚未形成能够有效促进高校专利技术转化的激励机制。美国有学者通过对澳大利亚、美国和欧洲等国家124所大学的专利申请、专利许可及衍生公司活动进行实证分析，发现无论是公立大学还是私立大学，高水平的技术转化率都与大学本身的商业化资源分配、技术转移办公室的成熟度及技术知识质量呈正相关。其中，技术转移办公室的成熟度主要包括人力资源配备、经验等。❹ 我国也有学者认为，高校专利技术转化率

---

❶ 例如，在《2012中国大学专利竞争力指数报告》中，报告将2012年中国大学专利竞争力指数公式设定为：专利竞争力指数 = （2011年专利许可备案数÷2005年至2009年专利申请数）×500，统计结果为3.75。与之类似，在《2013中国大学与科研机构专利竞争力指数报告》中，报告将2013年中国大学专利竞争力指数公式设定为：专利竞争力指数 = （2012年专利许可备案数÷2006年至2010年专利申请数）×500，统计结果为2.5。参见：2012中国大学专利竞争力指数报告［J/OL］．中国知识产权，2013（64）［2019-03-15］．http：//www.chinaipmagazine.com/journal-show.asp?id=1345；2013中国大学与科研机构专利竞争力指数报告［J/OL］．中国知识产权，2014（78）［2019-03-15］．http：//www.chinaipmagazine.com/journal-show.asp?id=1756.

❷ Peter Lee. Transcending the Tacit Dimension: Patents, Relationships, and Organizational Integration in Technology Transfer［J］. California Law Review, 2012（100）：1503-1504.

❸ 马忠法．完善现有专利资助政策为提高高校技术转化率创造条件［J］．中国高校科技与产业化，2009（3）：73.

❹ Tsvi Vinig & Paul van Rijsbergen, "Determinants of university technology transfer Comparative study of US, Europe and Australian universities". available at http://ssrn.com/abstract=1324601.

低主要是由高校内部资源配置不合理、评价机制缺少激励性及利益分配机制不健全造成的。❶ 具体来看：首先，高校对教师员工的考核评价侧重发表论文数量与申请专利数量，一些教师科研人员为获得相关荣誉与科研经费，片面追求专利数量上的竞争优势，但质量普遍不高，专利技术本身应用性或产业化能力偏低，严重影响高校专利维持率、转化率水平。❷ 其次，高校基础设施资源有限，既尚未建立起完善的技术转移服务机构，也缺乏人力、财力资源从事专利维持活动。再次，高校对职务发明利益分配制度落实不充分，未形成有利于科技成果转化的长效激励机制。最后，高校教师专利技术转化意识不高，也影响高校科技成果转化率。❸

第三，尚未真正建立高校与企业及科技中介机构等其他利益主体的协同创新机制。有学者认为，"主体利益错位与目标协同度下降"所引发的"信息不对称"是导致我国高校专利技术转化率低下的重要原因。❹

二、"专利沉睡"之困

高校作为国家创新体系的重要主体，当前"高产出、低转化"的现实境况不仅不利于国家"创新驱动发展"的战略目标，而且严重背离了高校被授予专利权的初衷，损害社会公共利益。高校专利技术之所以转化率不高，除上述原因外，最重要的症结在于专利制度的激励机制本身。当前，我国专利制度只注重对创新初期即发明创造阶段的激励，对后发明创造的商业化阶段激励不足。

---

❶ 兰兰. 高校科研成果转化障碍及对策研究［J］. 中国高校科技，2013（1）：40.

❷ 我国有学者从许可和产业化可能性的角度，将高校现有专利划分为形式专利、基础研究专利和可转化实施专利三种类型。"形式专利"是指为了完成国家项目要求而申请的专利，该类专利通常只满足了专利授权的最低形式要件，许可与产业化的可能性很小；"基础研究专利"是指不具有直接应用性，但对未来产业化可能发挥重要作用；"可转化实施专利"是指在相关领域可以得到直接应用的专利。据统计，我国高校20%的专利属于形式专利，40%属于基础研究专利，剩余40%专利才为可转化实施专利。参见付宏刚，马海群. 我国高校知识产权保护现状探析［J］. 中国高校科技，2014（3）：7-8.

❸ 例如，有学者研究发现，高校教师关注生产的意识对其技术冒险意识、服务企业行为及专利技术开发效果和科技成果转化效果都具有正相关性。高锡荣，张钟昱. 高校教师的成果转化意识及其结构效应分析［J］. 科学学研究，2009（12）：1884.

❹ 张宇青. 我国"专利沉睡"之困与治理研究［J］. 科学管理研究，2013（4）：49.

创新概念最早由美籍经济学家约瑟夫·熊彼特教授于 1912 年在其《经济发展理论》一书中提出。他认为，创新是指一种新的生产函数的建立，就是把以前从未有过的生产要素和生产条件的新组合引入到生产体系中，创新能够为经济增长和发展提供不竭的动力。❶ 在熊彼特教授看来，创新是一种革命性的变化，并不是瞬间即可完成的，需要很多步骤。从逻辑上看，应该是先有发明，后有创新。发明是新工具或新方法的发现，而创新是新工具或新方法的应用，如果发明成果没有得到实际应用，对经济发展是不起任何作用的。❷ 世界知识产权组织指出："保护知识产权并不是终极目的，只是鼓励创新活动、产业化、投资及诚实交易的一种手段。"❸

然而，当前专利激励机制基本上忽略了创新的其他进程，关注的仅仅是创新进程的初期即发明创造阶段。在这种激励机制下，专利申请量与授权量急速攀升，而真正转化为现实生产力的专利技术很少。主要原因在于，我国专利申请及专利授权门槛低，很多专利质量不高，甚至成为"问题专利""垃圾专利"，缺乏专利技术后续产业化与市场化能力。国外有学者研究发现，实践中，有超过一半甚至更多的专利技术最终都没有获得商业化开发。甚至，有些具有重要商业价值的发明间隔十几年后才真正进入市场。20 世纪很多重大发明都是很多年以后才实现商业化的，如电视、收音机、雷达等。更为严重的是，很多专利技术根本就缺乏商业化开发的价值。❹ 专利权人只坐享专利权，而不进行商业化的动机何在？对此，美国学者朱莉·特纳列出了五个原因：第一，专利技术可能不具有商业化可行性，如生产成本高昂或者商业化产品的市场存活力低；第二，即使专利技术具有商业化可行性，但并非商业化产品的核心部件，很可能被随后的类似技术所替代；第三，即使专利技术具有商业化可行性，但是在专利权人的产业领域并不具有商业化应用性。第四，专利权人对其专利价值进行过高评估，致使商业化谈判破裂；第五，当

---

❶ 约瑟夫·阿洛伊斯·熊彼特. 经济发展理论：对利润、资本、信贷、利息和经济周期的探究 [M]. 叶华，译. 北京：九州出版社，2007：149.

❷ 约瑟夫·阿洛伊斯·熊彼特. 经济发展理论：对利润、资本、信贷、利息和经济周期的探究 [M]. 叶华，译. 北京：九州出版社，2007：294.

❸ Elizabeth Burleson, Winslow Burleson. Putting the Pieces Together: Innovation Cooperation: Energy Biosciences and Law [J]. University of Illinois Law Review, 2011 (2011): 651-667.

❹ Ted Sichelman. Commercializing Patents [J]. Stanford Law Review, 2010 (62): 341-344.

商业化产品最终将与专利权人已经生产的产品发生竞争时,专利权人通常会抵制新技术的产业化,如拒绝许可或设置过高的许可使用费。❶

当然,除此之外,专利商业化水平偏低,根源仍在于专利激励机制本身。第一,当前专利制度直接激励的是发明创造而非商业化,鼓励发明人在创新过程中尽早申请专利,对"后发明创造阶段"具有高风险与高成本特性的专利商业化保护不利。由于发明创造通常并不是以终端产品的形式存在,导致技术发明的商业化运营结果具有很高的不确定性。反过来讲,发明人必须承受高成本、高风险的压力才能将其发明商业化。这种不确定性导致发明人延迟商业化进程,以便降低投资风险。❷ 换言之,《专利法》奖赏的是最好的发明者,而不是最好的商业化者。❸ 第二,专利权强调保护主义,允许专利法进行宽泛的权利要求解释,导致专利权保护范围超越了发明人实际披露的内容。❹ 专利审查、专利许可、专利诉讼中的这种缺陷,增加了专利实施的额外成本,最终降低了专利商业化水平。

正是由于当前专利制度将可专利性门槛设置在了创新早期的发明创造阶段,对后期商业化激励不足,未要求发明人实际实施发明或进行商业化生产,市场中活跃着一大批利益投机主体。换句话说,这些投机主体之所以能够肆虐于市场,其根本原因就在于专利制度中人为构建的创新激励机制本身出现了问题。专利制度奉为圭臬的激励理论关注的仅仅是创新进程的初期即发明创造阶段,基本上忽略了创新的其他步骤。这样,专利权人不愿意也没义务对其专利技术进行高风险的商业化活动。

随着市场经济的深入发展,专利权强保护主义势头愈发明显,专利权本身的私有化和商业化特性日益突出。专利制度赋予了权利人一种利用排他性垄断权获取利润最大化的能力。虽然《专利法》的初衷在于通过授予发明人一定期限的垄断权,促进技术进步,但是真正的技术交易并不是专利权人的

---

❶ Julie S. Turner. the Nonmanufacturing Patent Owner: Toward a Theory of Efficient Infringement [J]. California Law Review, 1998 (86): 180-183.

❷ Christopher A. Cotropia. The Folly of Early Filing in Patent Law [J]. Hastings Law Journal, 2009 (61): 5-81.

❸ Ted Sichelman. ommercializing Patents [Jtanford Law Review, 2010 (2): 2-393.

❹ Ted Sichelman. ommercializing Patents [J]. Stanford Law Review, 2010 (62): 344.

义务。❶ 实际上，从当前市场交易的性质来看，有形产品逐渐甚至完全消失，市场中更多交易的是排他性权利本身，而非专利产品。专利权与专利产品一样，成为一种可以自由流通的商品。一些企业有很少或根本没有商业生产目的，只是去累积和许可专利权本身，这些企业"生产"的只是专利及专利许可。❷ 对于"当前专利制度直接激励的只是创新进程初期的发明创造阶段，而对后发明阶段的商业化激励不足"的问题，莱姆利教授认为，专利法本就应该促进事前发明创造活动，因为专利权的目的就在于影响权利被赋予前的行为。他认为，专利制度没有必要激励后发明阶段活动，尤其是产品商业化。根据斯坦福大学法学院莱姆利教授的观点，如果商业化是专利权的目标，那么专利权的保护期应该是永久的或者说是无限的。但是，在这种情况下，政府干预会引起市场效率低下，资源自然配置更能发挥出发明功效。❸ 对于激励与使用之间的内在矛盾，有学者说得好，"没有法律保护，就不会生产足够的信息；但是，有了法律保护，信息就不会获得充分的利用"❹。因此，专利制度必须努力协调创新进程中激励发明创造与激励发明商业化、产业化之间的利益关系。

三、"独占实施许可"之弊

"专利实施许可"是指专利权人在保留其专利权人身份的前提下，允许他人以一定的方式，在一定的期限和一定的地域范围内行使其专利权。❺ 专利许可既是专利权人利用专利权实现其经济利益的的主要形式，也是非权利人获得专利使用权的重要途径，因此各国在专利制度中基本上都规定了专利实施

---

❶ Cont'l Paper Bag Co. v. E. Paper Bag Co., 210 U.S. 405, 423 (1908); Oskar Liivak & Eduardo Penalver. The Right Not to Use in Property and Patent Law [J]. Cornell Law Review, 2013 (98): 1437-1493.

❷ Mark A. Lemley. Reconceiving Patent in the Age of Venture Capital [J]. The Journal of Small and Emerging Business Law, 2000 (4): 140-141.

❸ Mark A. Lemley. Ex Ante versus Ex Post Justifications for Intellectual Property [J]. University of Chicago Law Review, 2004 (71): 129-131.

❹ Clarisa Long. Patent Signals [J]. University of Chicago Law Review, 2002 (69): 625-632.

❺ 张玉敏. 知识产权法学（第二版）[M]. 北京: 法律出版社, 2011: 30. 依据我国《专利法》第11条、第12条规定，任何单位或者个人以生产经营目的实施他人专利的，必须事先征得专利权人许可，并与专利权人订立实施许可合同，否则构成侵权行为。

许可制度。❶

(一) 高校专利许可实践

专利实施许可包括普通实施许可、排他实施许可及独占实施许可三种类型。从普通实施许可到排他实施许可再到独占实施许可，被许可人的权利范围及需要支付的许可使用费用依次递增。

从许可实践来看，高校技术许可办公室致力于以独占许可方式向企业进行转移技术。例如，莱姆利教授指出，高校专利大约占所有专利数量的1%，但对于某些特殊领域如生物技术，高校专利所占比例高达80%。❷ 其中，60%的高校专利都采用的是独占性许可方式❸，尤其是纳米技术专利95%~100%都是采用的独占性许可模式。❹ 我国也有学者对2011年高校专利实施许可情形进行实证分析，研究发现该年份中我国高校在知识产权局登记备案的专利实施许可合同共1359项，其中涉及发明专利1352件，且96%以上是以独占许可模式转移给企业使用。❺

高校之所以热衷于独占性许可模式，主要基于以下四个方面考虑：第一，高校作为传统意义上的非营利性机构，通常并不从事商业化生产活动，因此即使以独占性许可方式向企业转移技术，也不会对自身产生太大影响。第二，较普通许可使用及排他许可使用方式而言，独占性许可方式的许可使用费最高，高校能够从中获得最大化的经济收入。从企业角度看，以独占许可方式

---

❶ 对于专利许可使用权的性质或属性，我国学者存在不同认识。例如，有学者认为，"专利权作为消极排除权，许可他人使用专利权的行为只是专利权人容忍被许可人'进入'其权利'排除'范围，被许可人仅取得了使用专利权的行为资格。此外，专利被许可使用权产生的依据是合同，因此被许可使用权是一种合同债权，而非类用益物权。"与之相对，有学者在参考比对美国、法国、日本及巴西等国家的专利制度基础上，认为专利许可使用权具有一定程度的排他效力与对抗效力，是一种类用益物权。参见董美根. 论专利被许可使用权之债权属性[J]. 电子知识产权，2008 (8)：14；林秀芹，刘铁光. 论专利许可使用权的性质——兼评《专利法实施条例修订草案》第15条与第99条[J]. 电子知识产权，2010 (1)：55.

❷ Mark A. Lemley. Are Universities Patent Trolls? [J]. Fordham Intellectual Property, Media & Entertainment Law Journal, 2008 (18)：611-615.

❸ Mark A. Lemley. Are Universities Patent Trolls? [J]. Fordham Intellectual Property, Media & Entertainment Law Journal, 2008 (18)：611-615.

❹ Mark A. Lemley. Patenting Nanotechnology [J]. Stanford Law Review, 2005 (58)：627.

❺ 谭龙. 我国高校专利实施许可的实证分析及启示[J]. 研究与发展管理，2013 (3)：117-118.

使用高校专利技术能够从产品开发中获得更大的盈利空间。企业基于垄断性地位，没有竞争压力，同时可以向公众索取更高的垄断价格。从高校角度来说，专利许可使用费是高校技术转移成功以及经费收入的重要路径。此时，成功的标准并不是高校专利技术促进了技术进步与商业化发展，而是因为专利权为高校带来了丰厚的许可费收益，即从被许可人的产品开发中获得更高的经济租金。第三，高校发明创造主要集中于基础研究领域，商业化开发的风险较高，企业为确保其在竞争上的绝对优势，防止投入资金后的二次开发成果受到其他竞争者利润空间的挤压甚至免费搭便车行为，其在与高校技术许可机构谈判时往往要求获得独占性许可使用权。第四，高校从社会使命及学术声誉考虑，一般不愿意涉入专利侵权诉讼行为，而独占性许可使用人恰可以以自己名义独立提起诉权，这样既避免了高校主动提起侵权诉讼造成的不利影响，又可以为高校节省部分参与专利侵权诉讼的成本。[1]

"囿于独占性许可中只有被许可人是合法使用者，受假冒侵权产品侵害市场份额的通常是被许可人，因此各国原则上都赋予了独占性被许可人独立起诉的权利。"[2] 例如，法国《知识产权法》第L615-2条、日本《专利法》第100条都作出了直接规定。依据我国《专利法》第60条、61条及66条至68条规定，"对未经专利权人许可而发生的专利侵权行为，利害关系人可以向人民法院提起诉讼"。此处所指的"利害关系人"应包括被许可使用人在内。[3]

值得注意的是，在实践中，即使高校主要以独占性许可方式对企业进行专利技术转移，但通常会在许可协议中保留一些重要权利。当事人对专利许可使用的约定内容，可能会直接影响被许可人参与诉讼的具体方式。[4] 例如，在美国"实验使用例外"制度适用范围愈发狭隘、严格的情形下，美国高校一般会在许可协议中保留研究豁免权。[5] 也就是说，即使高校以独占性许可方

---

[1] Mark A. Lemley. Are Universities Patent Trolls? [J]. Fordham Intellectual Property, Media & Entertainment Law Journal, 2008 (18): 616-617.

[2] 张耕. 试论知识产权被许可人的诉讼地位 [J]. 特区经济, 2005 (4): 230.

[3] 参见李扬. 知识产权法基本原理 [M]. 北京：中国社会科学出版社, 2010: 610. 日本田村善之教授也持此观点，参见田村善之. 日本知识产权法 [J]. 周超, 等，译. 北京：知识产权出版社, 2011: 334.

[4] 上海市第一中级人民法院课题组. 知识产权被许可人的诉权研究 [J]. 东方法学, 2011 (6): 34.

[5] 对于美国"实验使用例外"制度具体内容及适用范围，可参见本书第一章第二节第三部分内容。

式将其拥有的某个专利技术转移给私营企业使用，但是高校仍保留以非营利性研究目的使用该专利技术的权利。高校依据在专利许可协议中引入研究免责条款的方式，正在创造一种"契约性实验使用例外"制度。然而，当高校在独占性专利许可合同中保留重要权利时，引发了这样的疑问：独占性被许可人是否仍享有独立提起诉讼的权利？在美国，判断被许可人的诉讼地位，关键要看高校在技术转移过程中是否转移了"所有的实质性权利"。依据民事诉讼法一般原理，权利受让人享有完整诉权，可单独起诉。然而，权利许可则要区分具体情形。早在1891年，美国最高法院在沃特曼案（"Waterman"案）中认为，专利权人对外许可其专利，专利权仍归原权利人所有，仍需要以专利权人名义提起诉讼，而被许可人不能单独提起诉讼，除非有损公平正义如专利权人自己为侵权者。被许可人提起的任何专利侵权行为都必须以专利权人的名义进行，被许可人可以作为共同原告。❶ 1926年，最高法院在"独立无线电话公司诉美国无线电公司"案中进一步作出解释，并创立了"审慎起诉要件"（"Prudential Standing Requirement"），即独占性性被许可人除非与专利权人共同起诉，否则不能提起侵权诉讼。法院认为，专利权人在诉讼中是不可缺少的当事人，可以防止被控侵权人因同一专利而被牵入不同的侵权诉讼中，且可以避免法院对同一专利作出相互冲突的司法裁决。❷

美国联邦巡回法院依据最高法院的精神，在一系列案件中都运用"Prudential Standing Requirement"进行分析，认为要判断被许可人是否享有单独的诉权，需要判断合同协议是否转让了专利的所有实质性权利。例如，在瓦佩尔案（"Vaupel"案）中，被告抗辩称，原告仅仅是专利的被许可人，在专利权人未参与诉讼的情况下，无权单独提起诉讼。初审法院认为，原告是专利的受让人，而非被许可人，因此有权单独起诉。联邦巡回法院通过援引最高法院"Waterman"案肯定了地方法院裁决结果。法院表示，确定协议是构成转让还是许可，必须明晰双方的意图并审查被授予的权利本质。法院认为，判断特定权利或利益的转移，并不能依赖转让协议或许可协议本身的名称，

---

❶ Waterman v. Mackenzie138 U. S. 252（1891）. 转引自 Jacob H. Rooksby. Innovation and Litigation: Tensions between Universities and Patents and How to Fix them [J]. Yale Journal of Law & Technology, 2013 (15): 312-320.

❷ Independent Wireless Telephone Company v. Radio Corporation of America, 269 U. S. 459（1926）.

而是应该判断其条款的法律效力。换句话说,称之为"转让协议"或"许可协议",但并不一定就必然是,仍应该判断转移的权利本质。在审查原告与原专利权人之间的合同性质时,法院指出协议中保留了下列权利:对原告再许可行为(Sublicensing)的否决权;在美国域外寻求专利保护的权利;当原告申请破产或终止专利产品生产时,收回专利权;对原告提起的侵权诉讼所获得的损害赔偿金,享有一定比例的利益分享权。经过分析这些保留权利,联邦巡回法院认为,没有哪一个保留的权利属于实质性权利,因此构成转让而非许可。法院认为,诉权的转移是非常关键的。本案中,只要原告向专利权人履行了通知义务,原告就享有单独起诉的权利。❶

艾富米重克斯案("AsymmetRx"案)是美国联邦巡回法院至今唯一针对高校专利权人适用"Prudential Standing Requirement"的案件。❷ 美国联邦巡回法院认为,在没有哈佛大学参与的情况下,独占性被许可人 AsymmetRx 无权单独对被告提起侵权诉讼,遂驳回起诉。原因就在于,哈佛大学在与其签订的专利许可合同中,保留了对专利技术进行非商业性研究使用等重要权利,因此只有哈佛大学才有权以原告身份提起侵权诉讼。❸ 虽然大学保留重要权利的做法旨在协调公共利益与学术研究商业化之间的利益冲突,但是也因此增加了大学参与专利侵权诉讼活动的机会。在本案中,AsymmetRx 公司是哈佛大学专利权的独占性被许可使用人。因被许可专利技术受到第三方当事人侵犯遂对其提起了专利侵权诉讼。哈佛大学在与 AsymmetRx 公司间签订的商业许可合同中约定:是否对第三方当事人提起专利侵权诉讼,AsymmetRx 公司必须充分考虑哈佛大学的意见以及对公共利益的潜在影响,且哈佛大学保留加入任何 AsymmetRx 公司提起的专利侵权诉讼的权利,共同控制其所加入的任何诉讼。无论哈佛大学是否选择参与诉讼,AsymmetRx 公司在未获得哈佛大学书面同意的情况下,均不得擅自与被控侵权人达成和解。如果 AsymmetRx 公司选择不对侵权行为提起诉讼,那么哈佛大学保留以自己名义单独提起诉讼的权利。联邦法院认为,对于本案首先应判断 AsymmetRx 公司在专利权

---

❶ Vaupel Textilmaschinen v. Meccanica Euro Italia, 944 F. 2d 870, 873-75 (Fed. Cir. 1991).
❷ AsymmetRx, Inc. v. Biocare Medical, L. L. C., 582 F. 3d 1314 (Fed. Cir. 2009).
❸ AsymmetRx, Inc. v. Biocare Medical, L. L. C., 582 F. 3d 1314 (Fed. Cir. 2009).

人哈佛大学未参与诉讼的情况下是否有权单独提起侵权诉讼？法院经过分析合同具体条款认为，AsymmetRx 公司是没有这种权利的，因为哈佛大学并没有将所有的实质性权利全部转让给 AsymmetRx 公司。因此，法院认为 AsymmetRx 公司没有权利单独提起侵权诉讼，只能与哈佛大学共同参与诉讼。

（二）高校专利独占性许可引发的困境

如前所述，授予高校专利权目的在于激励发明创造的商业化，因此法律对上游一些基础发明创造的收益进行了重新分配，允许高校向商业化开发的企业收费。这种利益再分配模式，在激励高校进行发明创新的同时，也能够实现技术发明本身更高的社会价值。例如，高校通常将专利许可使用费再次投入教学、科研事业中，旨在研发更多的新技术。当公共研究经费越来越难求的时候，或许专利许可使用费可以成为高校研究成本的一项重要补充。依据《拜杜法案》的立法初衷，专利许可使用费可以被认为是，国家资助机构以分散的方式，向特定的专利技术使用者而非普通的纳税公众征集的一种税收形式。从缴税角度来说，《拜杜法案》的这种"税收"具有完全自愿的优点，只有认为该技术值得"缴税"的用户才支付费用。从征税的角度讲，具有可以绕过立法授权及同行评议等程序的优点。然而，《拜杜法案》这种分散的"税收"体系是否真正能够赋予纳税人和消费者其支出的最大价值？高校当前专利许可制度产生了一种怎样的社会代价？

例如，1984年，哈佛大学的科学家利用基因工程制造了一种易患癌症的肿瘤鼠，该研究项目受助于杜邦公司。依据哈佛大学与杜邦公司的资助协议，哈佛大学对该发明享有专利权，但需要将其专利技术以独占性许可的方式提供给杜邦公司使用。当哈佛大学肿瘤鼠被授予专利权时，肿瘤鼠已经成为该领域研究团体的重要研究工具，且哈佛鼠专利被赋予了宽泛的权利要求解释，很难对该发明发展替代技术。在这种情况下，杜邦公司无疑对肿瘤鼠专利具有绝对的垄断优势。囿于此，杜邦公司试图对一切利用肿瘤鼠专利的行为征收许可使用费，甚至包括非营利性研究机构如大学的非商业性使用行为。而且，杜邦公司在许可协议中对使用人强加了非常苛刻的条件：第一，每只肿瘤鼠50美元；第二，禁止对肿瘤属进行任何共享或繁育；第三，每年向杜邦公司披露研究成果；第四，对利用肿瘤鼠研发的任何新发明所生成的相关权

利，必须回授给杜邦公司。❶

杜邦公司的此行为引起了学术界的公愤。一些科学家甚至对杜邦公司的这种行为展开了"非暴力运动"，故意忽视其专利并努力制造自己的肿瘤鼠，同时游说所在大学拒绝签订杜邦许可协议。为此，肿瘤鼠遗传学家在科学会议上专门讨论了相关战略对策，且美国国家科学院（National Academy of Sciences，NAS）对此问题也举行了研讨会并发表了相关报告。美国国立卫生研究院（National Institutes of Health，NIH）主任亲自参与了与杜邦公司的谈判。经过四年的高层谈判，杜邦公司与国家卫生研究院最终签署了谅解备忘录，允许学术界的科学家以非商业性目的免费使用肿瘤鼠，但是不允许他们将肿瘤鼠转让给其他机构的科学家，也不允许他们在企业资助的研究项目中使用肿瘤鼠。"杜邦事件"一方面表明了高校专利以独占性许可方式转让给私营企业可能引发一定的弊端，另一方面也表明上游的、工具性高校专利将增加下游交易成本，形成创新障碍，可能导致反公地悲剧。❷ NIH 表示："在生物医学领域，独占许可方式在某些情况下并不是最适合的技术转移方式。当发明主题为基础性的研究工具时，独占许可方式可能会阻碍专利技术的有效利用、商业化及公共可及性。"❸

高校专利的独占许可策略，不仅可能对后续研究及科技进步造成损害，在某些特殊领域如制药产业还会影响全球的健康与发展。很多高校和公共研究机构拥有重要的药品专利，但是却将这些药品专利独占许可给私营企业使用，严重影响公共健康。例如，1990 年耶鲁大学获得了治疗 HIV 病毒的司他夫定药品专利，并将其独占许可给百时美施贵宝公司使用。司他夫定作为抗击 HIV 病毒的关键性药品，每位病患每年需要支付 1600 美元的药费，大多数

---

❶ Fiona E. Murray. The Oncomouse that Roared: Resistance and Accommodation to Patenting in Academic Science [Z/OL]. 2006: 1-9, 27-31. available at http://fmurray.scripts.mit.edu/docs/THE_ONCOMOUSE_THAT_ROARED_FINAL.pdf.

❷ Rebecca S. Eisenberg. Noncompliance, Nonenforcement, Nonproblem? Rethinking the Anticommons in Biomedical Research [J]. Houston Law Review, 2008 (45): 1095.

❸ Principles and Guidelines for Recipients of NIH Research Grants and Contract on Obtaining and Disseminating Biomedical Research Resources: Final Notice [J/OL]. Fedral Register, 1999 (64): 72090-72096. available at http://grants.nih.gov/grants/intell-property_64FR72090.pdf.

发展中国家及贫困地区的病人根本无力承担。❶ 实际上,全球每年死于可预防和可治疗疾病的人数非常多,这在很大程度上归因于专利药品的高成本。从这个意义上说,高校专利权尤其是独占许可的使用方式已经成为广大病患享受基本医疗技术的障碍。为此,无国界医生(法文名称为 Medecins Sans Frontieres,MSF)想在南非广泛分发司他夫定药品。❷ 一个印度药品制造商主动提出以每年 40 美元的价格提供药品,但是 MSF 无法接受,因为耶鲁大学在南非对司他夫定拥有专利权。在耶鲁大学法学院学生的帮助下,无国界医生组织向耶鲁大学提出建议,并开始与百时美施贵宝公司进行谈判。最终在耶鲁大学及相关媒体的压力之下,百时美施贵宝公司宣布其将不再对南非实施司他夫定专利权,并且将以每年 55 美元的价格在撒哈拉以南的非洲销售该药品。❸ 由于耶鲁大学的这次学生运动,促进基本药物大学联盟成立(Universities Allied for Essential Medicines,UAEM),其设立目的旨在鼓励高校在申请专利及许可新药品时考虑全球健康问题。❹

从当前高校的专利许可实践来看,应该说是有利于高校与被许可使用人利益的。一方面,高校基于独占性许可模式获得了最大化的经济收益;另一方面,企业也因独占性许可使用方式而获得了相关市场上的绝对竞争优势。有学者曾指出,我国当前的专利实施许可制度未能合理平衡许可人、被许可人及其他相关者的利益关系,侧重保护许可人利益,是一种以专利权人利益为中心的专利实施许可制度,对被许可人及相关者利益保护不利。❺ 实际上,在高校专利实施许可语境下,真正受到利益损害的或许只是"其他相关者",

---

❶ Amy Kapczynski et al. Addressing Global Health Inequities:An Open Licensing Approach for University Innovations [J]. Berkeley Technology Law Journal,2005(20):1031-1035.

❷ "无国界医生"于 1971 年 12 月 20 日成立于巴黎,是一个由各国专业医学人员包括医生、护士、麻醉师、助产士等组成的国际性志愿者组织,是全球最大的独立人道医疗救援组织。无国界医生的救助行为不分种族、政治及宗教,秉持人道主义理念,对遭受天灾、人祸和战火影响的受害者提供援助,是一个非牟利团体。

❸ Amy Kapczynski et al. Addressing Global Health Inequities:An Open Licensing Approach for University Innovations [J]. Berkeley Technology Law Journal,2005(20):1036.

❹ Lisa Larrimore Ouellette. How Many Patents does it take to make a Drug? Follow-on Pharmaceutical Patents and University Licensing [J]. Michigan Telecommunications and Technology Law Review,2010(17):299.

❺ 蒋逊明,朱雪忠. 中国专利实施许可制度存在的问题及对策[J]. 科研管理,2009(5):47.

包括其他竞争者、后续创新者及广大社会公众的利益。囿于高校发明创造主要集中于上游技术或研究工具领域,因此对于这些专利技术而言,其适用的领域及后续改进空间非常大。如果仅将这些专利技术独占许可给某个企业使用,不利于技术的改进,因为企业基于独占使用的优势没有动力继续完善该专利技术,相反为了维护其竞争优势甚至会抑制该技术的后续改进行为。

第三节 高校专利诉讼对公共利益的背离

一、高校参与专利诉讼现状

美国一些学者对高校专利诉讼活动进行实证分析后发现,当代高校已经成为专利讼活动的积极参加者。例如,克里斯托弗·霍尔曼教授2009年最早对高校专利诉讼活动进行实证分析,他对2000年1月1日—2009年1月24日当地高校作为原告参与诉讼的案件进行实证分析,发现共有139个案件是高校与独占性被许可人共同提起侵权诉讼,另外51个案件是高校单独提起侵权诉讼。[1] 紧步霍尔曼教授后尘,杰格布教授对2009年1月1日至2010年12月31日间高校提起的专利侵权诉讼案件进行研究,发现33所高校共提起了57件不同的专利侵权案件,且大部分都是作为共同原告与被许可人共同起诉。[2] 同样,为识别出美国高校参与专利诉讼的趋势与存在问题,爱荷华大学巴克依托Westlaw及LexisNexis两个数据库,对1980—2009年至少一方当事人为高校的专利案件进行了初始检索,共有568件相关的报道案例。经过进一步筛选,最终符合研究目的的案件共171件。实证分析后巴克发现,美国高校参与专利诉讼总体呈上升趋势,尤其是最近几年上升势头明显,其中公立

---

[1] Christopher M. Holman. Learning from Litigation: What can Lawsuits Teach Us about the Role of Human Gene Patents in Research and Innovation? [J]. Kansas Journal of Law & Public Policy, 2009 (18): 215-260.

[2] Jacob H. Rooksby. University Initiation of Patent Infringement Litigation [J]. The John Marshall Law School Review of Intellectual Property Law, 2011 (10): 622-623.

大学参与专利诉讼的比例远远高于私立大学。❶ 2013年，杰格布教授进一步对1973—2012年共40年间美国高校单独提起的专利诉讼案件及高校参与的专利诉讼案件进行实证分析。研究发现，这期间内高校以原告身份主动提起的专利侵权案件超过245件，并得出美国高校作为原告参与专利诉讼的比例超过60%。❷ 此外，杰格布教授还以问卷调查的方式对一些高校的高层行政管理人员对待专利诉讼的态度进行访问，剖析高校作为原告参与专利侵权诉讼深层次的法律与政策原因。从参与调查的高校实际情况看，多数高校并没有建立正式制度或诉讼政策来调整高校是否应该以及应该如何参与专利侵权诉讼。此外，多数受访者表示，潜在的高额经济回报是他们参与专利诉讼的直接动因。❸

虽然这些实证数据不免存在一定的局限性，但是可以肯定的是，高校较过去而言，参与诉讼的积极性已经开始显现。一些高校如加利福尼亚大学、科罗拉多大学、康奈尔大学、哥伦比亚大学、哈佛大学及麻省理工学院等都高调地参与到了专利侵权诉讼案件中，高校及其被许可人对基础研究专利积极主张权利的行为更加揭示出学术研究资本化、专利货币化的特性。❹ 更为严重的是，一些高校依靠专利侵权诉讼获得了巨额损害赔偿额。例如，在"尤拉斯"案中，加利福尼亚大学将相关专利授权许可给尤拉斯公司，而该公司本质上属于空壳公司，并不利用专利技术进行商业化生产活动。尤拉斯公司随后对各种不同的生产性企业发起侵权诉讼攻势。在对微软公司的侵权诉讼中，法院最初判决微软公司赔偿尤拉斯公司5.206亿美元，但最终双方以3040万美元的价格达成和解。加利福尼亚大学从中也分享了很大比例的赔偿额。❺ 又如，在"卡内基梅隆大学诉美满公司案"中，卡内基梅隆大学获得了15.35亿美元的天价侵权损害赔偿金。在该案中，卡内基梅隆大学起诉美

---

❶ Maria Teresita Barker. Patent litigation involving colleges and universities: an analysis of cases from 1980-2009 [Z/OL]. 2011. available at http://ir.uiowa.edu/etd/1201.

❷ Jacob H. Rooksby. Innovation and Litigation: Tensions between Universities and Patents and How to Fix them [J]. Yale Journal of Law & Technology, 2013 (15): 312-340.

❸ Jacob H. Rooksby. Innovation and Litigation: Tensions between Universities and Patents and How to Fix them [J]. Yale Journal of Law & Technology, 2013 (15): 341-353.

❹ Peter lee. Patent and the University [J]. Duke Law Journal, 2013 (63): 43-45.

❺ Eolas Techs. Inc. v. Microsoft Corp., 399 F. 3d 1325 (Fed. Cir. 2005).

满电子科技公司及美满半导体公司侵犯了其两项专利权。涉案专利涉及的是创新性芯片技术，通常适用于高密度磁记录设备的序列检测，依托该技术能够极大提高存储在硬盘驱动器上的数据检测精确性。虽然当时美满公司的被控使用范围在很大程度上仍处于争议中，但是卡内基梅隆大学认为美满公司对专利技术的使用贯穿其整个"销售周期"，包括计算机程序的测试与芯片生产。如果测试获得成功，美满公司必然会依据专利方法大规模制造芯片进行销售。因此，卡内基梅隆大学指控美满电子科技公司在设计与测试阶段均构成专利侵权，并要求对整个侵权过程获得损害赔偿。为此，卡内基梅隆大学提供了一份来自业内损害赔偿专家凯瑟琳·劳顿关于具体赔偿数额的专家证言。劳顿女士依据美满公司的平均营业利润额，计算出其每销售一个被控芯片应该向卡内基梅隆大学支付0.5美元的专利使用费。法院肯定了该专家证言的效力。经过为期4周的审判，联邦地方法院依法认定美满公司构成故意侵权，同时应向卡内基梅隆大学支付11.69亿美元的损害赔偿额。审判后，卡内基梅隆大学又基于故意侵权的判决，向地方法院提出三倍惩罚性损害赔偿及禁止销售侵权产品的禁令动议。地方法院否决了卡内基梅隆大学禁令动议，但是将损害赔偿金提高了2.87亿美元。再加上审判后的利息及损害赔偿金，美满公司共需要向卡内基梅隆大学支付15.35亿美元的损害赔偿金。❶

二、高校专利诉讼成本分析

对于高校通过参与专利侵权诉讼获取经济收益的行为，学者们纷纷提出批评。有的学者认为，高校过于热衷诉讼行为违背其促进技术发展与服务社会的公共使命，且将遏制而非促进高校专利技术的商业化发展。❷ 的确，高校作为非营利性公共服务机构，当其提起侵权诉讼排除他人的技术使用行为时，无疑会产生一定负面影响。综合来看，主要包括以下三点。

第一，专利侵权诉讼活动需要投入大量的时间、人力和财力成本，在高

---

❶ Carnegie Mellon. University v. Marvell Technology Group, Ltd., et al., 890 F. Supp. 2d 602 (W. D. Pa. 2012); Carnegie Mellon. University v. Marvell Technology Group, Ltd., et al., 986 F. Supp. 2d 574 (W. D. Pa. 2013).

❷ Margo A. Bagley. Academic Discourse and Proprietary Rights: Putting Patents in Their Proper Place [J]. Boston College Law Review, 2006 (47): 217-219.

校基础设施资源总量不变的情形下,参与诉讼活动势必挤压教学科研投入比例,影响其教学、科研传统任务的完成质量。高校经费主要源自国家的公共财政资助,主要用途在于服务公共事业,而不是用以保护高校专利的排他性市场垄断权。从这点来说,高校积极投身于专利侵权诉讼中也不太适宜。此外,高校提起的侵权诉讼并不总是胜诉,当高校败诉时,会加重其经费负担。例如,2012年2月,加利福尼亚大学与其被许可人尤拉斯公司对包括苹果、谷歌、亚马逊及太阳微系统等全球知名企业在内的23个不同企业提起侵权诉讼。然而,法院最终采纳了Web网页发明人蒂姆·伯纳斯·李(Tim Berners-Lee)提供的专家证言,认为被告不构成侵权。❶ 为此,加利福尼亚大学支付了高额的诉讼费用,增加了大学的经济负担。

第二,高校对企业提起侵权诉讼,不仅影响企业对高校的经费赞助,影响高校与企业之间的合作关系,也会影响高校毕业生到被控企业的就业率。例如,伊利诺伊大学曾对微软公司提起专利侵权诉讼,微软公司为此宣布其将不会再从该校招收任何毕业生。

第三,如果高校积极投身于侵权诉讼活动,在某种程度上会背离公共服务职能,影响社会对高校的整体评价,降低学校声誉。依据布迪厄的观点,大学作为一个重要的文化生产场所,其符号资本集中于优先权、声誉、大学殿堂的神圣性或荣誉的累积性,是建立在知识和文化认可的辩证法基础上的。❷ 一般来说,社会对高校的评价主要包括毕业生的就业率及科研成果两部分。❸ 如上所述,如果高校过于热衷诉讼活动而非专攻教学科研,不仅会降低科研成果的数量和质量,还会对毕业生的就业率产生不利影响。基于当前很多高校"伙同"独占性被许可人一同起诉生产性企业的现状,一些学者如莱

---

❶ John Ribeiro, "Eolas Loses in Web Patents Claim Against Google and Others," 2012. available at http://www.cio.com/article/2399546/legal/eolas-loses-in-web-patents-claim-against-google-and-others.html. 转引自 Jacob H. Rooksby. Innovation and Litigation: Tensions Between Universities and Patents and How To Fix Them [J]. Yale Journal of Law & Technology, 2012-2013 (15): 335.

❷ Pierre Bourdieu. The Field of Cultural Production: Essays on Art and Literature [M]. New York: Columbia University Press, 1993. 转引自王屯,闫广芬. 符号资本在大学社会评价中的作用探析 [J]. 清华大学教育研究, 2010 (3): 22.

❸ 李守福. 论大学的社会评价 [J]. 比较教育研究, 2003 (5): 5.

姆利教授甚至提出了高校是否为"专利蟑螂"的疑问。❶虽然莱姆利教授最终作出了否定的回答，但是不可否认，一些高校对专利诉讼的狂热已经超过了社会的容忍限度。对此，杰伊·科塞恩教授建议高校在寻求专利诉讼保护时应谨慎，防止其诉讼行为被冠以"专利蟑螂"的恶名。❷

三、高校"专利蟑螂"是非置辩

（一）"专利蟑螂"的法律界定

随着专利私有化、货币化的不断发展，市场中积极活跃着这样一类新型的商业实体，他们单纯持有或拥有专利技术，但并不进行商业化生产活动，而是以专利权为营利工具，借助司法程序的威慑力量获取高额的许可使用费、和解金或损害赔偿费。❸对于这种新型的商业模式，理论界与实务界看法不一。持否定态度的论者，为表达其内心的厌恶心理与反感态度，通常将其称为"专利蟑螂""专利流氓""专利海盗""专利钓饵"或"专利鲨鱼"等（"Patent Troll"或"Patent Pirates"或"Patent Sharks"）；与之相对，持肯定态度的论者，通常会用一些中立性的词语如"非专利实施主体""专利主张实体"及"专利货币化实体"等（"Non-Producing Entities，NPEs"或"Patent Assertion Entities，PAEs"或"Patent Monetization Entities，PMEs"）。鉴于本书论证需要，统一称之为"专利蟑螂"。

从"专利蟑螂"的概念可以得出，"专利蟑螂"具有以下特性：第一，拥有专利权，无论是从他方收购还是依靠自己的发明创造获得；第二，并不运用专利技术参与商业化生产活动，即并不涉及专利产品的使用、改进及生产活动；第三，专利权本身成为一种获利工具，而非专利产品；第四，借助司法程序的威慑力量增强谈判、议价能力；第五，目的在于获得高额的许可使用费、和解金或损害赔偿额。

在类别上，莱姆利教授及英特尔公司的高级副总裁兼法律总顾问梅尔沃德，以"非专利实施主体"对待侵权诉讼的态度为视角，将其划分为博彩投

---

❶ Mark A. Lemley. Are Universities Patent Trolls? [J]. Fordham Intellectual Property, Media & Entertainment Law Journal, 2008（18）：611-618.

❷ Jay P. Kesan. Transferring Innovation [J]. Fordham Law Review, 2009（77）：2169-2193.

❸ 张体锐. 专利海盗投机诉讼的司法对策 [J]. 人民司法，2014（17）：108.

机者、抄底渔利者及专利整合者三类。❶ 而克斯丝汀·赫尔墨教授等人在莱姆利、梅尔沃德的分类基础上，进一步将非专利实施主体细分为七类：从他人手中收购专利的知识产权许可公司、发明人自己拥有的知识产权许可公司、大学及其衍生公司、初创公司、个人、产业联盟及产品生产公司的知识产权子公司。其中知识产权许可公司的"蟑螂"性最为严重。❷

（二）"专利蟑螂"对创新机制的影响

"专利蟑螂"作为一种新型的商业模式，只是单纯的持有专利技术，并不进行商业化生产，大多是一种空壳公司。❸ 他们热衷于排他性权利交易，而非技术交易。对这种新型的商业模式究竟应如何定性，理论界与实务界尚未形成统一认识。在当前的专利制度体系下，"专利蟑螂"究竟应被视为阻碍社会创新的机会主义者还是视为创造了市场机遇只是提出合法专利诉讼主张的新型商业主体，值得深思与考究。❹

消极论者认为，"专利蟑螂"阻碍创新，不正当地增加了生产企业的成本，是寻租的寄生虫。❺ 他们认为：第一，"专利蟑螂"更热衷于"维权"活动，依靠收购的弱专利和隐而不用的专利，向生产性企业发起毫无实质诉讼利益而言的诉讼行为。"这种恶意诉讼行为不仅无端增加了被诉生产企业的诉讼成本，同时也会增加目标公司的商业化成本，最终会降低社会福利。因为生产性企业增加的这些成本最终将以提高产品价格的方式转嫁到消费者身上。"❻ 思科公司前首席技术官曾指出：《专利法》旨在保护发明人的专利权并促进技术进步。但是，从 20 世纪 90 年代中后期开始，公开交易公司每年

---

❶ Mark A. Lemley. A. Douglas Melamed, Missing the Forest for the Trolls [J]. Stanford Law and Economics Olin Working Paper No. 443, 2013. available at http://papers.ssrn.com/sol3/papers.cfm?abstract_id=2269087. 转引自张体锐. 专利海盗投机诉讼的司法对策 [J]. 人民司法, 2014 (17): 109.

❷ Christian Helmers, Brian Love & Luke McDonagh. Is There a Patent Troll Problem in the U.K.? [J]. Fordham Intellectual Property, Media & Entertainment Law Journal, 2014 (24): 523-524.

❸ 易继明. 遏制专利蟑螂——评美国专利新政及其对中国的启示 [J]. 法律科学, 2014 (2): 175.

❹ Xuan-Thao Nguyen & Jeffery A. Maine. Acquiring Innovation [J]. American university law review, 2008 (57): 779-780.

❺ David G. Barker. Troll or No Troll? Policing Patent Usage with an Open Post-Grant Review [J]. Duke Law & Technology Review, 2005 (9): 9.

❻ Mark A. Lemley & Carl Shapiro. Patent Holdup and Royalty Stacking [J]. Texas Law Review, 2007 (85): 1991-1993.

在专利诉讼上所花费的开支远远超过了专利本身所获得的利润。"专利蟑螂"投机性购买专利，是一种市场寻租行为，目的不在于进一步创新。❶ 第二，"专利蟑螂"加剧了"专利丛林"问题。美国经济学者卡尔·夏皮罗认为，"专利丛林"现象是指，知识产权相互交织在一起汇成稠密网络，一个公司必须披荆斩棘穿过这个网络才能进行新技术的商业化。夏皮罗认为，知识产权的聚合不仅增加了产品的交易成本，而且也引起了特定产品许可使用费的重叠问题。❷ 两个拥有互补专利的竞争性企业可以相互制约，促进彼此合作与实现交叉许可，实现成本最小化或零成本。然而，由于"专利蟑螂"不生产任何专利产品，被诉生产企业没有与其进行交叉许可的机会，也不会受到被诉生产企业反诉的威胁，因此"专利蟑螂"索要高额许可使用费的意愿通常都能够实现。专利丛林问题来源于专利授权量的泛滥，其中大部分都是对社会无重要贡献的弱专利。反过来，这些弱专利组合导致所有权分割，引起专利互补问题。正是由于"专利蟑螂"不存在专利互补性问题，对社会福利产生更大的威胁。❸ 第三，"专利蟑螂"违背专利制度的根本目的。罗伯特·梅尔杰斯教授认为，"专利蟑螂"作为专利二级市场的一方参与者，对专利制度的技术创新目标没有任何贡献。他认为，在合法的二级市场中，专利交易应该以补偿发明人为目的，而且通常会涉及信息或技术以及相关法律权利的转移，这与"专利蟑螂"试图依靠弱专利、过时专利及不相关专利构建的诉前和解市场存在本质区别。专利制度应该对"专利蟑螂"这种有损社会价值的市场交易行为予以关闭。❹

与之相对，捍卫者认为，"专利蟑螂"只是市场交易活动的中间商，在发明创造与发明应用之间架起了一道桥梁，可以为技术信息传播及利用创造高

---

❶ Judy Estrin. Closing the Innovation Gap: Reignitng the Spark of Creativity in a Global Economy [M]. New York: McGraw-Hill, 2008: 170.

❷ Carl Shapiro. Navigating the Patent Thicket: Cross Licenses, Patent Pools, and Standard Setting [J]. Innovation Policy and the Economy, 2001 (1): 119-120. available at http://haas.berkeley.edu/~shapiro/thicket.pdf. 转引自和育东. "专利丛林"问题与美国专利政策的转折 [J]. 知识产权, 2008 (1): 92.

❸ Sannu K. Shrestha. Trolls or Market-Makers? An Empirical Analysis of Non-practicing Entities [J]. Columbia Law Review, 2010 (2): 110-112.

❹ Robert P. Merges. the Trouble with Trolls: Innovation, Rent-Seeking, and Patent Law Reform [J]. Berkeley Technology Law Journal, 2009 (24): 1583-1604.

效流通与竞争环境。[1] 他们认为:第一,"专利蟑螂"为独立发明人及小型企业提供了资金,提高了其市场交易能力。[2] 由于这些企业缺乏将专利技术进行商业化生产的必要资源,通常会对外进行专利许可或专利转让,进而可以更好地从事发明创造活动。专利权的交易增强并促进了创新市场的分工。[3] 例如,詹姆士·麦当诺认为,"专利蟑螂"的产生是知识产权管理专门化、专利市场自然进化的产物。[4] 第二,"专利蟑螂"促进专利流通市场的高效运行。专利权转让方式更容易变现,流动性和市场性更强。桑努·什雷斯塔认为,"专利蟑螂"是促进许可的重要中间人。专利许可行为弥补了发明与生产之间的鸿沟,而"专利蟑螂"商业模式加快了这种行为的实现过程。虽然当前"专利蟑螂"的行为更接近于一种投机性商业策略,会产生一定损害,但从长远利益来看有利于专利市场的高效运行。[5] 第三,"专利蟑螂"针对专利侵权人提供了一个对抗机制,因为大多数独立发明人及小型企业在财力上无法承受高昂的诉讼费用。[6] 第四,"专利蟑螂"的商业经营模式,有利于创造二级专利商品市场,为那些资金受限的独立发明人及小型创业公司提供发展机遇与流动性资金。[7] 第五,"专利蟑螂"在一定程度上也有利于弥补独立发明人及一些破产公司的研发投入或经营损失。第六,专利权作为一种排他性权利,法律保护的依据应该是权利本身,而非权利行使的具体方式,因为专利权人

---

[1] Sannu K. Shrestha. Trolls or Market-Makers? An Empirical Analysis of Non-practicing Entities [J]. Columbia Law Review, 2010 (2): 113-114.

[2] Steve Seidenberg. Troll Control [J]. American Bar Association Journal, 2006 (92): 151-152.

[3] Naomi R. Lamoreaux & Kenneth L. Sokoloff. Long-Term Change in the Organization of Inventive Activity [J/OL]. Proceedings of the National Academy of Scinece, 1996 (93): 12686-12692. available at http://www.pnas.org/content/93/23/12686.full.

[4] James F. McDonough. the myth of patent troll: an alternative view of the function of patent dealers in an idea economy [J]. Emory Law Journal, 2006 (56): 189-213.

[5] Sannu K. Shrestha. Trolls or Market-Makers? An Empirical Analysis of Non-practicing Entities [J]. Columbia Law Review, 2010 (2): 114-131.

[6] John T. Funk. In Defense of the Trolls: Part 4 (Final), View From the Bridge [Z/OL]. 2006. available at http://evergreenip.typepad.com/view_from_bridge/2006/07/in_defense_of_t_1.html.

[7] Holly Forsberg. Diminishing the Attractiveness of Trolling: the Impacts of Recent Judicial Activity on Non-practicing Entities [J]. University of Pittsburgh Journal of Technology Law & Policy, 2011 (12): 4.

的权利行使方式并不影响被控侵权人是否构成侵权的事实。❶

(三) 高校的非"专利蟑螂"属性辨析

如前文所述,囿于国家创新政策的激励及高校为自身正常运行而积极寻求经费收入的现实需要,当前高校专利申请、专利许可及专利诉讼活动日渐频繁。高校科技成果正在从封闭的实验室走向商业化市场。然而,因为高校发明创造多数处于基础研究领域,使得高校作为专利权人在某种程度上构成了对产业发展的阻碍。高校专利权因此受到了一些学者的批判,甚至认为高校是新型的"专利蟑螂"。之所以产生这种认识,其中一个重要的原因是,高校拥有专利权,但其并不进行商业化生产活动,因此被控侵权人无法与其进行交叉许可或对其提起反诉。其次,高校通常以独占性许可的方式向企业收取更高的许可使用费。最后,高校专利诉讼活动日益频繁,很多高校如加利福尼亚大学、哈佛大学、斯坦福大学、哥伦比亚大学以及其他很多大学都开始对企业提起专利侵权诉讼。❷ 其中,最为典型的实例就是前述的"尤拉斯公司诉微软公司"案。在该案中,加利福尼亚大学将其软件专利许可给本质上为"专利蟑螂"的尤拉斯公司,并与该公司分享了针对微软公司5.35亿美元的损害赔偿额。❸

诚然,在某种意义上说,高校具有"专利蟑螂"的一些特性。但是,并不能仅因此就简单地认定高校属于"专利蟑螂"。❶ 对此,莱姆利教授认为,高校参与专利申请、专利许可及专利诉讼活动与真正的"专利蟑螂"之间存在一定内在差异:第一,高校作为非营利性公共服务机构,与追逐利润最大

---

❶ Daniel McFeely. An Argument for Restricting the Patent Rights of Those Who Misuse the U. S. Patent System to Earn Money Through Litigation [J]. Arizona State Law Journal, 2008 (40): 310-312.

❷ Mark A. Lemley. Are Universities Patent Trolls? [J]. Fordham Intellectual Property, Media & Entertainment Law Journal, 2008 (18): 619.

❸ Eolas Technologies v. Microsoft. , 399 F. 3d 1325 (Fed. Cir. 2005). 在本案中,加利福尼亚大学于1994年获得了一项小型网络互动程序专利,并以独占许可的方式提供给刚刚建立且没有任何实际业务的尤拉斯公司使用。尤拉斯公司认为,微软公司未经其许可,在"IE 网络浏览器"中运用了网络互动程序专利所涉及的功能,并与微软公司的视窗计算机操作系统进行捆绑销售,侵犯了其专利权。美国联邦法院肯定了尤拉斯公司主张,判决微软公司向加利福尼亚大学及尤拉斯公司支付1997—2001年使用其小型网络互动程序专利的费用共计5.2亿美元,具体计算方式为每卖出一套视窗系统即应支付1.47美元的专利使用费。

❶ 张体锐. 专利海盗投机诉讼的司法对策 [J]. 人民司法, 2014 (17): 109.

化的商业性实体不同,承担着教学、科研及服务社会多重使命,不从事商业化生产活动具有正当合法性。第二,高校专利申请及专利许可活动有利于将静态的专利技术转化为动态的现实生产力,能够为人们带来更好、更便宜的专利产品,使整个社会受益;第三,高校的专利收入很大一部分用于继续资助研究和教育事业;第四,高校的专利活动更多是技术转移性质,而非对使用者强加不合理成本,从其的不可逆投资中劫持高额的使用费。莱姆利教授认为,尽管实践中存在个别高校的不当行为,但并不是高校的常态。因此,高校并不是"专利蟑螂"。❶ 此外,莱姆利教授强调,"专利蟑螂"是指像蟑螂一样的专利行为。实践中,专利实施主体与非专利实施主体均可能从事"专利蟑螂"行为,我们并不能简单认定哪一类主体是"专利蟑螂",而是应该关注坏的行为本身。❷

(四)"专利蟑螂"的法律规制路径

任何一种社会现象的出现都不是偶然的,任何一种社会现象都具有两面性,"专利蟑螂"这种新型的商业运行模式也不例外。一方面,"专利蟑螂"的潜水专利战术及守株待兔式的"维权"方式,显著增加了生产性企业的生产成本与诉讼成本,并以提高产品价格的方式损害社会福利。另一方面,"专利蟑螂"应专利权私有化特性而生,是创新市场分工细化、专利商业化发展的必然产物,具有重要经济价值。❸ 归根结底,"专利蟑螂"是专利制度内生的产物,其症结就在于专利制度人为构建的创新激励机制只注重创新进程早期的发明创造阶段,对后发明创造阶段的商业化活动激励不足,专利权人没有义务也不愿意实施专利技术或进行商业化生产,更多选择了一种立竿见影、风险较低的排他性权利交易模式。因此,要从根本上抑制"专利蟑螂"严重的投机性或寻租性,必须从专利制度本身革故鼎新,努力从立法、司法等不

---

❶ Mark A. Lemley. Are Universities Patent Trolls? [J]. Fordham Intellectual Property, Media & Entertainment Law Journal, 2008 (18): 620-631.

❷ Mark A. Lemley. Are Universities Patent Trolls? [J]. Fordham Intellectual Property, Media & Entertainment Law Journal, 2008 (18): 630-631; Mark A. Lemley & A. Douglas Melamed. Missing the Forest for the Trolls [J]. Columbia Law Review, 2013 (113): 2171-2180.

❸ Miranda Jones. Permanent Injunction, A Remedy by Any Other Name is patently not the same: How EBay v. Mercexchange Affects the Patent Right of Non-practicing Entities [J]. George Mason Law Review, 2007 (14): 1035.

同路径加以规制，减少"专利蟑螂"对创新产生的负面影响。

他山之石，可以攻玉。域外已经出台了一系列应对"专利蟑螂"消极影响的措施。例如，印度为应对国外"专利蟑螂"公司抢滩印度国内市场或在境外对印度企业发起攻击，发起专利公益诉讼并建立了"防御性公开数据库"。❶ 韩国成立了国有知识产权管理公司，促进专利挖掘、抢注及流转。❷ 美国政府为防止"专利蟑螂"滥诉行为对实体企业的影响，颁布了7项法规和5项行政措施。❸ 同时，美国国际贸易委员会（ITC）也开始试点，要求在美提起专利侵权诉讼的公司，必须证明原告在美国具有实质业务的存在即必须在美国拥有适当的生产、研发或授权等业务才能通过美国法院发起诉讼。不可否认，这些措施在一定程度上对"专利蟑螂"权利滥用行为具有一定遏制作用，但是并不能从根本上解决问题，更需要从专利制度内部着手，扼杀"专利蟑螂"攫取暴利的制度存活空间。

1. 建立败诉方负担律师费用规则

与美国相比较，欧洲国家"专利蟑螂"提起的诉讼比率比较低。例如，克斯丝汀·赫尔墨教授等人经过对英国2000—2010年的300件专利侵权案件进行实证分析，发现只有33件涉及"专利蟑螂"主体，即英国"专利蟑螂"的诉讼比率仅为11%。之所以英国的专利投机问题并不突出，其中最主要的一个原因就是欧洲国家存在的"败诉方付费"规则，该规则不仅可以防止"专利蟑螂"肆意提起侵权诉讼，同时也鼓励被控侵权人能够积极应诉，维护自己的权利。因此，从英国"专利蟑螂"诉讼案件的结果看，和解率非常低，

---

❶ 罗博、张舵. 阻击专利海盗向印度学几招［N/OL］. 经济参考报，2011-6-21.［2019-03-20］http://jjckb.xinhuanet.com/opinion/2011-06/21/content_316560.htm.

❷ 例如，韩国成立了一家国有知识产权管理公司，制定和实施国家知识产权战略。它负责制定国家知识产权战略，却又同时与美国高智公司开展竞争，也去发掘、抢购韩国科研成果，防止其被廉价卖到海外。为了完成其促进专利挖掘、抢注、流转的使命，它还必须进入头脑风暴、专利撰写、专利申请、专利许可等更多的私有领域，使自己扮演一个合格的"专利海盗"。参见韩国成立国有公司，制定和实施国家知识产权战略，同时肩负与'美国海盗'相同的使命［J］. 科技促进发展，2010（7）：90.

❸ 为提升高新技术专利创新水平，美国白宫于2013年6月4日宣布了五项行政措施和七项立法建议来应对专利海盗问题。具体行政措施可参见吕磊. 美国对专利海盗的规范措施及我国的借鉴［J］. 法学杂志，2014（5）：136-137；易继明. 遏制专利蟑螂——评美国专利新政及其对中国的启示［J］. 法律科学，2014（2）：174-182；美国出台措施打击PAEs［J］. 电子知识产权，2013（6）：6.

且其很少在最终的诉讼中获胜。除"败诉方付费规"外,欧洲软件专利的高标准、专利权主张的高成本与专利权抗辩的低成本及最终较低的侵权损害赔偿额都导致欧洲的专利货币化需求尚不明显。❶

截至 2013 年,美国针对"专利蟑螂"问题大致提出了 12 个独立的法案,这些法案大多都建议采纳欧洲国家长期存在的抑制专利投机诉讼的程序性规则,尤其是败诉方付费规则。实际上,对于律师费赔偿问题,实践中存在两种进路:一种是"英国规则",一种是"美国规则"。英国及大多数的欧洲国家通常采用败诉方负担律师费用原则,又称为"英国规则"。胜诉方可以要求败诉方赔付包括律师费在内的合理开支。而在美国,无论裁判结果如何,胜诉当事人通常并不能从败诉方那里获得律师费赔偿,而是双方当事人各自负担各自律师费用,这就是所谓的"美国规则"。❷

美国作为英国的早期殖民地,立法之初并未遵循宗主国关于败诉方付费制度的司法实践。很多 17 世纪的殖民地立法要么完全否定律师服务费,要么否定聘请律师进入司法程序。换句话说,在整个 17 世纪,人们对律师职业是持怀疑和排斥态度的。很多殖民地禁止律师获得任何费用,有些殖民地甚至拒绝所有付费律师进入司法程序。在殖民地,大部分法官实际上都是门外汉,而公众视聘请律师为一项不必要的浪费。总之,这一阶段的律师遭受着最为苛刻的待遇与最为严格的司法限制。随着时间的推移,律师逐步获得了更高的尊敬。到 18 世纪的时候,聘请律师成为一项非常普遍的事情。在这一历史时期,殖民地发展形成了很多关于律师费及诉讼费的不同规则。❸ 随着经济的发展与社会制度的变迁,先前标准各异的律师费规定很快已经不能充分补偿律师。自然,律师试图规避法律的严格限制并开始寻求收费制度的市场自由化。因此,在美国早期历史阶段,严格控制律师费的立法规定与律师欲寻求充分的补偿之间开始出现了矛盾。勒布斯多夫教授认为,正是为了解决这种

---

❶ Christian Helmers, Brian Love & Luke McDonagh. Is There a Patent Troll Problem in the U.K.? [J]. Fordham Intellectual Property, Media & Entertainment Law Journal, 2014 (24): 509-512.

❷ 张耕,王淑君. 知识产权诉讼中律师费应有限转付 [J]. 人民司法, 2014 (9): 97.

❸ John F. Vargo. the American rule on attorney fee allocation: the injured person's access to justice [J]. American University Law Review, 1993 (42): 1567.

冲突才导致了"美国规则"的诞生。❶

美国规则根植于殖民地美洲并在19世纪走向成熟。19世纪，律师摆脱了有关律师费的立法限制。与自由放任主义主流观点相一致，美国律师认为其具有与客户订立法律服务的合同自由。法律服务本身超越法律束缚的自由市场特性对美国规则的建立具有深刻影响。同时，胜诉方获赔律师费也是公平原则使然。1796年，美国最高法院在阿坎贝尔案（"Arcambel"案）中首次提出了美国规则。❷ 在该案中，法院判决被告支付原告损害赔偿费用及1600美元的律师费。而最高法院将有关律师费赔偿的问题从判决中剔除并将案件发回海事法院重审，并表示："我们不认为律师费用应该由被告负担。在美国，司法实践长期以来都反对这种做法。即使从原则来说这种实践并不完全正确，而且实践本身在发生变化，立法也在修改，但是法院已然确立的司法裁决应该受到尊重。"随后，法院在1872年的欧尔里希案件（"Oelrichs"案件）中进一步肯定了"美国规则"的精神内核，同样驳回了被告律师费赔偿请求。在该案中，审判法院作出了不利于被告的包括律师费在内的损害赔偿。最高法院维持了审判法院的裁决结果，但是不同意被告对原告的律师费作出赔偿。最高法院认为，依据先前的"Arcambel"案裁决，被告并不赔偿原告律师费。因为在债权、合同及侵权损害赔偿诉讼中，损害赔偿数额中从未包括过律师费用，因此，在衡平法案件中，这些诉讼中的律师费给付请求不予支持。法院认为，尽管获赔的损害赔偿数额可以间接地弥补原告支付的律师费，但是律师费并不能作为获得损害赔偿数额的考虑因素。❸

然而，随着美国司法实践的发展，美国法院为充分赔偿胜诉原告，激发公众寻求司法救济的兴趣，从公平原则出发，逐步在《合同法》、知识产权等领域形成了"美国规则"的例外制度，即允许律师费进行有限转付。❹ 此时，美国虽然接受了英国的费用转付规则，但是并没有完全借鉴过来，大部分联

---

❶ John Leubsdorf. Toward a History of the American Rule on Attorney Fee Recovery [J]. Law and Contemporary Problems, 1984 (47): 16-17.

❷ Arcambel v. Wiseman, 3 U.S. (3 Dall.) 306, 306 (1796).

❸ Oelrichs v. Spain. 82 U.S. (15 Wall.) 211 (1872).

❹ 例如，《美国专利法》第285条规定，法院在特殊案件中可以判给胜诉一方当事人合理的律师费用。

邦立法及州立法只承认胜诉原告可以获赔律师费，而胜诉的被告则不可以。这样，很难有效规制、在某种程度上甚至纵容了一些别有用心的原告滥诉、缠诉及恶意诉讼的行为。囿于"'专利蟑螂'提起的专利侵权案件逐年递增，但是胜诉率却一直很低，因此大多数'专利蟑螂'提起的都是滋扰性、投机性的恶意诉讼案件。采用败诉方负担律师费用规则，不仅可以充分彰显司法的公平正义，同时还可以增加'专利蟑螂'投机诉讼成本，对其滥诉行为起到一定遏制作用。"❶

2. 提高专利维持费用

"专利蟑螂"热衷于对软件和高科技企业提起侵权诉讼，除了这些企业的专利往往存在权利边界及有效性不确定的问题外，还在于维持这些"囤积"专利的成本远远低于其诉讼的预期利益。在这种成本与收益的严重失衡下，"专利蟑螂"自然愿意"铤而走险"。因此，最直接的方法便是增加"专利蟑螂"投机行为的经济成本。例如，2011年《美国发明法》赋予美国专利商标局设置专利审查和维持费用的权力，意在通过增加经济成本的方式规制"专利蟑螂"行为。根据此项权利，美国专利商标局设置了专利审查程序并增加了专利维持费用。专利商标局提议将专利维持费用从26%增加到61%。大卫·奥尔森教授主张在不对创新激励及创新成果传播造成实质性损害的提前下，可以通过进一步提高专利维持费用的方式，防止"专利蟑螂"团体的扩大。奥尔森教授认为，该方法既可以缓解软件及高新技术产业频频受到"专利蟑螂"滋扰的问题，又不会对其他产业如制药和生物技术造成不良影响，而且操作起来也很方便。在数额计算上，应根据专利所有人在专利组合中拥有的非实施专利数量确定专利维持费用增幅范围。同时，为了确定维持费用的增加值是否合理，专利持有人需要披露他们的实施专利和非实施专利。披露有利于解决专利的不确定性，即谁到底拥有什么专利，特定专利是否被实施，通过何种产品与工序被实施等。❷ 迫于成本上的压力，该项建议将促使大

---

❶ 张体锐. 专利海盗投机诉讼的司法对策 [J]. 人民司法, 2014 (17): 111.

❷ David S. Olson. Removing the Troll from the Thicket: The Case for Enhancing Patent Maintenance Fees in Relation to the Size of a Patent Owner's Non-Practiced Patent Portfolio [J/OL]. Boston College Law School Legal Studies Research Paper Series, 2013 (303). available at http://papers.ssrn.com/sol3/papers.cfm?abstract_id=2318521.

型专利聚合者放弃对一些过时专利、弱专利的费用维持,有利于合理竞争,鼓励创新,促进一些濒临死亡专利和低价值专利提前进入公有领域。该制度优点是:降低专利组合规模;避免不同产业间适用标准争执(软件与高新技术产业与其他产业之间适用标准的不同);增加对专利权的披露;增加行政管理部门财政收入。❶

3. 改革专利损害赔偿规则

依据《专利法》相关规定,侵犯专利权的损害赔偿额可以通过权利人损失、侵权人侵权所得、许可使用费的合理倍数及法定赔偿额四种方式确定。而在计算权利人损失时,通常会依据侵权产品的全部市场价值来确定最终的赔偿数额。❷"全部市场价值规则"(Entire Market Value Rule),并不对整个产品的价值与单个专利技术对该产品的贡献价值进行区分,而是将整个产品的价值作为计算赔偿额的依据。例如,在"康奈尔大学诉惠普公司"案中,康奈尔大学起诉惠普公司侵犯其计算机服务器专利,并要求惠普公司依据整个服务器的价值对其进行赔偿。而涉案的专利技术实际上只与计算机处理器内部的一个指令发行相关。该案中,初审法院依据"全部市场价值"规则判决惠普公司支付康奈尔大学 184044048 美元的损害赔偿金。对此,惠普公司不服,认为涉案专利技术只是公司销售的众多产品中的一个非核心性小部件,这些产品的销售数额并不能全部归功于涉案专利技术,因此法院适用法律错误,要求降低损害赔偿额。对此,联邦巡回法院改变了以往自动依据产品的"全部市场价值"计算零部件专利的损害赔偿额的做法。联邦巡回法院认为,该案如适用全部市场价值规则即将整个装置(服务器)作为使用费的计算基础,必须满足以下三个条件:第一,侵权部件必须是客户对整个机器需求的核心,包括专利权利要求解释范围之外的部件。第二,个体侵权部件与非侵

---

❶ David S. Olson. Removing the Troll from the Thicket: The Case for Enhancing Patent Maintenance Fees in Relation to the Size of a Patent Owner's Non-Practiced Patent Portfolio [J/OL]. Boston College Law School Legal Studies Research Paper Series, 2013 (303). available at http://papers.ssrn.com/sol3/papers.cfm?abstract_id=2318521.

❷ 参见我国 2008 年《专利法》第 65 条、2001 年《最高人民法院关于审理专利纠纷案件适用法律问题的若干规定》第 20 条、2010 年《最高人民法院关于审理专利纠纷案件适用法律问题的若干规定》第 16 条。

权部件必须一并销售,进而构成一个功能部件或者是一个完整机器的组成部分或单一装配的零部件。第三,个体侵权部件与非侵权部件对某个单一的功能单位来说必须是类似的。因此,联邦法院拒绝了康奈尔大学依据整个服务器价格计算损害赔偿额的请求,认为涉案专利技术并不是客户对服务器的核心需求部件。❶

"康奈尔大学"案之后,美国法院逐步意识到依据整个产品的市场价值计算某个非核心专利部件损害赔偿额的不妥。因此,必须对专利法现有赔偿规则进行改革,损害赔偿额的计算应以包含专利技术的最小适销部分为计算依据,严格依据被告使用涉诉专利技术获得的实际经济价值计算,这样既符合专利法损害赔偿的一般原则,又可以降低"专利蟑螂"寻租的机会。❷

---

❶ Cornell University v. Hewlett-Packard Co., 609 F. Supp. 2d 279 (N.D.N.Y. 2009).

❷ Eric Phillips&David Boag. Recent Rulings on the Entire Market Value Rule and Impacts on Patent Litigation and Valuation [J]. Les Nouvelles, 2013 (48): 1-6.

第五章

公共利益视角下高校专利制度的完善

> 事实上有一种真正的法律,即正确的理性,其与自然相适应,它适用于所有的人并且是不变而永恒的。通过它的命令,这一法律号召人们履行自己的义务;通过它的禁令,它使人们不去做不正当的事情。
>
> ——西塞罗

在知识经济时代,高校发明创造私有化、商业化与学术公开和学术共享行为一样,在某种程度上都有利于实现社会的公共利益。从这个意义上说,高校适当的专利申请、专利许可及诉讼活动都是允许的,并不能过分指责或禁止所有的专利行为。关键是,高校如何既抓住商业发展机会,又能恪守并履行自己的公共服务使命。从完善对策上看,既需要进行以《专利法》为核心的"硬法"之治,又需要依托以大学章程为核心的"软法"治理。

第一节 以《专利法》为核心的高校专利硬法治理

一、《专利法》上的完善

(一)"反公地悲剧"的应对之策:提高实用性标准

依据我国《专利法》第9条、第22条及第24条等规定,应该说,当前的专利制度鼓励尽早尽快申请专利。一方面，发明创造是否符合可专利性条件及专利竞赛中的优先权判断均以"专利申请日"为评价标准，"先申请原则"促进了发明创造在早期阶段的申请行为。另一方面，宽松的实用性条件，并不能确保发明创造真正具备商业上的可行性。因为依据实用性条件的要求，发明人不必提交测试数据证明其发明具有可操作性并具有达到预期使用目的的能力，只需要对其进行技术性描述，能够教会一个普通技术人员知晓如何操作该发明创造即可。对于大多数发明创造而言，实用性条件很容易满足。克里斯托弗·柯彻皮尔教授甚至认为，对于大多数的技术领域来说，这种宽松的实用性条件根本都不能称为一个"条件"。他认为，当前的专利制度鼓励发明人在技术发明的胚胎阶段尽早申请专利，导致后期的商业化价值具有很大的不确定性，商业化风险提高。一方面，尽早申请专利只能促进专利申请数量的增加，而不能确保专利质量。另一方面，尽早申请专利导致专利权界限不清晰，后期的很多商业化形式都可以涵盖到权利解释范围中，为投机主体的寻租行为提供了条件。❶ 为此，柯彻皮尔教授建议提高专利授权的实用性门槛，要求专利权人在申请专利前对其发明创造构建一个"实施原型"。他认为，如果《专利法》在专利申请前就提高实用性条件，要求发明人构建一种实施原型，证明其具有特定的商业性或社会价值，不仅可以解决"反公地悲剧"问题，同时也可以提高专利质量与专利实施率。❷ 实际上，麻省理工学院很早就号召进行"转化性研究"，认为基础研究设计应包含能够将其科学研究成果转化为实际应用的实施计划。❸

同样，特蕾莎·萨默斯也认为，应该提高实用性标准，尤其是某些特定技术领域。例如，萨默斯认为，当前生物技术领域基础研究专利的扩张趋势是不恰当的，《专利法》未能充分考虑现代生物技术的两种趋势。第一种趋势，生物技术研究更多揭示的是基础科学，专利权的扩张必将不断蚕食以基

---

❶ Christopher A. Cotropia. The Folly of Early Filing in Patent Law [J]. Hastings Law Journal, 2009 (61): 65-76.

❷ Christopher A. Cotropia. The Folly of Early Filing in Patent Law [J]. Hastings Law Journal, 2009 (61): 119-129.

❸ Thomas A. Massaro. Innovation, Technology Transfer, and Patent Policy: the University Contribution [J]. Virginia Law Review, 1996 (82): 1729-1731.

础科学为支撑的公共领域范围。第二种趋势,《拜杜法案》及其他国家科技立法促进了传统公共机构尤其是高校对上游研究工具申请专利的活动,然而上游基础研究专利所有权的分割与重叠,势必会抑制后续研究与商业化发展。萨默斯认为,之所以出现这种问题,主要是因为实用性条件太过宽松。因此,必须设立更为严格的实用性标准才能解决问题,如可以要求基因专利的申请人披露与该蛋白质功能相一致的蛋白质编码。❶

(二)保护高校学术使命的协调之策:新颖性宽限期制度的扩张适用

如前所述,新颖性宽限期制度只适用于在我国举办的并仅限于国务院有关主管部门或者全国性学术团体组织召开的学术会议和技术会议。这种严格的宽限期制度,不利于鼓励学术公开与学术交流。"传播知识"作为高校使命的内在维度,要求高校履行作为学术出版机构的使命,进一步说,教授们具有通过学术出版发表学术研究成果的义务与责任。❷ 然而,囿于专利新颖性条件的限制,高校在学术公开使命与学术资本化的经济利益使命之间,无奈地选择了后者。为了遏制学术研究秘密性的趋势,尊重并发扬学术公开与学术共享的优良传统,有必要在专利制度中对高校专利进行一定的优惠待遇。实际上,完善专利制度中的新颖性宽限期制度,可以更好地权衡高校学术使命与专利财产权之间的冲突。

在时间上,宜延长宽限期,为学术研究人员申请专利前预留更多时间,以充分对早期研究数据进行学术发表与公开。从实践来看,6个月的宽限期对于大多数研究人员来说,并不能充分满足学术机构有效评估其研究成果的商业化潜力的需要。因为当高校发明人披露其研究成果时,通常都处于早期研究阶段,甚至可能还只是一个概念化的构思,因此很难依据当前有限的资源

---

❶ Teresa M. Summers. the Scope of Utility in the Twenty-First Century: New Guidelines for Gene-Related Patents [J]. Georgetown Law Journal, 2003 (91): 476-481. 当然,囿于生物技术研究和开发具有高风险、复杂性和不确定性,且严重依赖风险投资基金,因此在生物技术创新过程中早期申请专利对于该产业的持续增长与发展非常重要,故有学者认为,提高的实用性条件不应该阻止研究工具申请专利。参见 Michael S. Mireles. an Examination of Patents, Licensing, Research Tools, and the Tragedy of the Anticommons in Biotechnology Innovation [J]. University of Michigan Journal of Law Reform, 2004 (38): 200-201.

❷ 雅罗斯拉夫·帕利坎. 大学理念重审:与纽曼对话 [M]. 杨德友, 译. 北京:北京大学出版社, 2008: 130.

与数据信息确定发明创造的可专利性问题。在短短的6个月内，可能仍需要对一些数据作出进一步验证或者存在一些技术性难关尚未攻破。此时，如果丧失专利新颖性，对发明人来说是非常不公平的。而采取12个月的宽限期，既可以保障学术研究人员充分履行学术公开的责任，促进研究数据共享，又能保留他们获得专利权的能力，降低学术研究人员恪守学术公开与共享的传统科学规范而丧失专利权的风险，并促进科技成果的转移与商业化。

在适用范围上，应延伸至所有的出版物公开和网络发表公开。我国有学者曾对"专利申请新颖性宽限期规则的援引现状"进行实证分析，研究数据显示我国高校及科研单位援引宽限期的比重非常小，仅为1.4%。[1] 其中一个最重要的原因就是我国新颖性宽限期制度适用太过严格，未充分考虑高校知识传播与学术共享的责任与使命。高校及其研究人员为了保持学术权威地位，具有急于公开发表的传统，如果专利制度将新颖性宽限期范围界定得过于狭隘，势必对那些寻求专利保护的高校产生阻吓作用。因此，有必要将适用范围延伸至所有的出版物公开及网络发表公开，以充分尊重高校公开发表及共享的学术研究传统。

(三) 提高专利技术转化的根本路径：重塑专利激励机制

当前国际竞争日益激烈，科技竞争成为关键。一国专利技术的竞争能力不单单体现在专利申请量与授权量的多少，更依赖专利技术成果转化率即专利商业化水平的高低。因此，专利制度不但要激励发明创造，更需要将发明创造转化为现实生产力，真正发挥其在经济发展中的竞争优势。党的十八大报告明确提出，要坚持走中国特色自主创新道路，实施创新驱动发展战略。而创新驱动的关键就在于长效激励机制的构建。[2] 专利制度作为实施创新驱动发展战略的重要载体，必然要求对制度本身构建的激励机制作出进一步变革。

对于如何才能提高后续专利商业化激励水平，理论界主要存在以下三种路径，即"商业化专利权说""商业化义务说"及"市场自由说"。

第一，"商业化专利权说"。以泰德·席舒曼教授为首的学者主张构建一

---

[1] 万小丽，乔永忠. 专利申请新颖性宽限期规则的援引现状及利用策略 [J]. 电子知识产权，2008 (5)：31.

[2] 马一德. 创新驱动发展与知识产权战略实施 [J]. 中国法学，2013 (4)：31.

种全新的专利权类型即"商业化专利权",授予此专利权的目的在于换取商业化的承诺。具体而言,他认为:①在可专利性主题上,商业化专利与传统产品发明专利相同,只有当某个产品符合"实质新颖性",即与当前市场中可以买到的产品及其实质等同物不同时,才符合"商业化专利"条件。②在权利要求解释上,与传统产品发明专利宽泛的权利要求解释不同,可以涵盖很多不同的商业化形式,商业化专利的权利要求解释的范围只限于说明书中所披露的特定产品类型及其实质等同物。③商业化专利权不但提供了一种消极的排他性权利,而且包括积极的实施权。首先,这种积极性权利将赋予商业化者对任何禁令救济的绝对豁免权。其次,只有当传统专利权被授予后的三年内未进行商业化,才可以申请商业化专利权。最后,因为商业化周期通常是迅速的,所以商业化专利权的保护期应该较为短暂,如自申请之日起 5~8 年。❶

第二,"商业化义务说"。对于有形财产而言,权利人通常具有"不使用权",权利人的不使用行为并不会对他人造成损害。那么,有形财产中的"不使用权"是否能够自然延伸至专利权?实际上,将知识产权与有形财产进行比较论证,是学术界及司法界一贯的分析做法,知识产权特征如非物质性、可共享性、与载体的可分离性等都是相对有形财产而言的。例如,美国爱德华多·佩纳尔弗教授及奥斯卡·里瓦克教授从有形财产法中的"不使用权"反面论证专利权内容中不应该包含"不使用权"。相反,他们认为"使用"更应该成为一种义务。❷ 佩纳尔弗教授及里瓦克教授认为,之所以有形财产中认可不使用权,是因为有形财产的竞争性消费特性,赋予财产所有权人不使用权,更为尊重所有权人的自主权及人格利益,同时有助于社会效率价值的实现。但是,有形财产法中的不使用权并不是绝对的,只有不对第三方当事人利益造成严重损害的不使用行为才能获得法律保护。然而,与有形财产不同,赋予专利权人不使用权所彰显的自主权及人格利益价值并不明显。相反,不使用专利技术可能会浪费其他人的时间及精力,形成重复性投资,尤其会

---

❶ Ted Sichelman. Commercializing Patents [J]. Stanford Law Review, 2010 (62): 341-342.
❷ Oskar Liivak & Eduardo Penalver. The Right Not to Use in Property and Patent Law [J]. Cornell Law Review, 2013 (98): 1437-1453.

妨碍独立发明人使用自己财产的权利。因此，在《专利法》中应设立商业化实施义务。❶

第三，"市场自由说"。以奥斯卡·里瓦克教授为首的学者认为，专利制度所提供的保护应该是最低程度的，市场主体的自主行为对社会更加有益。提高专利商业化水平，并不能依赖专利制度的人为激励机制，而是应该充分发挥市场在资源配置中的决定性作用。他认为，专利制度激励机制最大的不足之处在于，几乎无法识别和量化排他性权利的成本和收益。专利排他性权利只是一个工具，意味着服务于更高的目的，使发明从创造者转移至潜在的用户。这种排他性权利并不是旨在激励发明创造本身，而是应该用于矫正那些妨害发明创造及资源配置的不当行为。❷ 该观点与冯象先生在《知识产权的终结》一文中的观点不谋而合，"低水平的知识产权保护形式代表着激烈而鲜活的市场经济竞争，拒绝保护较高水平的既有知识产权体制，无疑证明了传统知识财产正在死去。保护水平较低的知识产权法律体制形式正在呼之欲出。这种新的法律体制也代表了法治信仰的修正"。❸

应该说，"商业化专利权说""商业化义务说"及"市场自由说"都具有一定的合理性，能够对商业化起到促进作用。但是，这些商业化促进方案各自又都具有一定的弊端："商业化专利权说"虽然可以显著增加发明创造的商业化水平，但是这种新型权利类型可能会产生更高的行政管理成本及司法成本；一刀切式的"商业化义务说"会对非营利性研究机构如高校及小型企业不利；"市场自由说"设立一种最低程度的专利保护标准，充分发挥市场在技术信息资源配置中的关键作用，但是在当前尚不成熟的创新市场中，适用该模式可能还为时过早，不利于规制恶意寻租行为。究竟应遵循哪种商业化激励路径，还需要进一步权衡发明人、使用人及社会公众之间的利益，并结合创新市场的成熟度，恰当把握政府干预与市场调节的力度。

从当前实际情况考虑，对具有商业化实施能力及条件的权利人赋予"商

---

❶ Oskar Liivak & Eduardo Penalver. The Right Not to Use in Property and Patent Law [J]. Cornell Law Review, 2013 (98): 453–1483.

❷ Oskar Liivak. Establishing an Island of Patent Sanity [J]. Brooklyn Law Review, 2013 (78): 1335.

❸ 冯象. 知识产权的终结——"中国模式之外的挑战" [J]. 李一达, 译. 文化纵横, 2012 (6): 50.

业化义务"是一种更为妥当做法。佩纳尔弗教授及里瓦克教授在其文中,提及美国最高法院于1908年审理的"欧式纸袋公司诉东方纸袋公司"一案。❶在该案中,东方纸袋公司购买了一套改进设备的专利技术,但是自己并不使用该专利,也不对其他任何人进行使用许可。东方公司认为,该专利技术能够显著提高纸袋生产的效率,如果被竞争者加以利用则会削减自己的利润。购买该专利并抑制该专利的使用,可以保护其为了研发当前所使用的旧设备所投入的沉没成本。东方公司认为欧式纸袋公司使用的设备侵犯了其所购买的改进设备发明专利。初审法院认为,东方公司的专利有效,欧式公司的设备侵犯了其专利,并授予东方公司禁令救济。最高法院肯定了初审法院裁决。法院认为:"作为一个法律问题,能说企业为节省其已经投入到另一设备中的成本,而不对新改进设备加以使用的行为不合乎情理吗?即使旧的设备被替换,代价也是非常大的。关于竞争对手被排除在新专利的使用范围之外的提法,我们认为这种排他性源自专利权的本质特征,因为任何财产所有权人都具有使用或不使用的权利,无需质疑其动机。"❷依据美国最高法院的裁决,专利作为一种私有化的财产权形式,专利权人有权与其他财产权人一样,具有使用或不使用财产的特权与自由。因为发明创造是发明人的绝对财产,其可以拒绝公众获得并使用其技术发明,发明人可以享受该发明之上的所有权利,包括不实施专利的权利。这恰是专利权排他性的本质,专利权人没有自己使用或允许他人使用其专利财产的义务。对最高法院的此观点,道格拉斯大法官一直持有异议,其反对将不使用的专利视为私有财产。道格拉斯法官认为,依据宪法的专利保护目的,将专利预设为另一种形式的私有化财产是错误的。实际上,专利权是社会出于公共利益目的而作出的一种让步或对价条件。如果专利不使用,很难解释专利如何促进宪法关于"促进科学与实用技术进步"的目的。❸换句话说,专利权是为公共利益而存在的,专利权的价值就体现在商业化实施上。如果专利不实施,授予专利权的社会价值将无从

---

❶ Cont'l Paper Bag Co. v. E. Paper Bag Co., 210 U. S. 405, 406, 427-29 (1908).

❷ 原文为:"As to the suggestion that competitors were excluded from the use of the new patent, we answer that such exclusion may be said to have been of the very essence of the right conferred by the patent, as it is the privilege of any owner of property to use or not use it, without question of motive."

❸ Special Equip. Co. v. Coe, 144 F. 2d 497 (D. C. Cir. 1943).

实现。❶ 因此,"专利商业化"更应该成为一种义务。

二、配套立法完善

国务院在关于《实施〈国家中长期科学和技术发展规划纲要（2006—2020年）〉的若干配套政策》（简称《纲要》）中规定,必须从科技投入、税收激励、金融支持、政府采购等方面加强政策协同与创新激励。❷ 因此,除完善专利制度外,国家还应该加强科技体制改革、财税体制改革,完善相关科技、财政及税收等配套立法。

(一) 科技立法

目前,我国促进科技进步与科技成果转化的两部主要法律为2007年的《科技进步法》与1996年的《促进科技成果转化法》。如前所述,2007年《科技进步法》最突出的贡献就在于,其首次以法律的形式明确规定,国家财政资助项目成果的知识产权归项目承担者所有。该规定极大促进了各方利益主体自主创新与技术转化的积极性,因此该法又被称为中国版的《拜杜法案》。❸ 同时,明确规定了国家财政性科技资金应主要用于基础性研究与公益性研究,❹ 并对科研机构在创新过程中的自主权与学术责任进行了明确规定。❺ 应该说,《科技进步法》既尊重了高校与企业之间的内在差异,又较好地促进了二者的合作机制,具有进步意义。

同样,自1996年颁布实施《促进科技成果转化法》以来,其对促进我国科技成果向现实生产力的转化发挥了重要作用。然而,随经济社会及科技体制改革的深入发展同样暴露出了很多问题,技术市场信息不对称、政府干预过度、激励机制不足、产学对接不利以及技术服务体系不健全等仍然是制约当前科技成果转化的瓶颈因素。例如,依据现行法律规定,"国家对其设立的

---

❶ Kurt M. Saunders. Patent Nonuse and the Role of Public Interest as a Deterrent to Technology Suppression [J]. Harvard Journal of Law & Technology, 2002 (15): 450-452.
❷ 具体内容可参见国务院在关于《实施〈国家中长期科学和技术发展规划纲要（2006—2020年）〉的若干配套政策》（国发〔2006〕6号）的规定。
❸ 参见《科技进步法》第20条规定。
❹ 参见《科技进步法》第60条。
❺ 参见《科技进步法》第43条、46条、55条、56条及57条规定。

高校的科技成果使用、处置行为享有一定的利益分享权，且行政审批程序繁琐，严重影响技术转化的时效性"❶。为解决这些问题，自2015年起全国人大和国务院陆续修订并颁布了《促进科技成果转化法》《实施〈促进科技成果转化法〉若干规定》及《促进科技成果转移转化行动方案》，形成了从修订法律条款、制定配套细则到具体行动部署的科技成果转化"三部曲"。就现行法律规定看，总体上突破了抑制科技成果转化的体制机制障碍，尤其是政府简政放权，对技术创新市场行政干预的弱化及服务引导理念的强化无疑能够极大激发企业、高校技术转化积极性。2015年，《促进科技成果转化法》第18条明确规定了高校在技术市场交易中的独立主体地位与完全的收益权，政府在"放权让利"的同时，又加强了对高校科技活动的内部引导，如第20条要求高校建立符合科技成果转化工作特点的职称评定、考核评价及利益分配的内部激励机制。

然而，在高校语境下，2015年新修订的《促进科技成果转化法》的一些规定仍存在不妥之处。例如，第24条及第27条不仅突出了企业在高校科研内容及方向的主导作用，同时鼓励并支持高校人员到企业进行兼职。这样，不仅会使发明权归属问题更为复杂，势必会对高校学术自由传统及公共利益使命造成侵蚀。国家不能以高校的学术灵魂及公共利益为代价，谋求技术转化带来的经济效益。因此，建议删除这两条规定。相反，国家更多应该从服务视角包括财政税收支持、信息平台建设、服务市场培育以及对高校内部激励机制的引导方面进行努力。

（二）财政立法

科技成果转化是一个投资成本高、周期长、见效慢的商业化过程，因此需要依靠国家财政的大力支持。"科技计划专项""科技计划基金"作为政府支持科技创新活动的两种重要方式，对科技事业发展发挥重要保障作用。然而，当前我国的财政科技项目与基金管理工作在项目形成、资源分配及财政资金使用效益等方面仍存在很多问题。如前所述，我国高校科研经费大部分都来源于政府财政资助，而国家科技财政体制的不完善势必会影响高校受助

---

❶ 参见中国人大网关于《促进科技成果转化法修正案（草案）》的说明，http://m.npc.gov.cn/npc/lfzt/rlys/2015-03/02/content_1907379.htm。

科技成果的质量与转化率。因此，必须加强国家科技财政体制的改革与完善。

对此，国务院先后于2014年3月和2014年12月印发《关于改进加强中央财政科研项目和资金管理的若干意见》及《关于深化中央财政科技计划（专项、基金等）管理改革的方案》，着重构建科技计划（专项、基金）优化整合机制、资源配置统筹协调机制、科技管理信息服务机制及项目评估与资金监管机制，从而真正发挥出财政工具对科技创新的作用。❶除此之外，《科技进步法》第9条、《促进科技成果转化法》第4条还规定政府在引导多元化社会投资方面的引导作用。对于政府在科技管理信息服务中的作用，美国迈克尔·米雷莱斯教授也认为，政府应加强科技信息的公布，建立科技信息数据库，帮助需求方迅速获得相关信息并及时找到权利人。❷同样，美国NIH曾提出一项数据接触政策，促进NIH资助研究成果的传播。该政策请求（并不是要求）所有接受NIH资助的项目承担者，向NIH提供所有项目资助文章及其发表在同行评议科学期刊上的文章的电子复制件。经过一段适宜的限制期后，NIH会将这些电子复制件迁移至官方在线的归档数据库中，向所有公众自由开放。NIH颁布该政策的目的，在于促进公众对源自公共基金的研究成果的接触与非商业性使用如教育与研究目的。此时，权利人仍保持商业性使用权。❸

政府作为科技项目资助机构，除发挥财政支持作用外，还应该充分利用这种财政杠杆的作用，发挥对高校专利服务公共利益的引导与预防作用。一方面，可以利用资助合同直接影响高校专利申请及专利许可活动，如不允许对特定类型的研究成果申请专利或要求高校以特定类型的许可方式进行技术转移。例如，美国国立卫生研究院严格限制受资助者对人类基因组计划中DNA序列申请专利，并鼓励受资助者对研究工具专利以非独占性许可方式进行技术转移。美国学者彼特·李、阿尔蒂·拉伊和丽贝卡·艾森伯格教授均

---

❶ 具体内容可参见国务院《关于改进加强中央财政科研项目和资金管理的若干意见》（国发〔2014〕11号）及国务院《关于深化中央财政科技计划（专项、基金等）管理改革的方案》（国发〔2014〕64号）。

❷ Teresa M. Summers. the Scope of Utility in the Twenty-First Century: New Guidelines for Gene-Related Patents [J]. Georgetown Law Journal, 2003 (91): 225-234.

❸ Policy on Enhancing Public Access to Archived Publications Resulting from NIH-Funded Research [J]. Federal Register, 2005 (70): 6891-6899.

建议修改《拜杜法案》,允许资助机构在资助合同中更加灵活地决定高校是否可以对资助发明申请专利,以及获得专利后应该采取何种许可方式进行技术转移。❶ 另一方面,可以发挥政府介入权作用(March-in Rights),在特殊情形下强制性将高校专利许可给第三方当事人使用。❷ 例如,我国《科技进步法》第 20 条规定:"为了国家安全、国家利益和重大社会公共利益的需要,国家可以无偿实施,也可以许可他人有偿实施或者无偿实施研发成果。"再如,《促进科技成果转化法》第 7 条规定:"国家为了国家安全、国家利益和重大社会公共利益的需要,可以依法组织实施或者许可他人实施相关科技成果"。因此,发挥科技财政资助机构事前或事后干预的作用,既有助于激励创新与科技成果转化,同时有利于防止高校专利活动背离公共利益使命。

(三)税收立法

除国家直接的财政资助外,税收优惠也是促进科技成果转化的一种主要方式。例如,《纲要》第 7 条至第 14 条、《科技进步法》第 17 条及《促进科技成果转化法》第 34 条对科技成果转化过程中享受税收优惠的活动范围及具体的税种、税值进行了规定。同时,2018 年 11 月,财政部会同国家税务总

---

❶ Peter lee. Patent and the University [J]. Duke Law Journal, 2013 (63): 85; Arti K. Rai & Rebecca S. Eisenberg. Bayh-Dole Reform and the Progress of Biomedicine [J]. Law and Contemporary Problems, 2003 (66): 289-310. 当然,也有学者对该措施提出质疑。例如,加里·塞里西涅利教授认为,虽然政府资助机构利用资助合同可以控制项目承担者的不当专利申请行为,在一定程度上会降低社会成本,但是这只是一种吸引人的理想方案,在实践中根本行不通。他认为,一方面政府资助机构缺乏进行有效分析的机构体制及人事资源的实践能力,另一方面对于绝大多数发明而言,没有人能够事先科学判断出其是否适宜申请专利。参见 Gary Pulsinelli. Share and Share Alike: Increasing Access to Government-Funded Inventions Under the Bayh-Dole Act [J]. Minnesota Journal of Law, Science & Technology, 2006 (7): 395-396.

❷ "介入权"是美国《拜杜法案》的一个重要内容,是指为了国家利益、社会公共利益的需要,国家在特殊情况下可以对已经授予项目承担单位享有的专利权行使进行干预,许可第三方当事人进行使用。依据美国《拜杜法案》第 203 条(a)的规定,国家在以下四种情形下可以要求项目承包方、受让方或者获得独占许可的人以非独占、部分独占或独占许可的方式,许可第三方当事人使用,如果相关权利人无正当理由拒绝,国家有权自行颁发许可证:第一,相关权利人在合理期限内未能采取有效措施保障发明的有效实施和应用;第二,相关权利人的技术实施未能适当满足缓解健康和社会安全的需要;第三,为满足社会公共利益需要;第四,相关权利人违反了"产业优先"的规定。参见唐素琴、李科武. 介入权与政府资助项目成果转化的关系探析 [J]. 科技与法律, 2010 (1): 75. 有关美国、日本、我国台湾地区及我国大陆地区对政府资助科研项目中"介入权"的分析比较,可参见黄光辉. 政府资助科研项目中介入权制度若干问题研究 [J]. 科技与法律, 2010 (1): 77.

局、科技部、教育部联合印发了《关于科技企业孵化器 大学科技园和众创空间税收政策的通知》(财税〔2018〕120号)。其指出,自2019年1月1日至2021年12月31日,对国家级、省级科技企业孵化器、大学科技园和国家备案众创空间自用及无偿或通过出租等方式提供给在孵对象使用的房产、土地,免征房产税和城镇土地使用税;对其向在孵对象提供孵化服务取得的收入,免征增值税。

第二节 以大学章程为核心的高校专利软法治理

依据《中共中央关于全面推进依法治国若干重大问题的决定》(以下简称《决定》)的精神要义,依法治国需要硬法与软法相辅相成,形成合力,才能实现理想效果。《决定》认为,全面推进依法治国是一个系统工程,要推进多层次多领域依法治理,需要不断完善各组织、部门、团体自我约束、自我管理机制,充分发挥社会规范在社会治理中的积极作用。因此,在高校科学研究与专利制度的协同进化过程中,不仅要依赖专利制度对科学研究规范传统的尊重与适当保障,也需要高校对优良传统的自我坚持。从现行高校行政法制体系看,大学章程乃现代大学设立的制度性根基,是大学自我约束与管理,保障学术自由与校园秩序良性运行而制定的规范性文件。[1] 大学章程既是坚守学术研究规范的基本保障,也是社会监督大学责任与使命的重要依据。[2] 大学章程有利于大学资源的合理配置,是立校之本、治校之基,现代大学需要大学章程发挥监管作用。[3] 因此,协调大学学术使命与专利财产权之间的冲突,需要专利制度与大学章程形成合力,形成"国家法律法规的硬法之治与大学

---

[1] 湛中乐,徐靖. 通过章程的现代大学治理 [J]. 法制与社会发展, 2010 (3): 107. 2011年教育部颁布《高等学校章程制定暂行办法》,其中第3条规定:"章程是高等学校依法自主办学、实施管理和履行公共服务职能的基本准则。高等学校应当以章程为依据,制定内部管理制度和规范性文件、实施办学和管理活动、开展社会合作。"

[2] 黄兴胜. 大学章程与大学内部治理——基于英国、意大利大学章程建设的考察报告 [J] 中国高教研究, 2014 (1): 34.

[3] 牛维麟. 现代大学章程与大学管理 [J]. 中国高等教育, 2007 (1): 14.

章程制度的软法之治"协同管理的法制模式。

一、大学章程软法治理的必要性

从制度经济学角度而言,制度可以广泛界定为"塑造人类互动作用的人性化设计约束",包括一切正式的和非正式的规则。❶ 马尔科姆·卢瑟福认为:"制度是行为的规律性或规则,一般为社会群体的成员所接受,并详细规定具体环境中的行为,其要么进行内部的自我实施,要么由外部权威来帮助实施。"❷ 非正式的规则之所以能够发挥激励与约束的作用,主要是受到长久以来形成的价值观念、精神特质的影响。理查德·皮尔德斯教授认为,"由于正式的法律和公共政策的有效性不可避免地存在一定弊端,我们必须深刻认识到非正式的社会规范对高效社会互动所发挥的核心作用。社会资本是一个非常脆弱的资源体系,由于潜在的机会主义利己行为普遍存在,社会整体福利势必会受到损害。然而,国家正式的法律并不是无所不能,仍需要非正式的规范承担部分规制责任,促进社会集体的合作与互惠"❸。

对于这些非正式的规则,一些学者引入"软法"概念进行更为明晰的诠释。"软法"(Soft Law),是与那些依靠国家强制力保障实施的硬法(Hard Law)相对应的法律概念,是指"虽然不具有法律上的约束力但可能产生实际效果的行为规则"❹。软法具有以下特征:第一,在制定主体上,一般不是国家正式的立法机关,而是超国家或次国家的共同体,如世界贸易组织、世界知识产权组织或高等学校、村民委员会等次国家共同体。❺ 第二,在效力上,

---

❶ 林毅夫在《关于制度变迁的经济学理论:诱致性变迁与强制性变迁》中指出:正式制度是指,制度安排中规则的变动或修改,需要得到其行为受这一制度安排管束的一群人的准许;与之相对,非正式制度是指,制度安排中规则的变动或修改,不需要也不可能由集体行动来完成。

❷ 马尔科姆·卢瑟福. 经济学中的制度:老制度主义和新制度主义 [M]. 陈建波,郁仲莉,译. 北京:中国社会科学出版社,1999:1.

❸ Richard H. Pildes. Law, Economics, & Norms: the Destruction of Social Capital through Law [J]. University of Pennsylvania Law Review, 1996(144):2076.

❹ Francis Snyder. Soft Law and Institutional Practice in the European Community [M]. Stephen Martin: The Construction of Europe, Kluwer Academic Publishers, 1994:198. 转引自罗豪才,毕洪海. 通过软法的治理 [J]. 法学家,2006(1):2.

❺ 姜明安. 软法的兴起与软法之治 [J]. 中国法学,2006(2):28.

不具有国家强制力,主要依靠共同体内部成员的自觉遵守。❶ 在大学语境下,大学章程及其相关政策、管理规定等均属于软法规制范畴。❷

　　大学章程及其相关政策、管理规定等虽然没有法律上的强制性约束力,但对学术共同体发挥不可替代的监管作用。从功能上说,大学章程既是学校组织设立的法定条件,又是学校管理的"基本法",是学校依法治校与自主管理的纲领性文件。❸ 大学专利政策的设计与构建,大学专利权的权利边界及职责义务,需要以大学章程的目标和价值取向为指导。因此,为防止大学在功利性的专利制度中迷失方向,不仅需要发挥专利制度的硬法治理功能,还要充分发挥大学章程的软法功效,即通过调整大学章程协调学术公开与学术共享的传统规范与经济收益最大化之间的冲突。例如,阿尔蒂·拉伊教授认为,实现科学研究领域的知识创造、披露及发展,需要传统科学规范与知识产权法的双重调整。对行为的约束不能单纯依靠制定法或社会规范的力量,而是需要两项制度的合力。立法者如果希望鼓励某种特定行为,可以运用法律手段将该规范具体化。❹ 菲奥娜·穆雷及斯科特·斯特恩也指出,随着知识产权对科学共同体的影响,需要法律规则与科学规范之间的相互作用。❺

二、大学使命的定位

　　"大学使命是人们对大学这一特殊组织必须承担的社会责任的一种确定,是人们对大学应有价值的判断、追求和选择,具体体现为大学组织的宗旨、

---

❶ 姜明安. 软法的兴起与软法之治 [J]. 中国法学, 2006 (2): 29.

❷ 以大连理工大学为例,《大连理工大学知识产权战略纲要》《大连理工大学知识产权保护管理规定》《大连理工大学关于促进技术转移的实施细则》《大连理工大学关于促进科技成果产业化的暂行规定》《大连理工大学技术合同管理条例(试行)》以及正在修订中的《大连理工大学著作权管理办法》《大连理工大学标识和商标的使用管理办法》及《大连理工大学技术秘密管理办法》等均属于软法治理范畴。

❸ 张爱淑. 论软法视阈下的现代大学章程建设 [J]. 国家教育行政学院学报, 2013 (11): 8-9.

❹ Arti Kaur Rai. Regulating Scientific Research: Intellectual Property Rights and the Norms of Science [J]. Northwestern University Law Review, 1999 (94): 77.

❺ Fiona Murray & Scott Stern. Learning to Live with Patents: Assessing the Dynamic Adaptation to the Law by the Scientific Community [N/OL]. Danish Rearch Unit for Industrial Dynamics Working Paper, 2008-08-23. available at http://www3.druid.dk/wp/20080023.pdf.

理性、目的和责任。"❶ 要建立完善有效的大学自我约束机制，必须以大学使命的科学定位为逻辑起点。综合来看，大学章程中定位的大学使命主要包括三项内容：教学育人、科学研究及服务社会。高校既应注重新知识的探究与共享，同时也要强调知识的应用性或创业性特质，致力于解决社会实际问题，改善人们生活条件。以 2014 年 10 月经教育部核准发布的《清华大学章程》为例，其第 3 条规定，"清华大学坚持社会主义办学方向，以人才培养为根本任务，履行教育教学、科学研究、社会服务、文化传承创新职责，服务国家和人民，推动人类文明进步。"❷ 在这种大学使命的价值指引下，高校专利政策应努力协调好传统教学、科研与公共服务使命的关系：首要目标应是激励创新并促进新知识以有利于社会公共利益的方式进行技术转移，其次才是为高校及发明人创造经济收益。❸ 换句话说，高校的专利政策应始终以服务公共利益为核心，致力于实现社会利益最大化，而不是高校本身经济利益的最大化。高校专利政策的构建及具体运行管理活动均须以其公共服务使命为导向。例如，美国伊利诺斯州立大学在其专利政策中明确树立以下四个目标：第一，优化高校研究创造新知识的环境与激励机制；第二，确保高校的教育使命；第三，为公共利益，快速有效地将高校技术转化为实际应用；第四，保护高校研究投资进行适当回笼。❹

---

❶ 眭依凡. 大学的使命及其守护 [J]. 教育研究, 2011 (1): 68.

❷ 与之类似，《北京大学章程》第 3 条规定，学校以人才培养为中心，以师生为根本，通过教学、研究和服务，创造、保存和传播知识，传承和创新文化，推动中华民族进步，促进人类文明发展；《中国人民大学章程》第 4 条规定，学校以人才培养、科学研究、社会服务、文化传承创新为基本职能；《吉林大学章程》第 8 条规定，吉林大学以人才培养和知识创新为根本任务，开展教学、科学研究和社会服务活动。

❸ Anthony J. Luppino. Fixing a Hole: Eliminating Ownership Uncertainties to Facilitate University-Generated Innovation [J]. UMKC Law Review, 2009 (78): 371–374.

❹ 原文为："1. To optimize the environment and incentives for research and for the creation of new knowledge at the University; 2. To ensure that the educational mission of the University is not compromised; 3. To bring technology into practical use for the public benefit as quickly and effectively as possible; and 4. To protect the interest of the people of Illinois through a due recovery by the University of its investment in research."

三、大学专利政策的构建

(一) 专利申请政策

虽然国家允许大学申请专利,但大学对是否申请专利始终享有自由决定权。大学作为非营利性公共服务机构,在申请专利时应保留一个最低的底线,避开对那些进入公有领域范畴更能发挥出有益社会功效的科研成果进行专利申请,同时应兼顾文化传播及知识共享传统。例如,罗谢尔·德莱弗斯教授认为:"高校的科学研究一直是在开放创新模式下运行,即使在当前学术资本化趋势下,传统的科学共享规则在学术共同体中仍然发挥着重要的影响力。而且,专利权于知识之上强加了一种排他性权利,而这种知识本可以进入公有领域供人们自由获得。从这个意义上说,排他性既提高了后续创新成本,也增加了人们享受创新利益的成本。而开放创新模式可以显著降低交易成本,激励自由创造,且不必担心侵权等问题。"[1] 因此,高校在决定是否对某项发明创造申请专利时,应努力权衡"专利权模式"与"开发创新模式"究竟哪种模式更能促进技术的传播与应用。

此外,即使高校申请专利并获得了专利权,也应促进专利技术的广泛使用或鼓励专利技术尽早进入公有领域,而不应该利用后续专利申请行为变相延长在先专利权的保护期限。例如,斯坦福大学在1974年最初的专利申请中权利要求解释包括制造重组 DNA 技术的方法及任何源自该方法的产品。随后,专利申请又拓展为方法专利和两个分别源自原核细胞和真核细胞重组 DNA 技术产品专利的分案申请。尽管如此,斯坦福大学提出严正声明,明确表示:后续专利申请与最初专利申请的保护期限一致,共同终止于1997年12月2日,其不会利用后续专利申请行为变相延长在先申请的专利权。斯坦福大学的该举措,较好地维护了其服务社会公共利益的使命。[2]

---

[1] Rochelle Cooper Dreyfuss. Does IP Need IP? Accommodating Intellectual Production outside the Intellectual Property Paradigm [J]. Cardozo Law Review, 2010 (31): 1437.

[2] Maryann P. Feldman, Alessandra Colaianni & Connie Kang Liu. Lessons from the Commercialization of the Cohen-Boyer Patents: the Stanford University Licensing Program [M/OL] // Intellectual Property Management in Health and Agricultural Innovation: a Handbook of Best Practices. Oxford: MIHR Publisher, 2007. available at http://www.iphandbook.org/handbook/ch17/p22/.

（二）专利实施政策

1. 构建促进专利技术转化的内部激励机制

《促进科技成果转化法》第 20 条规定："研究开发机构、高等院校的主管部门以及财政、科学技术等相关行政部门应当建立有利于促进科技成果转化的绩效考核评价体系，将科技成果转化情况作为对相关单位及人员评价、科研资金支持的重要内容和依据之一，并对科技成果转化绩效突出的相关单位及人员加大科研资金支持。国家设立的研究开发机构、高等院校应当建立符合科技成果转化工作特点的职称评定、岗位管理和考核评价制度，完善收入分配激励约束机制。"这一规定要求高校必须建立符合科技成果转化工作特点的职称评定、考核评价及利益分配的内部激励机制。囿于当前多数高校职称评定体系、考核评价体系均是以专利申请数或授权数作为评价指标，科研人员更多是为了申请而申请，只追求形式上的数量最大化，根本不关心专利质量或者其市场应用能力。而将科技成果转化纳入评估指标后，势必会提高专利质量与技术转化水平。

依据《专利法》第 16 条、《促进科技成果转化法》第 43 条至 45 条、《职务发明条例草案》第 17 条至 27 条等规定，高校职务发明人享有署名权与一定比例的利益分享权。然而，实践中，高校对职务发明人的奖酬未能充分落实，这无疑会挫伤发明人寻求专利技术转化的积极性。高校务必加快出台相关具体制度，以充分尊重并保障了高校职务发明人的利益，有利于发挥发明人在技术转化过程中的关键性作用，提高技术转化水平。例如，早在 2014 年北京市政府就发布《加快推进高等学校科技成果转化和科技协同创新若干意见》（又称为"京校十条"），对高校科技成果转化利益分配机制进行了重大调整，规定七成以上的转化收益归职务发明人所有。❶

2. 专利许可对策的完善

大学作为公共服务机构，与纯粹的逐利性私营企业不同，还承担着促进知识发展与传播并对知识进行有益利用的社会责任。因此，大学技术转移活

---

❶ 例如，华中科技大学的"显微光学切片断层成像系统"专利以 1000 万元的成交价格成为该项政策当前的最大受益者，发明人获得 700 万元收益。

动应以最大化社会公共福利为己任,而非仅仅最大化大学自身的许可费收入。正如莱姆利教授所言,"大学技术转移办公室应该以最大化技术知识的社会使用价值为目标,而不仅仅是最大化大学的许可费收入。大学不同于逐利的私营企业,是担负着促进技术发展与有益知识传播的公共服务机构。在某些情况下,这些目标与大学短期的经济利益并不冲突,然而也并不尽然"❶。因此,为恪守传统大学理念与使命,大学采取的许可方式,应根据不同的专利技术类型而区别对待,不能一味地适用独占性许可方式。对于大学技术转移活动应遵守的基本价值理念,斯坦福大学于2007年3月发表的《为公共利益:大学技术许可的九点思考》白皮书(以下简称"白皮书"),为大学技术许可提供了有益指南。❷ 2006年夏天,时任斯坦福大学研究院院长亚瑟·宾斯托克对研究人员、许可董事及美国医学院校协会的代表召开了一个小型会议包括加州理工大学、康奈尔大学、哈佛大学及麻省理工学院等,集体讨论有关大学技术转移中涉及的重要社会性、政策性、立法性及其他各方面的问题,并集合与会代表意见最终形成了白皮意见书。白皮书认为,即使各大学技术许可机构可能因特定发明类型、商业机会及被许可人等的不同而在具体的许可方式上存在一定差异,但是所有的大学技术转移协议都应坚守某种最核心的价值理念。与会代表认识到,"一刀切式"的许可模式并不能充分发挥技术转移的功效,不同的学术发明价值及商业需求可能需要不同的许可方式,大学在与企业进行技术许可谈判时,应牢记这一点。同时,大学在进行技术转移时,不能损害社会公共利益。当前,已经有110多所大学及机构都签署了该白皮意见书。❸ 具体而言,大学专利许可活动应该遵循以下原则。

(1) 针对不同技术类型灵活适用不同的许可方式

白皮书在第二点中指出,大学采独占性许可模式应该以能够促进技术开

---

❶ Mark A. Lemley. Are Universities Patent Trolls? [J]. Fordham Intellectual Property, Media & Entertainment Law Journal, 2008 (18): 611-625.

❷ In the Public Interest: Nine Points to Consider in Licensing University Technology [Z/OL]. 2007. available at http://www.autm.net/Nine_Points_to_Consider1.htm.

❸ In the Public Interest: Nine Points to Consider in Licensing University Technology [Z/OL]. 2007. available at http://www.autm.net/Nine_Points_to_Consider1.htm. 例如,华盛顿大学、杜克大学、密歇根大学、科罗拉多大学、俄勒冈大学、伊利诺斯大学、AUTM、威斯康辛州校友基金会、杜兰大学、波多黎各大学及巴西利亚大学等。

发和使用的方式进行构建。白皮书认为，当某项技术需要投入大量时间及资源时，赋予企业独占性许可的使用方式通常是必要和适当的。❶ 例如，对于软件技术，赋予某个公司独占性许可的方式，不仅大学可以获得较高的经济收益，同时这种技术转移形式也有利于发挥出该技术的最大化社会效益。然而，技术转移办公室应该能够意识到这种独占性许可方式对后续研究、未开发的实用性、进一步的商业化及未来市场的潜在影响。因此，大学在向企业授予独占性许可时，应该致力于只授予那些鼓励技术发展之必要的权利内容。如果技术主题存在其他尚未发掘的实用性，授予企业在所有领域的独占性许可可能会产生负面影响。尤其当独占性被许可使用人不能或不愿意在其核心业务范围外改进技术时，这种负面影响更为突出。大学应该采用恰当的方法平衡被许可使用人的合法商业需求与大学教育及公共利益使命之间的关系，以确保其研究成果能够获得广泛的实际应用。❷ 此外，当独占性许可为必要技术转移方式时，要求被许可使用人作出勤勉开发技术的承诺非常重要，以防止其不能或不愿意推动技术创新。在长期的独占性许可合同中，应该明确界定勤勉开发的义务并在许可期间进行定期监视，以促进被许可使用技术的有效开发与广泛传播。最理想的方案是，设立客观的、有时间限制的绩效指标，并以终止使用或非独占性使用作为违反勤勉开发义务的惩罚。除在合同中直接约定勤勉开发的义务外，另一个确保勤勉开发义务的方式，通常是要求独占性被许可人对第三方当事人授予分许可，以解决市场供给不足或必要的公共健康需求（强制性再授权），或者要求其在新适用领域对被许可使用技术进行商业化。❸

然而，对于不需要显著投资的技术，如适于广泛利用的优化技术或研究工具等，采用宽泛的、非独占性许可方式允许各行业的不同企业进行使用，有利于最大化地实现这些技术所带来的社会利益并能够促进技术不断向纵深

---

❶ In the Public Interest: Nine Points to Consider in Licensing University Technology [Z/OL]. 2007. available at http://www.autm.net/Nine_Points_to_Consider1.htm.

❷ In the Public Interest: Nine Points to Consider in Licensing University Technology [Z/OL]. 2007. available at http://www.autm.net/Nine_Points_to_Consider1.htm.

❸ In the Public Interest: Nine Points to Consider in Licensing University Technology [Z/OL]. 2007. available at http://www.autm.net/Nine_Points_to_Consider1.htm.

领域发展，同时在某种程度上也可以消除后续创新的障碍。❶ 对此，斯坦福大学早期对"科恩-博耶尔"专利（Cohen-Boyer）的许可使用经验值得借鉴。"科恩-博耶尔"专利是斯坦福大学斯坦利·科恩及加利福尼亚大学的赫伯特·博耶尔在1974年11月共同提出专利申请，并于1980年12月最终获得专利授权的重组 DNA 技术。该专利为遗传工程领域的基础研究工具。斯坦福大学在获得专利授权后，谨慎草拟其专利许可策略，认为高校应时刻保持服务社会的使命感，即使许可计划能够为高校带来许可费收入，但经济收益目标并不能成为主导其许可策略的关键因素。斯坦福大学对科恩博耶专利的许可有四个目标：第一，与高校公共服务理念相一致；第二，提供适当的商业化激励措施，促进基因工程技术以一种适当且及时的方式实现社会公共利益；第三，管理专利技术以降低潜在的生物危害；第四，为高校教育和研究目的提供经费收入。❷ 时任斯坦福大学公共事务副院长的罗伯特·罗威茨威格曾在一封"致对重组 DNA 技术感兴趣的使用者"公开信中表示，研究经费的短缺已经成为抑制高校研究质量不可忽视的因素之一，因此我们不会轻易放弃那些来源合法合理且不会损害高校公共服务使命的可能性经济收入。最终，斯坦福大学以非独占性许可方式低价将专利技术许可给任何需要的使用者，致力于技术的广泛使用与传播。❸ 再如，英属哥伦比亚大学支持非独占性许可，并于2006年由其发起《西海岸许可合作伙伴关系协议》（West Coast Licensing Partnership，WCLP），促进知识转移。WCLP 是由七所著名大学提供的用以获取专有技术和研究工具的"一站式"服务。依据协议，被许可人在单一许可证下可以获得对不同专有技术及研究工具的组合使用权。而且，在 WCLP 框

---

❶ In the Public Interest: Nine Points to Consider in Licensing University Technology [Z/OL]. 2007. available at http://www.autm.net/Nine_Points_to_Consider1.htm.

❷ 原文为："to be consistent with the public-service ideals of the university; to provide the appropriate incentives in order that genetic engineering technology could be commercialized for public benefit in an adequate and timely manner; to manage the technology in order to minimize the potential for biohazard; to provide income for educational and research purposes."

❸ Maryann P. Feldman, Alessandra Colaianni & Connie Kang Liu. Lessons from the Commercialization of the Cohen-Boyer Patents: the Stanford University Licensing Program [M/OL] // Intellectual Property Management in Health and Agricultural Innovation: a Handbook of Best Practices. Oxford: MIHR Publisher, 2007. available at http://www.iphandbook.org/handbook/ch17/p22/, p. 22.

架下，所有许可都是非独占性的。

虽然大学对外采非独占性许可使用方式，单位数量的许可费用显著低于独占性许可费，但是受众数量可以弥补这种缺陷，大学可以依靠非独占性许可方式实现长远利益上的经济收益最大化。例如，虽然斯坦福大学的"科恩-博耶尔"专利对外普通许可使用方式，但其许可政策实现了服务社会与经济收益的双赢局面。一方面，在专利存续期间，重组 DNA 技术共许可给了 468 家企业使用，为很多产业提供了全新的技术平台，创造了大约 2442 种新产品与 350 亿美元的销售收入。另一方面，也为两个高校带来了 2.55 亿美元的许可费收入，其中大部分收入都相继投入高校研究的基础设施建设上。斯坦福大学对"科恩-博耶尔"专利的管理模式已经成为各高校技术许可策略的黄金标准。❶

因此，大学专利许可政策应该针对不同的专利技术进行区别对待，而不仅仅是在独占性许可和非独占性许可之间作出简单选择。例如，莱姆利教授建议大学对基础性或上游专利技术宜适用非独占许可使用方式，不仅如此，在适用独占许可使用方式时也应采取更加灵活的形式，即应利用合同机制对独占性许可进行合理约束：第一，在某些情况下，可以只针对特定领域进行独占许可或允许不同领域的使用者同时对专利技术进行商业化行为；第二，仅在有限的期限内赋予独占性许可权；第三，只允许进行独占性商业销售，不及于研究性使用❷；第四，在向私营企业授予独占许可使用权时为大学及其他非营利性机构保留非商业性研究的权利，为大学研究人员创立"实验使用例外的私人规则"❸。此外，莱姆利教授认为，欲最大限度地实现大学技术转移的社会效益，大学首先必须对自己在社会中的角色进行恰当定位，并据此调整专利政策，其中一个重要举措就是将大学技术转移办公室或许可办公室

---

❶ Maryann P. Feldman, Alessandra Colaianni & Connie Kang Liu. Lessons from the Commercialization of the Cohen-Boyer Patents: the Stanford University Licensing Program [M/OL] // Intellectual Property Management in Health and Agricultural Innovation: a Handbook of Best Practices. Oxford: MIHR Publisher, 2007. available at http://www.iphandbook.org/handbook/ch17/p22/, p. 22.

❷ Mark A. Lemley. Are Universities Patent Trolls? [J]. Fordham Intellectual Property, Media & Entertainment Law Journal, 2008 (18): 624-25.

❸ Gary Pulsinelli. Share and Share Alike: Increasing Access to Government-Funded Inventions Under the Bayh-Dole Act [J]. Minnesota Journal of Law, Science & Technology, 2006 (7): 393.

纳入大学的整个体系中，结束其当前与其他大学机构相隔离的状态，防止其退化为大学专门的营利工具。❶ 还有学者认为，大学应变革TTOs机构的运行机制，保证教职员工对TTOs专利许可决策的参与，以充分权衡大学某个专利许可决定将对科学研究、教育及整个社会的影响。该学者认为，大学之所以倾向于独占许可方式，主要是因为当前大学技术转移办公室对专利许可的成本收益进行了错误的评估，TTOs在运行过程中以利润为导向，缺乏应有的社会责任感。由于大学教职员工对其所研究的技术领域最为熟悉，对后续研究及商业化能力的成本收益评估更为准确科学，因此大学教职员工对许可决策的参与对于确保传统大学理念与使命尤为重要。如果研究成果具有已识别的、可观的应用性价值，而且该成果对后续科学研究的影响非常小，则可以申请专利并采独占许可方式。与之相对，如果研究成果具有明显的基础科学价值，则不应申请专利或只能适用非独占许可方式。❷

除灵活的独占性许可使用方式外，其他方式也可以实现大学的社会责任目标，如开源许可（Open Source Licensing）、专利池（Patent Pool）或专利共享（Non-Assertion Covenants）等。专利池或专利共享旨在将一些专利权人的相关专利聚集一起，形成专利共享场域，并对专利进行集体许可与管理，以防止"专利丛林"或"反公地悲剧"的发生。例如，在电子类及数码类消费性产品领域，哥伦比亚大学就加入到了有关MPEG-2数据压缩标准技术的专利池中。❸

---

❶ Mark A. Lemley. Are Universities Patent Trolls? [J]. Fordham Intellectual Property, Media & Entertainment Law Journal, 2008 (18): 626-627.

❷ Dovid A. Kanarfogel. Rectifying the Mission Costs of University Patent Practices: Addressing Bayh-Dole Criticisms through Faculty Involvement [J]. Cardozo Arts & Entertainment Law Journal, 2009 (27): 533-551.

❸ 我国科技部2010年发布的《国家科技重大专项知识产权管理暂行规定》第33条规定，"对于重大专项产生的知识产权，应当首先在我国境内，并以非独占许可的一般方式许可他人实施。如果以独占实施方式向境内机构或个人许可的，应当报牵头组织单位审批。"第38条规定，"鼓励项目单位以科技成果产业化为目标，按照产业链建立产业技术创新战略联盟，通过交叉许可、建立知识产权分享机制等方式，加速科技成果在产业领域应用、转移和扩散，为产业和社会发展提供完整的技术支撑和知识产权保障。"由此可知，即使重大专项产生的专利技术，国家政策也鼓励技术以普通许可方式向企业转移，并鼓励共享机制的构建。

(2) 严格限制企业对未来改进技术的许可使用

白皮书在第三点中认为,被许可使用人为了获得对被许可专利技术的绝对竞争优势,通常都要求大学将许可专利的未来改进技术一并许可其使用。但是,这种未来改进技术的许可义务,可能会将大学教职员工的所有研究计划都束缚到该企业中,进而对这些研究人员获得其他企业或相关研究基金的能力产生寒蝉效应。特别是,当这些未来权利延及到大学的其他发明,那些并没有从原始发明许可中获益的研究人员也会受到限制。而对于这些研究人员而言,获得的奖酬远不及于原始发明人。出于这些原因考虑,独占性被许可使用人不应自动获得"改进"发明或"后续"发明的权利。相反,许可权利应该仅限于现有的专利申请范围及权利要求解释范围。即使在少数被许可人被授予了改进专利使用权的情况下,也应该严格限制权利授予的范围,许可的范围应该仅限于原始被许可专利占主导地位的发明领域,不能延及至非发明人创造或与其他发明人共同创造的发明范围。❶ 此外,对独占许可适用领域的限制,包括被许可技术及改进技术,应保证第三方当事人在被许可人核心业务范围之外的使用权。在任何情况下,改进许可也应该受到勤勉开发条件的约束。❷

(3) 确保研究工具的广泛使用

迈克尔·科林认为,创新就是信息从公共领域到排他性领域,到可访问性,再返回到公有领域的循环往复过程。❸ 因此,必须保护对创新资源的访问与使用。大学作为一个传统意义上的非营利性公共服务机构,承担着促进知识生产与知识传播的使命,因此大学应该尽可能确保社会对研究工具的广泛使用。白皮书第四点认为,对于研究工具而言,采用特定领域独占许可及非独占许可融合的使用方式,既可以满足独占性被许可人的商业使用需求,又不至于显著损害社会公共利益。例如,对于基因和蛋白质方法专利,大学可以将特定研究试剂、试剂盒或研究设备独占许可给某个企业使用,用以专门

---

❶ In the Public Interest: Nine Points to Consider in Licensing University Technology [Z/OL]. 2007. available at http://www.autm.net/Nine_Points_to_Consider1.htm.

❷ Ibid.

❸ Michael A. Gollin. Driving Innovation: Intellectual Property Strategies for a Dynamic World [M]. Cambridge: Cambridge University Press, 2008: 46.

销售被许可产品或服务。对于这种独占性许可合同,在草拟许可协议时应明确独占许可针对的只是专利产品或服务的销售,而非使用,从而确保大学可以自由将专利技术以非独占性方式许可给其他使用者,他们既可以从独占性被许可人处购买专利产品,也可以自己制造专利产品。❶

斯坦伯格教授对促进研究工具广泛使用的策略进行了探讨,她认为应充分发挥非市场激励机制与共享规范对研究工具生产与传播的重要作用。她对研究工具进行了几种区分。第一,区分了"双重目的研究工具"(Dual-purpose Research Tools)与"普通研究工具"(Garden Variety Research Tools)。其中,"双重目的研究工具"是指既是基础研究成果也是直接的商业开发对象,而"普通研究工具"只促进基础研究。第二,区分了"自己学用或自己动手制作的研究工具"(Do-it-yourself Research tools)与"包含有形物质的研究工具"(Tools Comprising Tangible Materials)。她认为,大学技术转移办公室对具有双重目的的研究工具应区分学术性使用与商业性使用,并在此基础上进行差别许可。同时,应将自制研究工具纳入实验使用例外制度范畴,以确保研究工具的广泛使用。❷

(4) 注意审查被许可人的商业运作模式

从实践看,高校专利的商业转化率并不高,大部分专利都处于"积压"状态。一些专利整合者愿意将大学与某个特定技术相关的所有专利技术均纳入许可使用范畴,此时对大学技术转移及经济收入是有利的。然而,大学技术转移办公室在对专利整合者进行技术许可时,要特别注意其商业运作模式。如果专利整合者聚合大学专利的目的,在于向二级被许可人提供一个完全的技术打包,更好地促进技术商业化,则大学可以将专利技术许可其使用。与之相对,如果专利整合者并没有进行商业化的目的,只是为了获得专利数量上的优势,并以侵权诉讼相威胁,劫持二级许可使用费,则大学不应将专利技术许可其使用。因为这种专利聚合者并没有对被许可技术进行改进或后续创新,只是运用专利权赚取金钱利益。世界知识产权组织指出,保护知识产

---

❶ In the Public Interest: Nine Points to Consider in Licensing University Technology [Z/OL]. 2007. available at http://www.autm.net/Nine_Points_to_Consider1.htm.

❷ Katherine J. Strandburg. User Innovator Community Norms: At the Boundary between Academic and Industry Research [J]. Fordham Law Review, 2009 (77): 2266-2274.

权本身并不是目的,而是促进创新活动、工业化、投资及诚信经营的一种手段。❶ 因此,大学技术转移办公室的专利许可活动必须在大学使命范围内,促进技术进步并服务公共利益,鼓励技术商业化,而不是最大化技术许可带来的商业利益。

(5) 在许可合同中纳入人道主义条款

大学不仅担负着教育与研究的责任,还承担着服务社会的使命。尤其在医疗领域,这种服务全社会公共利益的责任感与使命感更为鲜明。人类的生命健康权优于一切财产权,不能运用专利权阻碍关乎人类基本健康的疾病治疗。因此,大学在对私营企业进行技术许可时,有必要纳入人道主义条款,确保欠发达国家和地区能够以低价或免费享受医疗创新成果,或者对这些国家的医疗、诊断及农业改进技术给予特殊的关注。❷

大学在对外许可其专利技术时,可依据受益者的地位及使用目标设置不同的许可使用费。如果专利技术用于人道主义目的如治疗疾病,或用于促进贫困地区或欠发达地区发展的目的,则免费使用或设置一个最低程度的使用费;如果专利技术用于私营企业或营利性组织的正常商业性活动,则可以收取正常的许可使用费。❸

例如,基于前述的"耶鲁大学事件",越来越多的大学及公共机构都在专利许可合同中纳入了人道主义或社会责任条款,以保护弱势群体利益。白皮书认为,大学专利许可实践应确保大学的核心价值并尽可能最大限度地促进大学技术转移。大学承担着服务社会的特殊使命,有责任与全世界的贫困人口分享发明成果。因此,大学在实施许可政策时,应该努力确保医疗服务水平落后的欠发达国家和地区能够以较低价格或免费享受医疗创新成果。❹ 2009年,美国 6 所主要的研究型大学发表联合声明,表示对于那些关乎发展中国

---

❶ Michael A. Gollin. Driving Innovation: Intellectual Property Strategies for a Dynamic World [M]. Cambridge: Cambridge University Press, 2008: 36.

❷ In the Public Interest: Nine Points to Consider in Licensing University Technology [Z/OL]. 2007. available at http://www.autm.net/Nine_Points_to_Consider1.htm.

❸ In the Public Interest: Nine Points to Consider in Licensing University Technology [Z/OL]. 2007. available at http://www.autm.net/Nine_Points_to_Consider1.htm.

❹ In the Public Interest: Nine Points to Consider in Licensing University Technology [Z/OL]. 2007. available at http://www.autm.net/Nine_Points_to_Consider1.htm.

家病患基本健康所需的技术,他们绝不会利用专利权设置障碍。❶ 此外,美国大学技术经理人协会、国立卫生研究院、疾病控制和预防中心,以及19所大学和医院也发表"医疗技术公平传播的原则与策略声明",认为大学对促进全球公共健康发挥重要作用,应采取有效策略促进发展中国家对基本医疗保健技术的可用性,诸如不在发展中国家申请专利、放弃专利或者对研究结果进行早期公开发表和传播等。❷ 对于基本药物专利,高校人道主义许可策略主要包括以下内容:第一,在发展中国家不授予独占性许可;第二,要求被许可人对发展中国家当地的生产商授予再许可;第三,如果专利产品在发展中国家不能以合理方式或价格获得,高校保留介入权;第四,禁止在发展中国家提出相应的专利申请。❸ 我国作为一个在国际社会上负责任的大国,在这些特殊领域应该彰显服务全社会公共利益的责任感与使命感。

(三) 专利保护政策

大学在考虑是否采取法律措施保护其知识产权时,应牢记其基本使命是利用专利促进有益社会的技术发展,提高公共福利。从这个意义上来说,大学专利更应该是一种防御性工具,而不应该成为进攻性手段。大学可以基于下列原因决定提起诉讼:第一,基于合同或道德义务,保护现有被许可人利益;第二,侵权人公然无视大学的合法专利权,并拒绝进行许可谈判或以合理许可条件使用大学专利❹;第三,侵权者无视科学或专业标准,对大学专利

---

❶ 发表联合声明的6个大学包括哈佛大学、耶鲁大学、布朗大学、波士顿大学、宾夕法尼亚大学、俄勒冈健康与科学大学。参见 Jorge L. Contreras, Jennifer Carter-Johnson, Jeffrey S. Carter-Johnson. University Research and Licensing [N/OL]. Washington College of Law Research Paper, 2014-11-12. available at http://ssrn.com/abstract=2282232.

❷ Association of University Technology Managers. Endorse the Statement of Principles and Strategies for the Equitable Dissemination of Medical Technologies [Z/OL]. available at https://www.autm.net/source/Endorsement/endorsement.cfm?section=TechTransferResources.

❸ Ashley J. Stevens & April E. Effort. Using Academic License Agreements to Promote Global Social Responsibility [J/OL]. Les Nouvelles-Journal of the Licensing Executives Society International, 2008 (XLIII): 85-101.

❹ In the Public Interest: Nine Points to Consider in Licensing University Technology [Z/OL]. 2007. available at http://www.autm.net/Nine_Points_to_Consider1.htm.

技术进行滥用❶。因此，只有当大学专利诉讼的提起是为了公共服务使命，而非大学本身的经济利益时，才具有合理性。可以说，大学是否提起侵权诉讼，需要认真考虑对大学资源及声誉的影响。同时，大学在以独占性许可方式向企业进行技术转移时，应鼓励被许可人秉承相同的诉讼理念。

---

❶ National Research Council of the National Academies, Managing University Intellectual Property in the Public Interest [M]. Washington: National Academies Press, 2010. 转引自 Jacob H. Rooksby. When Tigers Bare Teeth: A Qualitative Study of University Patent Enforcement [J]. Akron Law Review, 2013 (46): 171-181.

结 论

在知识经济时代,大学理念与功能已经随市场资源组合的变化而发生改变。相对过去的文化中心地位,高校在市场经济中所发挥的作用日益突出。高校实现公共利益的方式已经不再局限于知识公开与共享的传统模式,还包括科技成果向现实生产力的转化,以有用产品的方式提高人们物质生活水平。囿于国家创新政策的激励及高校为自身正常运行而积极寻求经费收入的现实需要,当前高校专利申请、专利许可及专利诉讼活动日渐频繁。

诚然,从公共物品与外部性引发的"搭便车"及"公地悲剧"问题考量,授予高校专利权具有必要性,而且从高校专利权与国家享有专利权、职务发明人享有专利权的利弊权衡中亦可得出授予高校专利权的合理性。但是,高校的公法人地位,必然要求高校专利活动始终以服务公共利益为旨归。然而,一旦赋予了权利,便存在滥用的可能性。面对专利权蕴含的丰厚物质回报,越来越多的基础研究成果被高校纳入专利申请之列,其专利许可及专利保护活动更是呈现经济利益最大化之势。更为严重的是,当前高校专利技术转化率非常低,陷入了"专利沉睡"困境,有违授予高校专利权的初衷。从这个意义上说,对当前高校专利活动的现状进行检省与矫正具有重要意义。

对于高校专利活动背离公共利益的现状,必须依托以专利法为核心的"硬法"治理模式与以大学章程为核心的"软法"治理模式进行共同治理。在硬法规制方面,首先应确立"公共利益优先"的价值理念。当前,受发达国家政府及国际组织知识产权控制最大化的基本政策主导,专利权在全球范围内已经呈现前所未有的扩张趋势,这种不可逆的扩张趋势必然会对公共利益造成不利影响。随着技术的快速发展,专利制度暴露了越来越多的严重问题,无法确保公众广泛接触并使用对社会有益的技术。专利制度不仅关乎专利权人的个人利益,更会影响社会公共利益,尤其在公共卫生及教育等领域。因此,在各国专利法改革中必须树立公共利益优先的价值理念。[1] 在"公共利益优先"的价值理念指导下,可以从以下三个方面对专利制度加以完善:第一,提高专利授权的实用性标准,可以要求发明人在申请专利前构建一个"实施原型"。这样,不仅可以解决"反公地悲剧"问题,同时也可以提高专利质量。第二,重塑专利激励机制。当前的专利制度单纯以激励发明创造为主,关注的仅仅是创新进程的初期即发明创造阶段。在这种激励机制下,一方面,专利申请量与授权量急速攀升,而真正转化为现实生产力的专利技术却很少;另一方面,专利权人不愿意也没义务对其专利技术进行高风险的商业化活动,进而为专利寻租行为创造了条件。因此,有必要对具有商业化实施能力及条件的专利权人赋予合理期限内的"商业化义务"。第三,为更好协调高校学术使命与专利财产权之间的关系,可以适当扩张新颖性宽限期的适用时间及范围。当前,新颖性宽限期适用于在我国举办的及国务院有关主管部门或者全国性学术团体组织召开的学术会议和技术会议,且宽限期仅为6个月。这种严格的宽限期制度,不仅妨碍高校知识公开与学术共享,同时6个月的宽限期对于高校大多数科研人员来说,并不能充分满足其有效评估发明创造商业化潜力的需要。因此,在时间上,应为科研人员在专利申请前预留出更多时间以对早期研究数据进行学术公开与学术共享。12个月的宽限期,既可以保障高校科研人员充分履行学术使命,促进研究数据共享,保留他们获得专利权的能力,又能在一定程度上提高技术转化率。此外,适用范围上也应延伸至所有的出版物公开和网络发表公开。除完善专利制度外,国家还应该加强科技体制改革、财税体制改革,完善相关科技、财政及税收等配套立法。

在软法规制方面,应充分发挥以大学章程为核心的自我约束机制。大学章程既是坚守传统科学规范的基本保障,也是社会监督大学责任与使命的重

---

[1] The Washington Declaration on Intellectual Property and the Public Interest [J]. American University International Law Review, 2012 (28): 19-25.

要依据。要建立完善、有效的大学自我约束机制，必须以大学使命的科学定位为逻辑起点。当前，大学使命主要包括教学育人、科学研究及服务社会三项内容，高校既应注重新知识的探究与共享，同时也要强调知识的应用性，致力于解决社会实际问题，改善人们生活条件。但无论如何，高校作为非营利性公共服务机构，必须始终以服务公共利益为旨归。因此，高校在制定专利申请、专利实施与专利保护的具体政策时，必须注意以下几点：第一，在申请专利时应坚守一个最低的底线，对那些进入公有领域更能发挥出有益社会功效的发明创造应避免申请专利，同时要兼顾好知识公开与共享的传统学术使命。此外，在申请并获得专利权后，应努力促进专利技术的广泛应用或鼓励专利技术尽早进入公有领域，而不应该利用后续专利申请行为变相延长在先专利权的保护期限。第二，高校必须建立符合科技成果转化工作特点的职称评定、考核评价及利益分配的内部激励机制，促进专利技术向现实生产力的转化。第三，对外专利许可模式的选择，应以最大化专利技术的社会使用价值为目标，而非最大化高校自身的许可费收入。具体来说，高校应当针对不同技术类型灵活适用不同的许可方式，同时要确保研究工具的广泛使用。此外，在许可对象上，应注意避免将专利技术许可给纯粹"套利"的空壳公司。第四，高校在考虑是否采取法律措施保护其专利权时，同样应牢记其公共服务使命。只有当专利诉讼的提起是为了公共利益，而非以专利诉讼为手段获取经济上的收益，才具有合理性。从这个意义上来说，高校专利权更应该是一种防御性工具，而不应该成为进攻性手段。

高校作为最重要的文化公地之一，在知识经济时代，其既不是完全的文化公开场域，也不是真正意义上的所有权人，但唯一确定的是，高校必须始终牢记并坚守服务公共利益的使命。

参考文献

一、中文类参考文献

(一) 著作类

[1] 张玉敏. 知识产权法学 [M]. 北京：中国人民大学出版社，2010.

[2] 刘春田. 知识产权法 [M]. 北京：高等教育出版社，2010.

[3] 吴汉东. 知识产权总论 [M]. 北京：中国人民大学出版社，2013.

[4] 郑成思. 知识产权法 [M]. 北京：人民出版社，2005.

[5] 李雨峰. 权利是如何实现的 [M]. 北京：法律出版社，2009.

[6] 张耕. 知识产权法 [M]. 北京：中国人民大学出版社，2011.

[7] 王迁. 知识产权法教程 [M]. 北京：中国人民大学出版社，2011.

[8] 李明德. 欧盟知识产权法 [M]. 北京：法律出版社，2010.

[9] 尹新天. 中国专利法详解 [M]. 北京：知识产权出版社，2012.

[10] 汤宗舜. 专利法解说（修订版）[M]. 北京：知识产权出版社，2007.

[11] 刘春田. 知识产权法 [M]. 北京：中国人民大学出版社，2014.

[12] 吴汉东，胡开忠，等. 走向知识经济时代的知识产权法 [M]. 北京：知识产权出版社，2002.

[13] 齐爱民. 知识产权法总论 [M]. 北京：北京大学出版社，2010.

[14] 陶鑫良. 专利技术转移 [M]. 北京：知识产权出版社，2011.

[15] 孔祥俊. 知识产权保护的新思维 [M]. 北京：中国法制出版社，2013.

[16] 李扬. 知识产权法基本原理 [M]. 北京：中国社会科学出版社，2010.

[17] 郭禾. 知识产权法 [M]. 北京：中国人民大学出版社，2010.

[18] 曹新明. 促进我国知识产权产业化制度研究 [M]. 北京：知识产权出版社，2012.

[19] 李琛. 论知识产权的体系化 [M]. 北京：北京大学出版社，2005.

[20] 李雨峰. 著作权的宪法之维 [M]. 北京：法律出版社，2012.

[21] 冯晓青. 知识产权法利益平衡原理 [M]. 长沙：湖南人民出版社，2004.

[22] 李明德. 美国知识产权法（第二版）[M]. 北京：法律出版社，2014.

[23] 张耕. 知识产权民事诉讼研究 [M]. 北京：法律出版社，2004.

[24] 威廉·M. 兰德斯，查理德·A. 波斯纳. 知识产权法的经济结构 [M]. 金海军，译. 北京：北京大学出版社，2005.

[25] 贾尼丝·M. 米勒. 专利法概论 [M]. 北京：中信出版社，2003.

[26] 张今. 知识产权法 [M]. 北京：中国人民大学出版社，2011.

[27] 郑成思. WTO 知识产权协议逐条讲解 [M]. 北京：中国方正出版社，2001.

[28] 范长军. 德国专利法研究 [M]. 北京：科学出版社，2010.

[29] 李晓秋. 信息技术时代的商业方法可专利性研究 [M]. 北京：法律出版社，2012.

[30] 田村善之. 日本知识产权法（第4版）[M]. 周超，等，译. 北京：知识产权出版社，2011.

[31] 田村善之. 日本现代知识产权法理论 [M]. 李扬，译. 北京：法律出版社，2010.

[32] 阿瑟·R. 米勒，迈克·H. 戴维斯. 知识产权法：专利、商标和著作权（第3版）[M]. 北京：法律出版社，2004.

[33] 李龙. 日本知识产权法律制度 [M]. 北京：知识产权出版社，2012.

[34] 彭礼堂. 公共利益论域中的知识产权限制 [M]. 北京：知识产权出版社，2008.

[35] 曾祥华. 立法过程中的利益平衡 [M]. 北京：知识产权出版社，2011.

[36] 北京市高级人民法院知识产权审判庭. 北京市高级人民法院《专利侵权判定指南》理解与适用 [M]. 北京：中国法制出版社，2014.

[37] 十二国专利法 [M].《十二国专利法》翻译组，译. 北京：清华大学出版

社，2013.

[38] 韦景竹. 版权制度中的公共利益研究［M］. 广州：中山大学出版社，2011.

[39] 许彬. 公共经济学导论——以公共产品为中心的一种研究［M］. 哈尔滨：黑龙江人民出版社，2003.

[40] 边沁. 道德与立法原理导论［M］. 时殷弘，译. 北京：商务印书馆，2000.

[41] 边沁. 政府片论［M］. 沈叔平，等，译. 北京：商务印书馆，2009.

[42] 曼瑟尔·奥尔森. 集体行动的逻辑［M］. 陈郁，等，译. 上海：上海三联书店，2011.

[43] 詹姆斯·杜德斯达. 21世纪的大学［M］. 刘彤，等，译. 北京：北京大学出版社，2005.

[44] 杰勒德·德兰迪. 知识社会中的大学［M］. 黄建如，译. 北京：北京大学出版社，2010.

[45] 迈克尔·吉本斯. 知识生产的新模式：当代社会科学与研究的动力学［M］. 陈洪捷，等，译. 北京：北京大学出版社，2011.

[46] 亨利·埃兹科维茨，劳埃特·雷德斯多夫. 大学与全球知识经济［M］. 夏道源，等，译. 南昌：江西教育出版社，1999.

[47] 比尔·雷丁斯. 废墟中的大学［M］. 郭军，等，译. 北京：北京大学出版社，2008.

[48] 安东尼·史斯密，弗兰克·韦伯斯特. 后现代大学来临？［M］. 侯定凯，赵叶珠，译. 北京：北京大学出版社，2014.

[49] 樊勇明，杜莉. 公共经济学［M］. 上海：复旦大学出版社，2001.

[50] 罗纳德·哈里·科斯. 论生产的制度结构［M］. 上海：上海三联书店，1994.

[51] 罗伯特·金·莫顿. 科学社会学［M］. 北京：商务印书馆，2003.

[52] 金耀基. 大学之理念［M］. 北京：三联书店，2001.

[53] 希拉·斯劳特，拉里·莱斯利. 学术资本主义：政治、政策和创业型大学［M］. 北京：北京大学出版社，2008.

[54] 张五常. 新卖桔者言［M］. 北京：中信出版社，2010.

[55] 约翰·亨利·纽曼. 大学的理想 [M]. 徐辉, 等, 译. 杭州: 浙江教育出版社, 2001.

[56] 奥尔特加·加塞特. 大学的使命 [M]. 徐小洲, 陈军, 译. 杭州: 浙江教育出版社, 2001.

[57] 叶继. 学术规范通论 [M]. 上海: 华东师范大学出版社, 2005.

[58] 约瑟夫·阿洛伊斯·熊彼特. 经济发展理论: 对利润、资本、信贷、利息和经济周期的探究 [M]. 叶华, 译. 北京: 九州出版社, 2007.

[59] 韦伯. 学术与政治: 韦伯的两篇演说 [M]. 冯克利, 译. 北京: 三联书店, 2005.

[60] 王伟光. 利益论 [M]. 北京: 人民出版社, 2001.

[61] 韦伯. 经济与社会: 在制度约束和个人利益之间博弈 [M]. 北京: 北京出版社, 2008.

[62] 约翰·罗尔斯. 正义论 [M]. 何怀宏, 等, 译. 北京: 中国社会科学出版社, 1988.

[63] 罗纳德·德沃金. 认真对待权利 [M]. 信春鹰, 吴玉章, 译. 北京: 中国大百科全书出版社, 1998.

[64] 王伟光. 利益论 [M]. 北京: 人民出版社, 2001.

[65] 庞德. 通过法律的社会控制 法律的任务 [M]. 沈宗灵, 董世忠, 译. 北京: 商务印书馆, 1984.

[66] 冯俏彬. 私人产权与公共财政 [M]. 北京: 中国财政经济出版社, 2005.

[67] 菲利普·阿吉翁, 彼德·霍伊特. 内生增长理论 [M]. 陶然, 等, 译. 北京: 北京大学出版社, 2004.

[68] 马尔科姆·卢瑟福. 经济学中的制度: 老制度主义和新制度主义 [M]. 陈建波, 郁仲莉, 译. 北京: 中国社会科学出版社, 1999.

(二) 论文类

[1] 张玉敏. 知识产权的概念和法律特征 [J]. 现代法学, 2001 (5).

[2] 张玉敏. 全球化、后发优势与知识产权——以技术对象为分析基础 [J]. 西南民族大学学报》 (人文社科版), 2007 (2).

[3] 刘春田. 知识产权制度是创造者获取经济独立的权利宪章 [J]. 知识产权,

2010（6）.

［4］ 吴汉东. 知识产权法的制度创新本质与知识创新目标［J］. 法学研究，2014（3）.

［5］ 郑成思. 信息、知识产权与中国知识产权战略若干问题［J］. 环球法律评论，2006（3）.

［6］ 李雨峰. 知识产权民事审判中的法官自由裁量权［J］. 知识产权，2013（2）.

［7］ 张耕，邓宏光. 限制性损害赔偿制度初探［J］. 现代法学，2002（2）.

［8］ 吴汉东. 利弊之间：知识产权制度的政策科学分析［J］. 法商研究，2006（5）.

［9］ 李琛. 知识产权法基本功能之重解［J］. 知识产权，2014（7）.

［10］ 冯象. 知识产权的终结——"中国模式之外的挑战"［J］. 文化纵横，2012（6）.

［11］ 马一德. 创新驱动发展与知识产权战略实施［J］. 中国法学，2013（4）.

［12］ 齐爱民. 论二元知识产权体系［J］. 法商研究，2010（2）.

［13］ 冯晓青. 知识产权法的公共领域理论［J］. 知识产权，2007（3）.

［14］ 张耕. 试论知识产权被许可人的诉讼地位［J］. 特区经济，2005（4）.

［15］ 王迁. 论"法人作品"规定的重构［J］. 法学论坛，2007（6）.

［16］ 孙海龙，董倚铭. 知识产权公权化理论的解读和反思［J］. 法律科学，2007（5）.

［17］ 吴汉东. 科技、经济、法律协调机制中的知识产权［J］. 法学研究，2001（6）.

［18］ 易继明. 遏制专利蟑螂——评美国专利新政及其对中国的启示［J］. 法律科学，2014（2）.

［19］ 胡开忠. 知识产权法中公有领域的保护［J］. 法学，2008（8）.

［20］ 姜明安. 软法的兴起与软法之治［J］. 中国法学，2006（2）.

［21］ 眭依凡. 大学的使命及其守护［J］. 教育研究，2011（1）.

［22］ 黄光辉. 政府资助科研项目中介入权制度若干问题研究［J］. 科技与法律，2010（1）.

［23］ David Vaver. 知识产权的危机与出路［J］. 李雨峰，译. 知识产权，2007（4）.

［24］ 李雨峰. 权利是如何实现的——纠纷解决过程中的行动策略、传媒与司法［J］. 中国法学，2007（5）.

[25] 尹新天. 入世十年看我国的专利制度 [J]. 知识产权, 2011 (10).

[26] 汤宗舜. 关于禁止重复授予专利权的探讨 [J]. 知识产权, 2003 (6).

[27] 陶鑫良, 张冬梅: 被许可使用"后发商誉"及其移植的知识产权探析 [J]. 知识产权, 2012 (12).

[28] 孔祥俊. 积极打造我国知识产权司法保护的"升级版"——经济全球化、新科技革命和创新驱动发展战略下的新思考 [J]. 知识产权, 2014 (2).

[29] 曹昌祯, 王迁. 改革我国职务发明制度的建议 [J]. 发明与创新, 2004 (6).

[30] 王莲峰. 知识产权制度在科技管理体制中的地位和作用 [J]. 河南科技, 2003 (2).

[31] 周慧菁, 曲三强. 研究工具专利的前景探析——兼评专利权实验例外制度 [J]. 知识产权, 2011 (6).

[32] 周凤华, 朱雪忠. 资源因素与大学技术转移绩效研究 [J]. 研究与发展管理, 2007 (5).

[33] 张炜达, 肖周录. 我国高校专利技术成果转化——兼评《科技进步法》第20条对美国经验的借鉴 [J]. 电子知识产权, 2008 (8).

[34] 何炼红, 陈吉灿. 中国版"拜杜法案"的失灵与高校知识产权转化的出路 [J]. 知识产权, 2013 (3).

[35] 程德里. 高等学校专利技术运营机制研究 [J]. 知识产权, 2014 (7).

[36] 张耕, 贾小龙. 专利"侵权不停止"理论新解及立法完善 [J]. 知识产权, 2013 (11).

[37] 冯晓青. 专利法利益平衡机制之探讨 [J]. 郑州大学学报（哲学社会科学版）, 2005 (3).

[38] 龚群. 对以边沁、密尔为代表的功利主义的分析批判 [J]. 伦理学研究, 2003 (4).

[39] 张体锐. 商业寻租与专利制度：经济社会规划策略研究 [J]. 学术界, 2014 (6).

[40] 鼎新. 集体行动、搭便车理论与形式社会学方法 [J]. 社会学研究, 2006 (1).

[41] 吕明瑜. 知识产权垄断呼唤反垄断法制度创新——知识经济视角下的分析 [J]. 中国法学, 2009 (4).

[42] 李荷. 学术自由、知识与社会 [J]. 清华大学教育研究, 2010 (6).

[43] 湛中乐, 徐靖. 通过章程的现代大学治理 [J]. 法制与社会发展, 2010 (3).

[44] 万小丽, 乔永忠. 专利申请新颖性宽限期规则的援引现状及利用策略 [J]. 电子知识产权, 2008 (5).

[45] 蒋舸. 德国《雇员发明发》修改对中资在德并购之影响 [J]. 知识产权, 2013 (4).

[46] 朱勇, 吴易风. 技术进步与经济的内生增长——新增长理论发展评述 [J]. 中国社会科学, 1999 (1).

[47] 马忠法. 完善现有专利资助政策为提高高校技术转化率创造条件 [J]. 中国高校科技与产业化, 2009 (3).

[48] 刘彦. 大学技术许可机构的制度分析与国际比较 [J]. 中国科技论坛, 2007 (8).

[49] 蒋逊明, 朱雪忠. 中国专利实施许可制度存在的问题及对策 [J]. 科研管理, 2009 (5).

[50] 张体锐. 专利海盗投机诉讼的司法对策 [J]. 人民司法, 2014 (11).

[51] 和育东. "专利丛林"问题与美国专利政策的转折 [J]. 知识产权, 2008 (1).

[52] 张耕, 王淑君. 知识产权诉讼中律师费应有限转付 [J]. 人民司法, 2014 (9).

[53] 梁志文. 专利权例外的国际标准——TRIPs协议第30条及其适用 [J]. 电子知识产权, 2007 (1).

[54] 毕娟. 基于公共物品理论的政府科技管理定位研究 [J]. 科技进步与对策, 2011 (11).

[55] 马永斌, 王孙禺. 大学、政府和企业三重螺旋模型探析 [J]. 高等工程教育研究, 2008 (5).

[56] 王卓君. 现代大学理念的反思与大学使命 [J]. 学术界, 2011 (7).

[57] 高晓清, 薛天翔. 自由、大学理念的回归与重构 [J]. 高等教育研究, 2006 (5).

[58] 周谷平, 张雁. 我国创新型大学理念的指引——兼论经典大学理念与现代大学理念间的张力 [J]. 教育研究, 2006 (11).

[59] 黄虹. 关于专利新颖性宽限期问题的答疑 [J]. 电子知识产权, 2008 (12).

[60] 何敏. 职务发明财产权利归属正义 [J]. 法学研究, 2007 (5).

[61] 范进学. 定义"公共利益"的方法论及概念诠释 [J]. 法学论坛, 2005 (1).

[62] 丁文. 权利限制论之疏解 [J]. 法商研究, 2007 (2).

[63] 徐少祥. 什么是公共利益——西方法哲学中公共利益概念解析 [J]. 江淮论坛, 2010 (2).

[64] 严永和, 甘雪玲. 知识产权法公共利益原则的历史传统与当代命运 [J]. 知识产权, 2012 (9).

[65] 康添雄. 专利作为技术公共事务的治理之道——民主在无效宣告中的引入 [J]. 法制与社会发展, 2011 (5).

[66] 王淑君. 自我复制技术语境下专利权用尽原则的困境及消解——以鲍曼诉孟山都案为视角 [J]. 学术界, 2014 (8).

[67] 易继明. 专利的公共政策——以印度首个专利强制许可案为例 [J]. 华中科技大学学报（社会科学报）, 2014 (2).

[68] 王利明. 论征收制度中的公共利益 [J]. 政法论坛, 2009 (2).

[69] 朱新梅. 大学的公共性与政府干预 [J]. 复旦教育论坛, 2006 (1).

[70] 朱勇, 吴易风. 技术进步与经济的内生增长——新增长理论发展评述 [J]. 中国社会科学, 1999 (1).

[71] 陈美章. 关于大学专利技术产业化的思考（下）[J]. 知识产权, 2005 (4).

[72] 刘彦. 大学技术许可机构的制度分析与国际比较 [J]. 中国科技论坛, 2007 (8).

[73] 付红刚, 马海群. 我国高校知识产权保护现状探析 [J]. 中国高校科技, 2014 (3).

(三) 案例类

[1] 辽宁省高级人民法院民事判决书（2012）辽民三终字第734号。

[2] 北京市第二中级人民法院民事判决书（2014）二中民初字第05591号。

[3] 最高人民法院民事裁定书（2011）民申字第1486号。

[4] 上海市第一中级人民法院民事判决书（2008）沪一中民五（知）初字第139号。

[5] 最高人民法院民事裁定书（2011）民申字第1486号。

二、英文类参考文献

(一) 著作类

[1] National Research Council. Managing University Intellectual Property in the Public Interest [M]. New York: the National Academies Press, 2010.

[2] Dan L. Burk & Mark A. Lemley. the Patent Crisis and How the Courts can solve it [M]. Chicago: University Of Chicago Press, 2009.

[3] Stephen A. Becker. Patent Applications Handbook [M]. Thomson Reuters Westlaw, 2014.

[4] R. Carl Moy. Moy's Walker on Patents [M]. Thomson Reuters Westlaw, 2013.

[5] John Gladstone Mills, Donald Cress Reiley, Robert Clare Highley & Peter D. Rosenberg. Patent Law Fundamentals [M]. Thomson Reuters Westlaw, 2014.

[6] Alan L. Durham. Patent Law Essentials: A Concise Guide [M]. New York: Praeger Publisher, 2004.

[7] Keith E. Maskus. Reforming U. S. Patent Policy [M]. New York: Council on Foreign Relations Press, 2006.

[8] Thomas C. Grey. The Disintegration of Property, in J. Roland Pennock & John W. Chapman eds., Nomos XXII: Property [M]. New York: New York University Press, 1980.

[9] Judy Estrin. Closing the Innovation Gap: Reignitng the Spark of Creativity in a Global Economy [M]. New York: McGraw-Hill, 2008.

(二) 论文类

[1] Rochelle Cooper Dreyfuss. Does IP Need IP? Accommodating Intellectual Production outside the Intellectual Property Paradigm [J]. Cardozo Law Review, 2010 (31).

[2] Brett Frischmann. Innovation and Institutions: Rethinking the Economics of U. S. Science and Technology Policy [J]. Vermont Law Review, 2000 (24).

[3] Rebecca S. Eisenberg. Patents and the Progress of Science: Exclusive Rights and Experimental Use [J]. University of Chicago Law Review, 1989 (56).

[4] Arti Kaur Rai. Regulating Scientific Research: Intellectual Property Rights and the

Norms of Science [J]. Northwestern University Law Review, 1999 (94).

[5] Jacob H. Rooksby. When Tigers Bare Teeth: A Qualitative Study of University Patent Enforcement [J]. Akron Law Review, , 2013 (46).

[6] F. Scott Kieff. Facilitating Science Research: Intellectual Property Rights and the Norms of Science-A Response to Rai and Eisenberg [J]. Northwestern University Law Review, 2001 (95).

[7] Risa L. Lieberwitz. the Corporatization of the University: Distance Learning at the Cost of Academic Freedom? [J]. The Boston University Public Interest Law Journal, 2002 (12).

[8] Mago A. Bagley. Academic Discourse and Proprietary Rights: Putting Patents in Their Proper Place [J]. Boston College Law Review, 2006 (47).

[9] Clovia Hamilton. University Technology Transfer and Economic Development: Proposed Cooperative Economic Development Agreements under the Bayh – Dole Act [J]. the John Marshall Law Review, 2003 (36).

[10] Cynthia D. Lopez-Beverage. Should Congress Do Something About Upstream Clogging Caused by the Deficient Utility of Expressed Sequence Tag Patents? [J]. Journal of Technology Law & Policy, 2005 (10).

[11] Margo A. Bagley. Patent First, Ask Questions Latter: Morality and Biotechnology in Patent Law [J]. William & Mary Law Review, 2003 (45).

[12] Mark A. Lemley. Patenting Nanotechnology [J]. Stanford Law Review, 2005 (58).

[13] Michael D. Davis. the Patenting of Products of Nature [J]. Rutgers Computer and Technology Law Journal, 1995 (21).

[14] Rebecca S. Eisenberg. Public Research and Private Development: Patents and Technology Transfer in Government-Sponsored Research [J]. Virginia Law Review, 1996 (82).

[15] Rebecca S. Eisenberg. Noncompliance, Nonenforcement, Nonproblem? Rethinking the Anticommons in Biomedical Research [J]. Houston Law Review, 2008 (45).

[16] Michael A. Heller. the Tragedy of the Anticommons: Property in the Transition

from Marx to Markets [J]. Harvard Law Review, 1998 (111).

[17] Jacob H. Rooksby. University Initiation of Patent Infringement Litigatio [J]., the John Marshall Law School Review of Intellectual Property Law, 2011 (10).

[18] Diana Rhoten & Walter W. Powell. the Frontiers of Intellectual Property: Expanded Protection versus New Models of Open Science [J]. Annual Review of Law & Social Science, 2007 (3).

[19] Mark A. Lemley. Are Universities Patent Trolls? [J]. Fordham Intellectual Property, Media & Entertainment Law Journal, 2008 (18).

[20] Mark A. Lemley & Carl Shapiro. Patent Holdup and Royalty Stacking [J]. Texas Law Review, 2007 (85).

[21] Lorelai Ritchie de Larena. The Price of Progress: Are Universities Adding to the Cost? [J]. Houston Law Review, 2007 (43).

[22] Gideon Parchomovsky & R. Polk Wagner. Patent Portfolios [J]. University of Pennsylvania Law Review, 2005 (154).

[23] Rochelle Dreyfuss. Protecting the Public Domain of Science: Has the Time for an Experimental Use Defense Arrived? [J]. Arizona Law Review, 2004 (46).

[24] Katherine J. Strandburg. What Does the Public Get? Experimental Use and the Patent Bargain [J]. Wisconsin Law Review, 2004 (2004).

[25] Brett Frischmann. Innovation and Institutions: Rethinking the Economics of U. S. Science and Technology Policy [J]. Vermont Law Review, 2000 (24).

[26] Ruth E. Freeburg. Comment, No Safe Harbor and No Experimental Use: Is It Time for Compulsory Licensing of Biotech Tools? [J]. Buffalo Law Review, 2005 (53).

[27] Janice M. Mueller. the Evanescent Experimental Use Exemption from United States Patent Infringement Liability: Implications for University and Nonprofit Research and Development [J]. Baylor Law Review, 2004 (56).

[28] Elizabeth A. Rowe. The Experimental Use Exception to Patent Infringement: Do Universities Deserve Special Treatment? [J]. Hastings Law Journal, 2006 (57).

[29] Amy Kapczynski et al.. Addressing Global Health Inequities: An Open Licensing Approach for University Innovations [J]. Berkeley Technology Law Journal, 2005 (20).

[30] John F. Duffy. Rethinking the Prospect Theory of Patents [J]. University of Chicago Law Review, 2004 (71).

[31] Mark A. Lemley. Ex Ante Versus Ex Post Justifications for Intellectual Property [J]. University of Chicago Law Review, 2004 (71).

[32] Ted Sabety. Nanotechnology Innovation and the Patent Thicket: Which IP Policies Promote Growth? [J]. Albany Law Journal of Science & Technology, 2005 (15).

[33] Oskar Liivak & Eduardo M. Penalver. the Right Not to Use in Property and Patent Law [J]. Cornell Law Review, 2013 (98).

[34] Ted Sichelman. Commercializing Patents [J]. Stanford Law Review, 2010 (62).

[35] Sannu K. Shrestha. Trolls or Market-Makers? An Empirical Analysis of Non-practicing Entities [J]. Columbia Law Review, 2010 (2).

[36] Robert P. Merges. the Trouble with Trolls: Innovation, Rent-Seeking, and Patent Law Reform [J]. Berkeley Technology Law Journal, 2009 (24).

[37] Jay P. Kesan. Transferring Innovation [J]. Fordham Law Review, 2009 (77).

[38] Patrick Croskery. Institutional Utilitarianism and Intellectual Property [J]. Chicago-Kent Law Review, 1993 (68).

[39] Henrik Holzapfel & Joshua D. Sarnoff. a Cross-Atlantic Dialog on Experimental Use and Research Tools [J]. The Intellectual Property Law Review, 2008 (48).

[40] Peter Lee. Transcending the Tacit Dimension: Patents, Relationships, and Organizational Integration in Technology Transfer [J]. California Law Review, 2012 (100).

[41] Dan L. Burk & Brett H. McDonnell. the Goldilocks Hypothesis: Balancing Intellectual Property Rights at the Boundary of the Firm [J]. University of Illinois Law Review, 2007 (2007).

[42] Dan L. Burk & Mark A. Lemley. Is Patent Law Technology-Specific? [J]. Berkeley Technology Law Journal, 2002 (17).

[43] Jeanne C. Fromer. Patent Disclosure [J]. Iowa Law Review, 2009 (94).

[44] Sean B. Seymore. the Teaching Function of Patents [J]. Notre Dame Law Review, 2010 (85).

[45] Arti K. Rai et al. University Software Ownership and Litigation: A First Examination [J]. North Carolina Law Review, 2009 (87).

[46] Michael A. Heller & Rebecca S. Eisenberg. Can Patents Deter Innovations? the Anticommons in Biomedical Research [J]. Hastings Communications and Entertainment Law Journal, 1998 (280).

[47] Peter Lee. Innovating Between and Within Technological Paradigms: A Response to Samuelson [J]. Minnesota Law Review Headnotes, 2009 (93).

[48] Michael J. Madison, Brett M. Frischmann & Katherine J. Strandburg. The University as Constructed Cultural Commons [J]. Washington University Journal of Law & Policy, 2009 (30).

[49] John M. Golden. Biotechnology, Technology Policy, and Patentability: Natural Products and Invention in the American System [J]. Emory Law Journal, 2001 (50).

[50] Peter Lee. Interface: The Push and Pull of Patents [J]. Fordham Law Review, 2009 (77).

[51] Vai Io Lo. Employee Inventions and Works for Hire in Japan: a Comparative Study against the U. S., Chinese, and German Systems [J]. Temple International and Comparative Law Journal, 2002 (16).

[52] Toshiko Takenaka. Serious Flaw of Employee Invention Ownership under the Bayh-Dole Act in Stanford v. Roche: Finding the Missing Piece of the Puzzle in the German Employee Invention Act [J]. Texas Intellectual Property Law Journal, 2012 (20).

[53] John F. Duffy. Intellectual Property Isolationism and the Average Cost Thesis [J]. Texas Law Review, 2005 (83).

[54] Shi-Ling Hsu. What is a Tragedy of the Commons? Overfishing and the Campaign Spending Problem [J]. Albany Law Review, 2005 (69).

[55] Carol Rose. the Comedy of the Commons: Custom, Commerce, and Inherently Public Property [J]. University of Chicago Law Review, 1986 (53).

[56] E. Donald Elliott. the Tragi-Comedy of the Commons: Evolutionary Biology, Economics and Environmental Law [J]. Virginia Environmental Law Journal, 2001 (20).

[57] Garrett Hardin. the Tragedy of the Commons [J]. Science, 1968 (162).

[58] Irma S. Russell. a Common Tragedy: the Breach of Promises to Benefit the Public Commons and the Enforceability Problems [J]. Texas Wesleyan Law Review, 2005 (11).

[59] Jeffrey L. Harrison. a Positive Externalities Approach to Copyright Law: Theory and Application [J]. Journal of Intellectual Property Law, 2005 (13).

[60] Michael J. Madison. Brett M. Frischmann & Katherine J. Strandburg, Open Source and Proprietary Models of Innovation: Beyond Ideology: Part IV: Collaborative Innovation, the Economics of Innovation, and Constructed Commons: the University as Constructed Cultural Commons [J]. Washington University Journal of Law & Policy, 2009 (30).

[61] Andy Lockett. Mike Wright & Stephen Franklin, Technology Transfer and Universities' Spin-Out Strategies [J]. Small Business Economics, 2003 (20).

[62] Joshua E. Powers. Commercializing Academic Research: Resource Effects on Performance of University Technology Transfer [J]. Journal of Higher Education, 2003 (74).

[63] Dov Greenbaum. Academia to Industry Technology Transfer: An Alternative to the Bayh-Dole System for both Developed and Developing Nations [J]. Fordham Intellectual Property, Media & Entertainment Law Journal, 2009 (19).

[64] Bhaven N. Sampat. Patenting and US Academic Research in the 20th Century: The World Before and After Bayh-Dole [J]. Research Policy, 2006 (35).

[65] David C. Mowery et al. the Growth of Patenting and Licensing by U. S. Universities: An Assessment of the Effects of the Bayh-Dole Act of 1980 [J]. Research Policy, 2001 (30).

[66] Lorelai Ritchie de Larena. The Price of Progress: Are Universities Adding to the Cost? [J]. Houston Law Review, 2007 (43).

[67] A. Samuel Oddi. the Tragicomedy of the Public Domain in Intellectual Property

Law [J]. Hastings Communications and Entertainment Law Journal, 2002 (25).

[68] Lawrence Lessig. the Architecture of Innovation [J]. Duke Law Journal, 2002 (51).

[69] Laura W. Smalley. Will Nanotechnology Products Be Impacted by The Federal Courts "Product of Nature" Exception to Subject-Matter Eligibility Under 35 U. S. C. 101? [J]. The John Marshall Law School Review of Intellectual Property Law, 2014 (13).

[70] Sean Flynn. Margot Kaminski, Brook Baker & Jimmy Koo, the U. S. Proposal for an Intellectual Property Chapter in the Trans-Pacific Partnership Agreement [J]. American University International Law Review, 2012 (28).

[71] Robert L. Scharff. a Common Tragedy: Condemnation and the Anticommons [J]. Natural Resources Journal, 2007 (47).

[72] James M. Buchanan & Yong J. Yoon. Symmetric Tragedies: Commons and Anticommons [J]. the Journal of Law & Economics, 2000 (43).

[73] Francesco Parisi. Entropy in Property [J]. the American Journal of Comparative Law, 2002 (50).

[74] John F. Duffy. Rethinking the Prospect Theory of Patents [J]. University of Chicago Law Review, 2004 (71).

[75] Michael Abramowicz. the Danger of Underdeveloped Patent Prospects [J]. Cornell Law Review, 2007 (92).

[76] Robert P. Merges & Richard R. Nelson. On the Complex Economics of Patent Scope [J]. Columbia Law Review, 1990 (90).

[77] Utility Examination Guidelines [J]. Federal Register, 2001 (66).

[78] Julie S. Turner. the Nonmanufacturing Patent Owner: Toward a Theory of Efficient Infringement [J]. California Law Review, 1998 (86).

[79] Christopher M. Holman. Learning from Litigation: What can Lawsuits Teach Us about the Role of Human Gene Patents in Research and Innovation? [J]. Kansas Journal of Law & Public Policy, 2009 (18).

[80] John F. Vargo. the American rule on attorney fee allocation: the injured person's

access to justice [J]. American University Law Review, 1993 (42).

[81] Eric Phillips&David Boag. Recent Rulings on the Entire Market Value Rule and Impacts on Patent Litigation and Valuation [J]. Les Nouvelles, 2013 (48).

[82] Christopher A. Cotropia. the Folly of Early Filing in Patent Law [J]. Hastings Law Journal, 2009 (61).

[83] Thomas A. Massaro. Innovation, Technology Transfer, and Patent Policy: the University Contribution [J]. Virginia Law Review, 1996 (82).

[84] Teresa M. Summers. the Scope of Utility in the Twenty-First Century: New Guidelines for Gene-Related Patents [J]. Georgetown Law Journal, 2003 (91).

[85] Michael S. Mireles. an Examination of Patents, Licensing, Research Tools, and the Tragedy of the anticommons in Biotechnology Innovation [J]. University of Michigan Journal of Law Reform, 2004 (38).

[86] Richard H. Pildes. Law, Economics, & Norms: the Destruction of Social Capital through Law [J]. University of Pennsylvania Law Review, 1996 (144).

(三) 案例类

[1] Whittemore v. Cutter, 29 F. Cas. 1120 (C. C. D. Mass. 1813).

[2] Sawin v. Guild 21 F. Cas. 554, 555 (C. C. D. Mass. 1813)

[3] Poppenhusen v. Falke, 19 F. Cas. 1049, 1049 (C. C. S. D. N. Y. 1861).

[4] Roche Products, Inc. v. Bolar Pharmaceutical Co. 733 F. 2d 858 (Fed. Cir. 1984).

[5] Eli Lilly & Co. v. Medtronic, Inc. 496 U. S. 661 (1990).

[6] Intermedics, Inc. v. Ventritex, Inc., 1993 U. S. App. LEXIS 3620, at 2 (Fed. Cir. Feb. 22, 1993).

[7] Integra LifeSciences I Ltd. v. Merck KGaA, 496 F. 3d 1334, 1349-50 (Fed. Cir. 2007).

[8] Embrex, Inc. v. Service Engineering Corp. 216 F. 3d 1343 (Fed. Cir. 2000).

[9] Madey v. Duke Universtity. 307 F. 3d 1351 (Fed. Cir. 2002).

[10] Westvaco Corp. v. International Paper Co., 991 F. 2d 735, 745 (Fed. Cir. 1993).

[11] Trustees of Leland Stanford Junior University v. Roche Molecular Systems, Inc.,

487 F. Supp. 2d 1099, 1119 (N. D. Cal. 2007)

[12] University of Western Australia v Gray [2009] FCAFC 116, (2010) 179 FCR 346.

[13] Molecular Pathology v. Myriad Genetics, Inc., 133 S. Ct. 2107, 2116–18 (2013).

[14] Carnegie Mellon University v. Marvell Technology Group, Ltd., et al., 986 F. Supp. 2d 574 (W. D. Pa. 2013).

[15] Diamond v. Chakrabarty, 447 U. S. 303 (1980).

[16] SRI Int'l, Inc. v. Internet Sec. Sys., 511 F. 3d 1186, 1193–94 (Fed. Cir. 2008).

[17] Electromotive Division of General Motors Corp. v. Transportation Systems Division of General Electric Co., 417 F. 3d 1203, 1213 (Fed. Cir. 2005).

[18] State ex rel. Physicians Committee for Responsible Medicine v. Ohio State University Board of Trustees., 843 N. E. 2d 174 (Ohio 2006).

[19] eBay, Inc. v. MercExchange, L. L. C., 547 U. S. 388, 391 (2006).

[20] AsymmetRx, Inc. v. Biocare Medical, L. L. C., 582 F. 3d 1314 (Fed. Cir. 2009).

后 记

本书是在我 2015 年博士论文基础上修改而成。其中，对于高校专利基础数据的相关分析增加了 2014 年至 2018 年最新统计结果，此外对 2015 年之后新修订或颁布的《促进科技成果转化法》《实施〈促进科技成果转化法〉若干规定》及《促进科技成果转移转化行动方案》等规定也进行了相应的评价。

对于本书的完成，首先要特别感谢我的恩师张耕教授。老师清正高洁的做人风范与严谨务实的治学态度为我树立了为人为学的标杆。感谢恩师对我论文标题、结构安排、写作技巧乃至字字句句的悉心指导，可以说，没有老师的此番心血就没有这本著作的完成！感谢尊敬的张玉敏教授、李雨峰教授一直以来的关爱与提携，作为知识产权学科的两代学术带头人，他们求真求是的学术品格让我受益匪浅。感谢尊敬的孙海龙教授、齐爱民教授、杨和义教授、邓宏光教授、廖志刚教授在论文答辩中提出的宝贵修改意见，让我得以发现文章的不足并及时改正。

感谢我的父亲王宝林、母亲杨玉侠对我的养育与无私付出。同时，谨向所有帮助过我的亲朋好友表示诚挚的感谢！

王淑君
2020 年 3 月于西政渝北校区